高等职业教育"十三五"系列教材 土建专业

建筑力学与结构

（第二版）

主　编　陈克森　崔　洋　李燕飞
副主编　韩永胜　许贵满　王沫涵
主　审　刘福臣

U0250101

南京大学出版社

内容提要

全书共分 14 个项目,主要内容包括静力学基础知识,平面力系的合成与平衡,轴向拉伸与压缩,平面弯曲,平面体系的几何组成分析,静定结构的内力计算,静定结构的位移计算,超静定结构内力计算,建筑结构设计原理简介,钢筋混凝土受弯构件承载力计算,钢筋混凝土受压构件承载力计算,钢筋混凝土楼盖,砌体结构,钢结构。

本书可作为工程造价、工程管理、项目管理、建筑企业经济管理以及土建类监理、检测等各专业的教材,也可作为土木工程设计、施工技术人员的参考用书。

图书在版编目(CIP)数据

建筑力学与结构 / 陈克森,崔洋,李燕飞主编. —
2 版. — 南京 : 南京大学出版社,2020.1(2022.1 重印)
ISBN 978 - 7 - 305 - 19851 - 9

Ⅰ. ①建… Ⅱ. ①陈… Ⅲ. ①建筑科学－力学－高等职业教育－教材②建筑结构－高等职业教育－教材 Ⅳ.
①TU3

中国版本图书馆 CIP 数据核字(2018)第 012739 号

出版发行　南京大学出版社
社　　址　南京市汉口路 22 号　　　　邮　编　210093
出 版 人　金鑫荣
书　　名　**建筑力学与结构(第二版)**
主　　编　陈克森　崔　洋　李燕飞
责任编辑　赵林林　朱彦霖　　　　编辑热线　025 - 83597482
照　　排　南京南琳图文制作有限公司
印　　刷　南京玉河印刷厂
开　　本　787×1092　1/16　印张 15.25　字数 372 千
版　　次　2020 年 1 月第 2 版　2022 年 1 月第 2 次印刷
ISBN 978 - 7 - 305 - 19851 - 9
定　　价　39.80 元

网址:http://www.njupco.com
官方微博:http://weibo.com/njupco
微信服务号:njuyuexue
销售咨询热线:(025)83594756

前　言

本教材是为适应我国高等职业教育的发展，针对高职高专工程造价、工程管理、项目管理、建筑企业经济管理等专业的培养目标、课程教学基本要求，在多年的教学实践基础上编写而成。本书在编写中内容力求精练，注重理论联系实际，力求突出土建工程管理类特色，突出职业教育的教材特点。

本教材构筑了从建筑力学到建筑结构的知识体系，力求在较少学时的情况下，让学生了解力学和结构的一些基本知识、基本术语、材料力学性质、构件受力特点及常规计算、常用结构构件设计计算、构造要求等。全书共分 14 个项目，主要内容包括静力学基础知识，平面力系的合成与平衡，轴向拉伸与压缩，平面弯曲，平面体系的几何组成分析，静定结构的内力计算，静定结构的位移计算，超静定结构内力计算，建筑结构设计原理简介，钢筋混凝土受弯构件承载力计算，钢筋混凝土受压构件承载力计算，钢筋混凝土楼盖，砌体结构，钢结构。

本教材在编写中严格执行了我国新颁布的标准和规范，主要有《结构可靠度设计统一标准》(GB 50068—2001)、《工程结构可靠性设计统一标准》(GB 50153—2008)、《建筑结构荷载规范》(GB 50009—2001)、《混凝土结构设计规范》(GB 50010—2010)、《砌体结构设计规范》(GB 50003—2001)、《钢结构设计规范》(GB 50017—2003)等。

本教材可作为工程造价、工程管理、项目管理、建筑企业经济管理以及土建类监理、检测等各专业的教材。为适应不同专业不同学时的教学需要，本教材在内容上能够满足 60～100 学时的教学需要，不同专业可根据不同教学要求在内容上作相应取舍。

本书由山东水利职业学院陈克森、崔洋、李燕飞担任主编，由山东水利职业学院韩永胜；黔南民族职业学院许贵满；南宁职业技术学院陈民；武汉船舶职业技术学院王沫涵任副主编。山东水利职业学院刘福臣教授担任了本书主审，对本教材编写提出了许多建设性意见，使本书内容更为严谨，在此深表感谢。

本书在编写过程中，得到了编者所在单位领导、南京大学出版社领导和编辑的大力支持与帮助，在此表示深深的谢意。

在本书的编写过程中参阅和借鉴了有关教材和文献，其中绝大部分已在本书参考文献中列出，但也难免有遗漏，编者在此一并表示衷心的感谢。

由于本书编写时间仓促，加之编者水平有限，书中难免有欠妥之处，敬请广大读者批评指正。

编　者
2019 年 7 月

目　录

绪　论 ……………………………………………………………………………… 1

项目一　静力学基础知识 ……………………………………………………… 6
任务一　静力学的基本概念 …………………………………………………… 6
任务二　静力学公理 …………………………………………………………… 7
任务三　荷　载 ………………………………………………………………… 9
任务四　约束与约束反力 ……………………………………………………… 10
任务五　结构计算简图 ………………………………………………………… 14
任务六　物体的受力分析与受力图 …………………………………………… 16
小　结 …………………………………………………………………………… 17
思考题 …………………………………………………………………………… 18
习　题 …………………………………………………………………………… 18

项目二　平面力系的合成与平衡 …………………………………………… 20
任务一　力系简化的基础知识 ………………………………………………… 20
任务二　力矩与力偶 …………………………………………………………… 23
任务三　平面力系的合成 ……………………………………………………… 26
任务四　平面力系平衡方程的应用 …………………………………………… 31
小　结 …………………………………………………………………………… 35
思考题 …………………………………………………………………………… 36
习　题 …………………………………………………………………………… 36

项目三　轴向拉伸与压缩 …………………………………………………… 39
任务一　内力的概念、截面法 ………………………………………………… 39
任务二　轴向拉伸和压缩时的内力 …………………………………………… 40
任务三　轴向拉(压)杆的应力、应变及强度条件 …………………………… 42
任务四　轴向拉伸或压缩时的变形 …………………………………………… 45
任务五　拉伸或压缩时材料的力学性能 ……………………………………… 46
任务六　压杆稳定 ……………………………………………………………… 50
小　结 …………………………………………………………………………… 50
思考题 …………………………………………………………………………… 51
习　题 …………………………………………………………………………… 51

项目四　平面弯曲 ·· 53
任务一　静定平面梁的内力 ·· 53
任务二　截面的几何特性 ·· 58
任务三　梁的弯曲应力和强度条件 ······································ 60
任务四　组合变形 ·· 66
小　结 ·· 68
思考题 ·· 68
习　题 ·· 69

项目五　平面体系的几何组成分析 ·· 71
任务一　平面体系的几何组成分析 ······································ 71
任务二　几何不变体系的组成规则 ······································ 74
任务三　几何组成分析示例 ·· 75
任务四　静定结构和超静定结构 ··· 77
小　结 ·· 77
思考题 ·· 77
习　题 ·· 78

项目六　静定结构的内力计算 ·· 79
任务一　多跨静定梁 ·· 79
任务二　静定平面桁架的内力 ·· 82
任务三　静定平面刚架的内力 ·· 84
小　结 ·· 86
思考题 ·· 87
习　题 ·· 87

项目七　静定结构的位移计算 ·· 89
任务一　结构位移 ·· 89
任务二　梁在弯曲时的变形与刚度校核 ································ 90
任务三　单位荷载法计算位移 ·· 93
任务四　图乘法计算位移 ·· 95
小　结 ·· 98
思考题 ·· 99
习　题 ·· 99

项目八 超静定结构内力计算 ··················· 101
　　任务一 超静定结构概述 ························· 101
　　任务二 力法计算超静定结构 ····················· 103
　　任务三 位移法计算超静定结构 ··················· 108
　　任务四 力矩分配法计算超静结构 ················· 116
　　小 结 ····································· 121
　　思考题 ····································· 122
　　习 题 ····································· 122

项目九 建筑结构设计原理简介 ··················· 124
　　任务一 钢筋混凝土结构的材料 ··················· 124
　　任务二 建筑结构的功能要求和极限状态 ··········· 128
　　任务三 结构上的荷载和荷载效应 ················· 129
　　任务四 结构极限状态设计表达式 ················· 130
　　任务五 耐久性规定 ··························· 133
　　小 结 ····································· 133
　　思考题 ····································· 134
　　习 题 ····································· 134

项目十 钢筋混凝土受弯构件承载力计算 ··········· 135
　　任务一 钢筋混凝土构件的基本构造规定 ··········· 135
　　任务二 受弯构件的正截面承载力计算 ············· 142
　　任务三 钢筋混凝土受弯构件斜截面承载力计算 ····· 153
　　任务四 钢筋骨架的构造要求 ····················· 159
　　小 结 ····································· 162
　　思考题 ····································· 162
　　习 题 ····································· 163

项目十一 钢筋混凝土受压构件承载力计算 ········· 164
　　任务一 受压构件的基本构造要求 ················· 164
　　任务二 轴心受压构件的正截面承载力 ············· 167
　　任务三 偏心受压构件的正截面承载力 ············· 171
　　任务四 偏心受压构件的斜截面受剪承载力 ········· 178
　　小 结 ····································· 179
　　思考题 ····································· 179
　　习 题 ····································· 180

项目十二　钢筋混凝土楼盖 ⋯⋯⋯⋯⋯⋯⋯⋯⋯⋯⋯⋯⋯⋯⋯⋯⋯⋯⋯⋯⋯⋯⋯⋯ 181
　　任务一　装配式钢筋混凝土楼盖 ⋯⋯⋯⋯⋯⋯⋯⋯⋯⋯⋯⋯⋯⋯⋯⋯⋯⋯⋯ 181
　　任务二　现浇钢筋混凝土楼盖的结构形式 ⋯⋯⋯⋯⋯⋯⋯⋯⋯⋯⋯⋯⋯⋯ 184
　　任务三　单向板肋梁楼盖 ⋯⋯⋯⋯⋯⋯⋯⋯⋯⋯⋯⋯⋯⋯⋯⋯⋯⋯⋯⋯⋯⋯ 185
　　任务四　双向板肋梁楼盖 ⋯⋯⋯⋯⋯⋯⋯⋯⋯⋯⋯⋯⋯⋯⋯⋯⋯⋯⋯⋯⋯⋯ 192
　　小　结 ⋯⋯⋯⋯⋯⋯⋯⋯⋯⋯⋯⋯⋯⋯⋯⋯⋯⋯⋯⋯⋯⋯⋯⋯⋯⋯⋯⋯⋯⋯⋯ 194
　　思考题 ⋯⋯⋯⋯⋯⋯⋯⋯⋯⋯⋯⋯⋯⋯⋯⋯⋯⋯⋯⋯⋯⋯⋯⋯⋯⋯⋯⋯⋯⋯⋯ 195
　　习　题 ⋯⋯⋯⋯⋯⋯⋯⋯⋯⋯⋯⋯⋯⋯⋯⋯⋯⋯⋯⋯⋯⋯⋯⋯⋯⋯⋯⋯⋯⋯⋯ 195

项目十三　砌体结构 ⋯⋯⋯⋯⋯⋯⋯⋯⋯⋯⋯⋯⋯⋯⋯⋯⋯⋯⋯⋯⋯⋯⋯⋯⋯⋯⋯⋯ 196
　　任务一　砌体的力学性能 ⋯⋯⋯⋯⋯⋯⋯⋯⋯⋯⋯⋯⋯⋯⋯⋯⋯⋯⋯⋯⋯⋯ 196
　　任务二　砌体受压构件的承载力 ⋯⋯⋯⋯⋯⋯⋯⋯⋯⋯⋯⋯⋯⋯⋯⋯⋯⋯⋯ 205
　　任务三　砌体高厚比验算 ⋯⋯⋯⋯⋯⋯⋯⋯⋯⋯⋯⋯⋯⋯⋯⋯⋯⋯⋯⋯⋯⋯ 208
　　小　结 ⋯⋯⋯⋯⋯⋯⋯⋯⋯⋯⋯⋯⋯⋯⋯⋯⋯⋯⋯⋯⋯⋯⋯⋯⋯⋯⋯⋯⋯⋯⋯ 210
　　思考题 ⋯⋯⋯⋯⋯⋯⋯⋯⋯⋯⋯⋯⋯⋯⋯⋯⋯⋯⋯⋯⋯⋯⋯⋯⋯⋯⋯⋯⋯⋯⋯ 211
　　习　题 ⋯⋯⋯⋯⋯⋯⋯⋯⋯⋯⋯⋯⋯⋯⋯⋯⋯⋯⋯⋯⋯⋯⋯⋯⋯⋯⋯⋯⋯⋯⋯ 211

项目十四　钢结构 ⋯⋯⋯⋯⋯⋯⋯⋯⋯⋯⋯⋯⋯⋯⋯⋯⋯⋯⋯⋯⋯⋯⋯⋯⋯⋯⋯⋯⋯ 212
　　任务一　钢结构材料 ⋯⋯⋯⋯⋯⋯⋯⋯⋯⋯⋯⋯⋯⋯⋯⋯⋯⋯⋯⋯⋯⋯⋯⋯ 212
　　任务二　钢结构的连接 ⋯⋯⋯⋯⋯⋯⋯⋯⋯⋯⋯⋯⋯⋯⋯⋯⋯⋯⋯⋯⋯⋯⋯ 215
　　任务三　钢结构构件 ⋯⋯⋯⋯⋯⋯⋯⋯⋯⋯⋯⋯⋯⋯⋯⋯⋯⋯⋯⋯⋯⋯⋯⋯ 223
　　任务四　钢结构施工图 ⋯⋯⋯⋯⋯⋯⋯⋯⋯⋯⋯⋯⋯⋯⋯⋯⋯⋯⋯⋯⋯⋯⋯ 226
　　小　结 ⋯⋯⋯⋯⋯⋯⋯⋯⋯⋯⋯⋯⋯⋯⋯⋯⋯⋯⋯⋯⋯⋯⋯⋯⋯⋯⋯⋯⋯⋯⋯ 228
　　思考题 ⋯⋯⋯⋯⋯⋯⋯⋯⋯⋯⋯⋯⋯⋯⋯⋯⋯⋯⋯⋯⋯⋯⋯⋯⋯⋯⋯⋯⋯⋯⋯ 228
　　习　题 ⋯⋯⋯⋯⋯⋯⋯⋯⋯⋯⋯⋯⋯⋯⋯⋯⋯⋯⋯⋯⋯⋯⋯⋯⋯⋯⋯⋯⋯⋯⋯ 229

附　录 ⋯⋯⋯⋯⋯⋯⋯⋯⋯⋯⋯⋯⋯⋯⋯⋯⋯⋯⋯⋯⋯⋯⋯⋯⋯⋯⋯⋯⋯⋯⋯⋯⋯⋯ 230
　　附录A ⋯⋯⋯⋯⋯⋯⋯⋯⋯⋯⋯⋯⋯⋯⋯⋯⋯⋯⋯⋯⋯⋯⋯⋯⋯⋯⋯⋯⋯⋯⋯ 230
　　附录B ⋯⋯⋯⋯⋯⋯⋯⋯⋯⋯⋯⋯⋯⋯⋯⋯⋯⋯⋯⋯⋯⋯⋯⋯⋯⋯⋯⋯⋯⋯⋯ 232
　　附录C ⋯⋯⋯⋯⋯⋯⋯⋯⋯⋯⋯⋯⋯⋯⋯⋯⋯⋯⋯⋯⋯⋯⋯⋯⋯⋯⋯⋯⋯⋯⋯ 234

参考文献 ⋯⋯⋯⋯⋯⋯⋯⋯⋯⋯⋯⋯⋯⋯⋯⋯⋯⋯⋯⋯⋯⋯⋯⋯⋯⋯⋯⋯⋯⋯⋯⋯ 235

绪 论

一、本课程的研究对象及任务

建筑物中承受荷载并起骨架作用的部分称为**结构**。组成结构的各单独部分称为**构件**。结构是由若干构件按一定方式组合而成的,如房屋建筑是由屋盖、楼板、梁、墙、门窗、楼梯、基础等构件组成。如图 0-1 所示为民用建筑结构的基本组成。

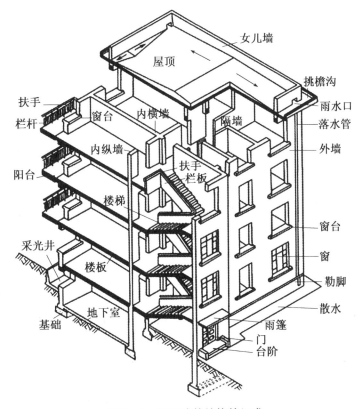

图 0-1 民用建筑结构的组成

结构构件按其几何特征可分为三种类型:

(1) 杆系结构:由杆件组成的结构,其几何特征是其长度远远大于横截面的宽度和高度,如梁、柱、拱、桁架等。

(2) 薄壁结构:由薄板或薄壳构成,其几何特征是其厚度远远小于另两个方向的尺寸,如屋面板、楼面板等。

(3) 实体结构:由块体构成,其几何特征是三个方向的尺寸相近,基本为同一数量级,如挡土墙、坝体等。

建筑力学与结构综合了理论力学(静力学部分)、材料力学、结构力学以及钢筋混凝土结构、砌体结构、钢结构等内容,依据知识自身的内在连续性和相关性,重新整合成建筑力学与结构的知识应用体系。

建筑力学与结构均以建筑工程结构构件为研究对象,其中,建筑力学是建筑结构设计的基础。建筑力学是研究结构构件的力学计算理论及方法的科学,是工程技术人员从事结构设计和施工所必须具备的理论基础。其主要任务是应用力学的基本原理,分析结构和构件在各种条件下,维持平衡所需要的条件、内力分布规律、变形以及构件的强度、刚度和稳定性等问题,为结构设计提供计算理论和方法,以正确解决安全适用和经济合理之间的矛盾。

建筑结构则研究工程中实际使用的各类结构构件(如钢筋混凝土结构)的设计原理和方法。其主要任务是在建筑力学的指导下,根据结构设计原理和方法,设计出既经济合理又安全可靠的建筑结构,结构设计的成果是结构施工图,它是建筑工程预算、建筑施工和经营管理的重要技术文件。

二、建筑结构的分类

建筑结构有多种分类方法,可按结构所用材料、承重结构类型、使用功能、外形特点、施工方法等进行分类。其中,按结构所用材料可分为以下几种类型:

1. 混凝土结构

混凝土结构是以混凝土为主要材料建造的工程结构,包括素混凝土结构、钢筋混凝土结构和预应力混凝土结构等。其主要优点是强度高、整体性好、耐久性与耐火性好、易于就地取材、可模性好等;主要缺点是自重大、抗裂性差、施工复杂、工期长、补强修复困难等。

2. 砌体结构

砌体结构是由块材和砂浆砌筑而成的结构,包括砖砌体结构、石砌体结构和砌块砌体结构。其主要优点是就地取材、耐久性与耐火性好、施工简单、造价低;主要缺点是强度(尤其是抗拉强度)低、整体性差、结构自重大、工人劳动强度高等。

3. 钢结构

钢结构是由钢板、型钢等钢材通过有效的连接方式所形成的结构,广泛应用于工业建筑及高层建筑结构中,特别适用于建造大跨度和超高、超重型的建筑物,是现代建筑工程中较普遍的结构形式之一。其主要优点是强度高、自重轻、材质均匀、施工简单、工期短、抗震性能好;主要缺点是易腐蚀、耐火性差、工程造价和维护费用较高。

4. 木结构

木结构是指主要由木材制成、通过各种金属连接件或榫卯手段进行连接和固定的工程结构。这种结构由天然材料所组成,木材生长受自然条件的限制,且易燃、易腐、结构变形大,一般用于民用和中小型工业厂房的屋盖中,目前已较少采用。本书对木结构将不再叙述。

三、刚体、变形固体及其基本假设

力学中将物体抽象化为两种计算模型:刚体和理想变形固体。

1. 刚体

刚体是在外力作用下形状和尺寸都不改变的物体。实际上,任何物体受力后都发生一定的变形,但在一些力学问题中,物体变形这一因素与所研究的问题无关或对其影响甚微,这时可将物体视为刚体,从而使研究的问题得到简化。

2. 变形固体

与刚体相对应,在外力作用下,会产生变形的固体称为变形固体。理想变形固体应满足以下假设:

(1) **连续性假设**:物体的材料结构是密实的,物体内材料是无空隙的连续分布。

(2) **均匀性假设**:材料的力学性质是均匀的,从物体上任取一部分,材料的力学性质均相同。

(3) **各向同性假设**:材料的力学性质是各向同性的,材料沿不同方向具有相同的力学性质,而各方向力学性质不同的材料称为各向异性材料。

按照上述假设,理想化的一般变形固体称为理想变形固体。

变形固体受荷载作用时将产生变形。当荷载撤去后,可完全消失的变形称为弹性变形;不能恢复的变形称为塑性变形或残余变形。在多数工程问题中,要求构件只发生弹性变形。工程中,大多数构件在荷载的作用下产生的变形量若与其原始尺寸相比很微小,称为小变形。

总体看,建筑力学把所研究的结构和构件看作是连续、均匀、各向同性的理想变形固体,且限于弹性范围和小变形情况,上述假定可大大简化计算。

四、结构构件的基本变形

当外力以不同的方式作用于结构上时,结构将发生变形,在工程实际中,结构的基本变形有四种:① 轴向拉伸或压缩;② 剪切;③ 扭转;④ 弯曲。这里主要介绍基本变形外力的作用特点和基本变形的变形特点等内容。

1. 轴向拉伸或压缩

沿杆件的轴线方向作用一对大小相等、方向相反的外力,杆件沿轴向发生伸长或缩短变形,当外力背离杆件时称为轴向拉伸,当外力指向杆件时称为轴向压缩。如图 0-2 所示桁架,AB 杆件为轴向拉伸,AC 杆件为轴向压缩。其变形特点是:拉伸时杆件沿轴向伸长,横向尺寸缩小;压缩时杆件沿轴向缩短,横向尺寸增大。

2. 剪切

构件受到一对大小相等、方向相反、作用线平行且距离很近的平行力沿横向作用于杆件的变形称为剪切。剪切时,介于作用线之间的截面将沿着力的方向相对错动。发生相对错动的表面叫剪切面。常见的剪刀以及工程上铆钉、键、销、螺栓等联接件都属于剪切变形。如图 0-3 所示为销钉剪切变形。

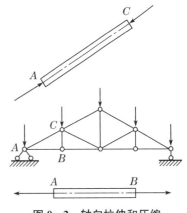

图 0-2　轴向拉伸和压缩

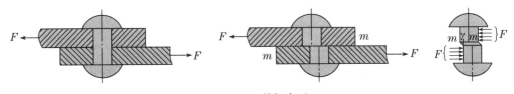

图 0-3　剪切变形

3. 扭转

构件两端受到两个垂直于轴线的力偶的作用,力偶的大小相等、方向相反,在两个力偶的作用下,杆件的横截面绕轴线相对转动,这种变形称为扭转。两横截面间的相对转角叫扭转角。如图0-4所示为薄壁杆件、汽车的传动轴发生扭转变形。

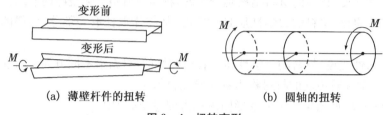

(a) 薄壁杆件的扭转　　　　　　(b) 圆轴的扭转

图 0-4　扭转变形

4. 弯曲

在垂直于杆件轴线的外力的作用下或在纵向平面内受到力偶作用,轴线由直线变为曲线的变形称为弯曲。习惯上把以弯曲变形为主的构件叫梁。梁的结构形式很多,根据支座的情况可以分为以下三种基本形式:

(1) 简支梁:梁的一端为固定铰支座,另一端为活动铰支座,如图0-5(a)所示。

(2) 外伸梁:其支座和简支梁的支座相同,但梁的一端或两端伸出支座之外,如图0-5(b)所示。

(3) 悬臂梁:梁的一端为固定端,另一端自由,如图0-5(c)所示。

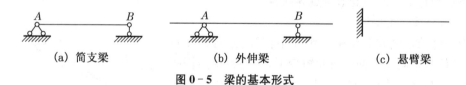

(a) 简支梁　　　　　　(b) 外伸梁　　　　　　(c) 悬臂梁

图 0-5　梁的基本形式

梁的轴线和截面纵向对称轴所决定的平面称为**纵向对称平面**。若梁上的外力都作用在纵向对称面内,而且各力都与梁的轴线垂直,则梁的轴线在纵向对称面内弯曲成曲线,这种弯曲变形称**平面弯曲**,如图0-6所示。本书仅讨论平面弯曲问题。

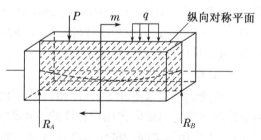

图 0-6　梁的平面弯曲

五、本课程的学习方法

建筑力学与结构是一门以力学知识为基础,学习结构和构件设计工作任务及相关知识与技能的综合性课程,内容的跨度大、难度大,要求学习者把握适度够用的基本概念、基本方法和基本计算,注重应用。

1. 注意力学与结构的关系

力学是结构设计的基础,若力学知识学不好,将会给建筑结构部分的学习带来困难。此外,应注意,建筑结构的钢筋混凝土结构、砌体结构的材料不是单一、均质、弹性的材料,因此,力学中的强度、刚度、稳定性公式不能直接应用,需要在考虑结构试验和工程经验的基础上建立。

2. 做到理论联系实际

本课程的理论来源于实践,是大量工程实践经验的总结。因此,一方面要通过课堂学习和各个实践环节结合身边的建筑物实例进行学习,另一方面要有计划、有针对性地到施工现场参观学习,增加感性知识、积累工程实践经验。要通过施工现场的参观、实习来了解实际工程中的力学问题、结构布置、配筋构造、施工工艺等,以积累感性知识,增加工程经验,这是学好本课程必不可少的环节。

3. 注意建筑结构设计答案的非唯一性

建筑结构设计中,即使是同一构件在同一荷载作用下,其结构方案、截面形式和尺寸、配筋方式和数量等都有多种答案。需要综合考虑结构安全可靠、经济适用、施工条件等多方面因素,确定一个合理的答案。

4. 注意规范的学习和应用

建筑结构设计的依据是国家颁布的规范和标准,必须严格遵照执行,教材从某种意义上说是对规范的解释和说明,因此要结合课程内容,自觉学习相关的规范,以达到熟悉和正确应用的要求。当然,作为初学者,对于教材与规范的关系,只涉及常用条文,特别是强制性条文,不讨论细节。

5. 注意公式应用的具体条件

建筑结构理论是在大量工程实践和科学研究基础上发展起来的一门实用性极强的应用学科,许多结构构件的受力性能不能完全由理论来描述,往往要借助于试验研究分析,因此,建筑结构"内容多、概念多、公式多、构造规定多",学习中要侧重于知识的应用,淡化公式的推导,注意公式的适用范围及构造规定,突出实践能力培养。

项目一　静力学基础知识

【学习目标】
　　1. 了解荷载的分类、内力和外力的概念；
　　2. 理解常见几种约束类型的特点及其约束反力；
　　3. 掌握静力学公理及其推论；
　　4. 掌握物体及物体系统受力图的绘制。

【学习重点】
　　1. 约束与约束反力的分析；
　　2. 结构的计算简图的绘制；
　　3. 受力分析与受力图的绘制。

任务一　静力学的基本概念

一、力的概念

1. 力的定义

力是物体间的相互作用,这种作用会使物体改变原始的运动状态(外效应),会使物体发生变形(内效应)。物体相互间的作用形式多种多样,可以归为两类:一类是两物体相互接触时,它们间相互产生的拉力或压力;另一类是地球与物体间相互产生的吸引力,对物体来说,这种吸引力就是重力。

力不能脱离物体出现,力至少存在于两个物体间,有施力体,也有受力体。

2. 力的三要素

力对物体的作用效果取决于 3 个要素:力的大小、方向、作用点。力的大小反映物体相互作用的强弱程度,它可以通过力的外效应和内效应的大小来度量。力的方向表示物体间的相互作用具有方向性,它包括力所顺沿的直线(力的作用线)在空间的方位和力沿其作用线的指向。力的作用点表示物体间相互作用位置的抽象化。实际上物体相互作用的位置并不是一个点,而是物体的一部分面积或体积。如果这个面积(或体积)相对于物体很小或由于其他原因使力的作用面积或体积可以忽略不计,那么我们可以将它抽象为一个点,此点称为力的作用点。力的三要素中的任何一个有改变,则力对物体的作用效果也将改变。

力的三要素表明力是矢量,可用一条沿力的作用线的有向线段来表示。此有向线段的起点或终点表示力的作用点;此线段的长度按一定的比例表示力的大小;此线段与某定直线的夹角表示力的方位,箭头表示力的指向。力是矢量,就必然满足矢量的运算法则:力的平行四边形法则和力的三角形法则。

3. 力的单位

在国际单位制中,力的单位为牛[顿](N)或千牛[顿](kN),工程上习惯用的单位是kgf,两种单位的换算关系是:1 kgf＝9.8 N。

4. 力的作用效应

力对物体的作用同时产生两种效应:运动效应与变形效应。改变物体原始运动状态的效应称为运动效应(外效应),使物体变形的效应称为变形效应(内效应)。

二、平衡

我们将物体保持原始的运动状态称为该物体保持平衡状态(平衡)。例如,房屋、水坝、桥梁相对于地球是静止的;沿直线匀速起吊的构件相对于地球是做匀速直线运动的,这些都是平衡的实例,它们的共同特点就是原始的运动状态没有发生变化。

三、力系

作用于物体上的一群力,称为力系。使物体保持平衡的力系,称为平衡力系。物体在力系作用下处于平衡状态时,力系应该满足的条件,称为力系的平衡条件。在不改变作用效果的前提下,用一个简单力系代替一个复杂力系的过程,称为力系的简化或力系的合成。对物体作用效果相同的力系,称为等效力系。如果一个力与一个力系等效,则该力称为此力系的合力,而力系中的各个力称为这个合力的分力。

任务二　静力学公理

人们在长期的生产和生活中,经过反复观察和实践,总结出了关于力的最基本的客观规律,这些客观规律被称为静力学公理。它们是符合客观实际的普遍规律,它们是研究力系简化和平衡问题的基础。

公理 1　二力平衡公理

作用在同一物体上的两个力,使物体平衡的必要和充分条件是:这两个力大小相等、方向相反,且作用在同一条直线上,如图 1-1(a)所示。

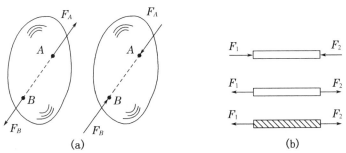

(a)　　　　　　　　　　　　　(b)

图 1-1

二力平衡公理有关条件对于刚体是充分的也是必要的;对于变形体只是必要的,而不是充分的。如图 1-1(b)所示,绳索的两端若受到一对大小相等、方向相反的拉力作用可以平衡,但若是压力就不能平衡。

二力平衡公理表明了作用于物体上最简单的力系的平衡条件,它是研究一般力系的平衡条件的基础。受二力作用而处于平衡状态的杆件或构件称为二力杆件(简称为二力杆)或二力构件。如图 1-2(a)所示的简单吊车中的拉杆 BC,如果不考虑它的重量,杆就只在 B 和 C 处分别受到力 F_B 和 F_C 的作用;因杆 BC 处于平衡状态,根据二力平衡条件,二力必须等值、反向、共线,即力 F_B 和 F_C 的作用线都一定沿着 BC 两点的连线,如图 1-2(b)所示,所以杆 BC 是二力杆件。

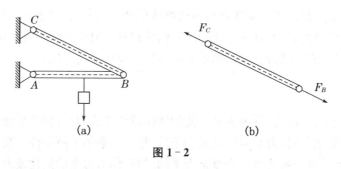

图 1-2

公理 2　加减平衡力系公理

在作用于刚体上的任意力系中,加上或减去任何平衡力系,并不改变原力系对刚体的作用效果。也就是说,相差一个平衡力系的两个力系作用效果相同,可以互换。这个公理的正确性是显而易见的。因为平衡力系对刚体的运动效果为零,不会改变刚体原来的运动状态(静止或做匀速直线运动),所以在刚体上加上或去掉一个平衡力系,是不会改变刚体原始的运动状态的。

推论 1　力的可传性原理

作用于刚体上的力可沿其作用线移动到刚体内任意一点,而不会改变该力对刚体的作用效果。力的可传性原理能很容易地为实验所验证。例如,用绳拉车,或者沿绳子同一方向以同样大小的力推车,对车产生的运动效果是相同的,如图 1-3 所示。

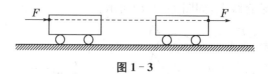

图 1-3

力的可传性原理告诉我们,力对刚体的作用效果与力的作用点在作用线上的位置无关,即在一刚体上可沿其作用线任意移动。因此,对于刚体来说,力的作用点在作用线上的位置已不是决定其作用效果的要素,而力的作用线对作用效果起决定性的作用,所以作用在刚体上的力,其三要素可表示为:力的大小、方向和作用线。在应用中应当注意,力的可传性只适用于同一刚体,不适用于变形体。

公理 3　力的平行四边形法则

作用在物体上同一点的两个力,可以成为作用于该点的一个合力,合力的大小和方向用以原来的两个力为邻边所构成的平行四边形的对角线矢量来表示,即合力等于原来的两个力的矢量和(几何和),如图 1-4(a)所示。

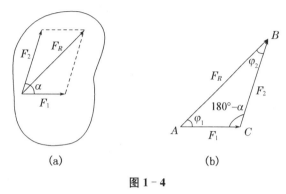

图 1-4

合力 F_R 的大小和方向可以用作图法求出。作图时应先选取恰当的比例尺作出力的平行四边形,然后直接从图上量取对角线的长度,即可得出合力 F_R 的大小,用量角器量出 F_R 与固定轴间的夹角可得合力 F_R 的方向。

根据公理3,用作图法求合力时,通常只需画半个四边形即可,即以力 F_1 的尾端 C 作为力 F_2 的起点,尾点为 B,连接 AB 所得矢量即为合力 F_R,如图 1-4(b)所示。△ABC 称为力三角形。这种求合力的方法称为力的三角形法则。

平行四边形法则是所有用矢量表示的物理量相加的普遍法则。力的平行四边形法则也是研究力系简化的重要理论依据。

推论 2　三力平衡汇交定理

一刚体受共面不平行的三力作用而平衡时,此三力的作用线必交会于一点。

三力平衡汇交定理只说明三力平衡的必要条件,而不是充分条件。它常用来确定刚体在共面不平行的 3 个力作用下平衡时,其中某一未知力的作用线方位。

公理 4　作用力与反作用力公理

两个物体间的作用力和反作用力,总是大小相等、方向相反、沿同一直线,并分别作用在两个物体上。

这个公理概括了任何两个物体之间相互作用力的关系。只要有作用力,就必定有反作用力,两者总是同时存在,又同时消失的。

任务三　荷　载

工程上将作用在结构或构件上,能主动引起物体运动、产生运动趋势或产生变形的作用称为荷载(也称为主动力),如物体的自重。

结构上所承受的荷载,往往比较复杂。为了便于计算,参照有关结构设计规范,根据不同的特点可对荷载进行如下分类。

(1) 按作用的性质可分为静荷载和动荷载。

缓慢地加到结构上的荷载称为静荷载,静荷载作用下结构不产生明显的加速度。大小、方向随时间变化的荷载称为动荷载。动荷载作用下,结构上各点产生明显的加速度,结构的内力和变形都随时间发生变化。地震力、冲击力等都是动荷载。

(2) 按作用时间的长短可分为永久荷载(恒荷载)和可变荷载(活荷载)。

永久作用在结构上,大小、方向不变的荷载称为永久荷载,如土压力、结构自重等。暂时作用在结构上的荷载称为可变荷载,如楼面活荷载、风荷载、雪荷载等。

(3) 按作用的范围可分为集中荷载和分布荷载。

若荷载作用的范围与构件尺寸相比很小时,可认为荷载集中作用于一点,称为集中荷载。设备对楼面的压力、柱子对面积较大的基础的压力等都是集中荷载。其单位一般用 N 或 kN 来表示。

分布作用在体积、面积或线段上的荷载称为分布荷载,如结构自重、楼面活荷载等。分布荷载可分为均布和非均布两种。荷载连续作用、大小各处相同的荷载称为均布荷载。如图 1-5(a)所示,梁的自重是以每米长度重力来表示,单位是 N/m 或 kN/m,称为线均布荷载。如图 1-5(b)所示,板的自重是以每平方米面积重力来表示的,单位是 N/m^2 或 kN/m^2,称为面均布荷载。荷载连续作用、但大小各处不相同的荷载称为非均布荷载。如图 1-5(c)所示,水池壁板受水压力的作用,水压力的大小与水的深度成正比,荷载呈三角形的分布规律;水池底板受到的则是均布荷载。

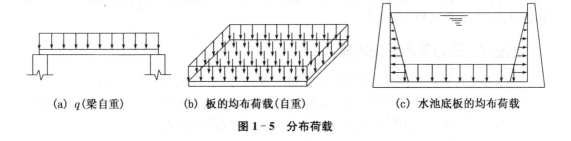

(a) q(梁自重)　　(b) 板的均布荷载(自重)　　(c) 水池底板的均布荷载

图 1-5　分布荷载

任务四　约束与约束反力

一、约束和约束反力的概念

力是物体间相互的机械作用,当分析某物体上的作用力时,需了解物体与周围其他物体相互作用形式和联接方式。

根据物体在空间的运动是否受到周围其他物体的限制,通常把物体分为两类:一类是自由体,如空中飞行的飞机,这类物体不与其他物体接触,在空间任何方向的运动都不受限制;另一类是非自由体,如搁置在墙上的梁,这类物体在空间的运动受到与之相接触的其他物体的限制,沿某些方向不能运动。

限制非自由体运动的周围物体称为该非自由体的约束。如上述墙是梁的约束。由于约束限制了物体的运动,改变了物体的运动状态,因此,约束必然受到被约束物体的作用力;同时,约束亦给被约束物体以反作用力,这种力称为约束反力,简称反力。约束反力的方向,总是与约束所能阻碍的物体运动的方向相反；约束反力的作用点就在约束与被约束物体的接触处。

作用在物体上的力除了约束反力外，还有荷载，如重力、土压力、水压力等，它们的作用使物体运动状态发生变化或产生运动趋势，称为主动力。主动力一般是已知的，或可根据已有的资料确定。约束反力由主动力引起，随主动力的改变而改变，故又称为被动力。约束反力除了与主动力有关外，还与约束性质有关。

二、工程中常见的约束及其约束反力

1. 柔性约束

由不计自重的绳索、链条、皮带和钢丝绳等柔性体构成的约束称为柔性约束，如图 1-6 所示。柔性约束只能限制物体沿柔性体中心线离开柔性体的运动，而不限制其他方向的运动。因此，其约束反力是作用在接触点，方向沿着柔性体中心线背离被约束物体的拉力，常用符号 F_T 表示。

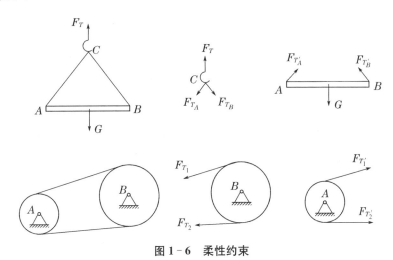

图 1-6 柔性约束

2. 光滑面约束

不计摩擦的光滑平面或曲面若构成对物体运动限制时，称为光滑面约束。光滑面约束只能限制物体沿接触面公法线并指向约束内部的运动。因此，其约束反力作用在接触点，方向沿接触面公法线且指向被约束物体的压力。通常用符号 F_N 表示。如图 1-7(a) 中球体所受的约束反力。如果一个物体以其棱角与另一物体光滑面接触，则约束反力沿此光滑面在该点的法线方向并指向受力物体，如图 1-7(b)所示。

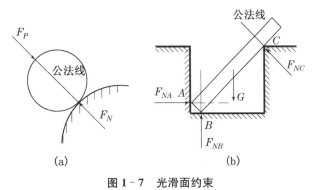

图 1-7 光滑面约束

3. 光滑圆柱铰链约束

将两个钻有相同直径圆孔的构件 A 和 B，用销钉 C 插入孔中相连接，如图 1-8(a)所示。不计销钉与孔壁的摩擦，销钉对所连接的物体形成的约束称为光滑圆柱铰链约束。图1-8(b)为铰链约束的结构简图。铰链约束的特点是只限制物体在垂直于销钉轴线的平面内沿任意方向的相对移动，但不限制物体绕销钉轴线的相对转动和沿其轴线方向的相对滑动。在主动力作用下，当销钉和销钉孔在某点D光滑接触时，销钉对物体的约束反力F_C作用在接触点D，且沿接触面公法线方向。即铰链的约束反力作用在垂直销钉轴线的平面内，并通过销钉中心，如图1-8(c)所示。

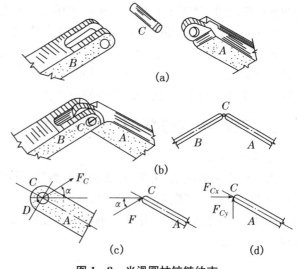

图1-8 光滑圆柱铰链约束

由于销钉与销钉孔壁接触点的位置与被约束物体所受的主动力有关，往往不能预先确定，故约束反力F_C的方向亦不能预先确定。因此，通常用通过铰链中心两个大小未知的正交分力F_{Cx}、F_{Cy}表示，如图1-8(d)所示，分力F_{Cx}和F_{Cy}的指向可任意假定。

4. 固定铰支座

将结构物或构件连接在墙、柱、基础等支承物上的装置称为支座。用光滑圆柱铰链把结构物或构件与支承底板连接，并将底板固定在支承物上而构成的支座，称为固定铰支座。图1-9(a)为其构造示意图，图1-9(b)和(c)为结构简图。

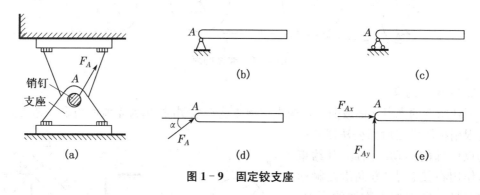

图1-9 固定铰支座

固定铰支座与光滑圆柱铰链约束不相同的是，两个被约束的构件，其中一个是完全固定的。但同样只有一个通过铰链中心且方向不定的约束反力，亦用正交的两个未知分力F_{Ax}、F_{Ay}表示，如图1-9(d)和(e)所示。

5. 可动铰支座

在固定铰支座底板与支承面之间安装若干个辊轴，就构成了可动铰支座，又称为辊轴支座，如图1-10(a)、(d)所示。当支承面光滑时，这种约束只能限制物体沿支承面法线方向的运动，而不限制物体沿支承面方向的移动和绕铰链中心的转动。因此，可动铰支座的约束反力垂直支承面，且通过铰链中心。

图 1-10 可动铰支座

6. 链杆约束

两端各以铰链与不同物体连接且中间不受力的直杆称为链杆，如图 1-11(a)、(d) 所示。这种约束能限制物体沿链杆轴线方向的运动，其约束反力为沿着链杆两端铰链中心连线方向的压力或拉力，常用符号 F 表示。

链杆属于二力杆的一种特殊情形。两端通过铰与其他物体连接且不计质量的杆件件称为二力杆。二力杆可以是直杆或曲杆。二力杆只在两端受到约束力，它们分别通过各自的几何中心。如果二力杆处于平衡，两力必大小相等，方向相反，且共线。

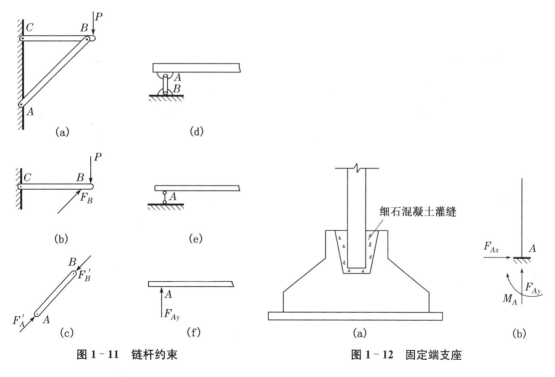

图 1-11 链杆约束

图 1-12 固定端支座

7. 固定端支座

固定端支座也是工程结构中常见的一种约束。如图 1-12(a) 所示是钢筋混凝土柱与基础整体浇筑时柱与基础的连接端。这种约束的特点是：在连接处具有较大的刚性，被约束物体在该处被完全固定，即不允许被约束物体在连接处发生任何相对移动和转动。固定端支座的约束反力可简化为正交的两个未知分力 F_{Ax}、F_{Ay} 和一个反力偶 M_A，如图 1-12(b) 所示。

任务五 结构计算简图

在进行结构力学分析之前,应首先将实际结构进行抽象和简化,使之既能反映实际的主要受力特征,又能使计算大大简化。这种经合理抽象和简化,用来代替实际结构的力学模型叫作结构的计算简图。

结构简化应遵循以下原则:

(1)计算简图要反映实际结构的主要性能,计算结果安全可靠;

(2)分清主次,略去细节,计算简图要便于计算。

下面说明杆件结构计算简图的简化要点:

1. 结构体系的简化

按照空间观点,结构可以分为平面结构和空间结构,一般结构都是空间结构。

结构体系的简化是指把实际的空间体系在可能的条件下简化或分解为若干个平面结构体系,这样对整个的空间体系的计算就可以简化为对平面体系结构的计算。

本书仅讨论平面结构的计算。应该指出,也有一些结构具有明显的空间特征而不宜简化成平面结构,必须如实地按照空间结构进行计算。

2. 杆件的简化

对杆件结构的简化主要是考虑由于杆件截面尺寸比其长度小得多,可以按照平面假设,根据截面内力来计算截面应力,而且截面内力又只沿杆件长度方向变化,因此在计算简图中,可以用杆件的轴线代替杆件,忽略截面形状和尺寸的影响。

3. 结点的简化

结构中杆件相互连接在一起的区域称为结点,通常根据其实际构造和结构受力特点,分为铰结点、刚结点和组合结点三种。

铰结点是指各杆件在连接处是一个光滑铰,铰结点所连各杆端可独自绕铰心自由转动,各杆端之间的夹角可任意改变,但不能相对移动。铰结点可传递力,但不能传递力矩。在计算简图中,铰结点一般用小圆圈表示,如图1-13(a)木屋架的结点可近似简化为铰结点。

刚结点是指相互连接的杆件在连接处不能相对移动,又不能相对转动,结点对与之相连的各杆件的转动有约束作用,转动时各杆间的夹角保持不变,既可传递力,又能传递力矩。如图1-13(b)所示现浇钢筋混凝土结构梁柱结点可视为刚结点。

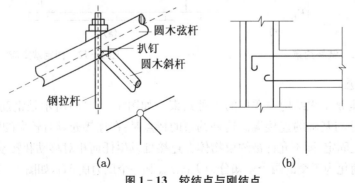

(a)   (b)

图 1-13 铰结点与刚结点

组合结点是刚结点与铰结点的组合体,这种结点的一部分具有铰结点的特征,而另一部分具有刚结点的性质,如图1-14所示屋架结点为组合结点。

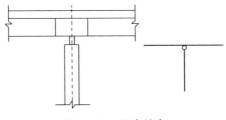

图1-14 组合结点

4. 支座的简化

支座是结构构件与其支承物间的连接装置。按结构构件和约束的受力特征,支座通常简化为固定铰支座、可动铰支座、固定端支座等基本类型。

5. 材料性质的简化

在力学计算中,为了简化,对组成各构件的材料一般都假设为连续的、均匀的、各向同性的、完全弹性或弹塑性的。在一定受力范围内,上述假设对于金属材料是符合实际情况的。对于混凝土、钢筋混凝土、砖、石等材料则带有一定程度的近似性。至于木材,因其顺纹和横纹方向的物理性质不同,故应用这些假设时应注意。

6. 荷载的简化

在计算简图中,通常将实际结构构件上所受到的各种荷载简化为作用在构件纵轴上的线荷载、集中荷载或力偶。

由上可见,计算简图是建筑力学和结构工程中对结构构件进行分析和计算的依据,建立计算简图,实际上就是建立力学与结构的分析模型,不仅需要必要的力学基础知识,而且需要具备一定的工程结构知识。

【例1-1】 如图1-15(a)所示为某排架结构单层厂房的剖面图,图1-15(b)为其平面布置图,屋面板为大型预应力屋面板,基础为预制杯形基础,并用细石混凝土灌缝,试确定该排架结构的计算简图。

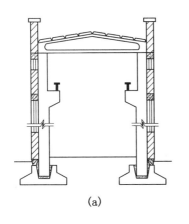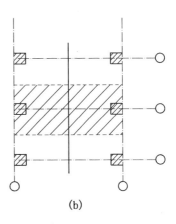

(a)　　　　　　　　　　　(b)

图1-15

解:(1) 结构体系的简化:将该空间结构简化为一平面体系的结构,即取一平面排架作为研究对象,而不考虑相邻排架对它的影响。

（2）构件的简化:柱用其轴线表示,屋架因其平面内刚度很大,用一根直杆表示。

（3）结点的简化:在该平面排架内的结点只有屋架与柱的连接结点,一般该结点均为螺栓连接或焊接,结点对屋架转动的约束较弱,故可简化为铰结点。

（4）支座的简化:由于柱插入基础后,用细石混凝土灌缝嵌固,限制了柱在竖直方向和水平方向的移动及转动,因此柱下端按固定端支座考虑。

（5）荷载的简化:结构受水平风荷载和屋面板、吊车传来的竖向荷载,分别简化为相应均布荷载和集中荷载。

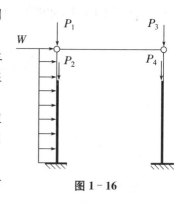

图 1-16

经上述简化,该平面排架结构的计算简图如图1-16所示。

任务六 物体的受力分析与受力图

研究静力学中物体的平衡问题时,首先要确定研究对象,然后分析考查它的受力情况,这个过程就是**受力分析**。工程上遇到的物体一般都是非自由体。在进行受力分析时,就需要先把研究对象从周围的物体中分离出来,解除其全部约束,单独画出它的轮廓简图,这一过程称为**取分离体**。在分离体上画出周围物体对它的全部作用力(包括主动力和约束反力),这种表示物体受力的简明图形,称为**受力图**。受力图形象地表达了研究对象的受力情况。恰当地选取研究对象,正确地画出受力图,是解决力学问题的基础。

画受力图的具体步骤如下:

（1）确定研究对象(称为分离体)。可根据解题需要,选整体、单个物体,或者几个物体的组合(局部)为研究对象。

（2）画出分离体所受的全部主动力。

（3）根据约束的类型和性质画出全部相应的约束反力。

下面举例说明如何画物体的受力图。

【例1-2】 画出如图1-17(a)所示搁置在墙上的梁的受力图。

分析: 在实际工程结构中,要求梁在支承端处不得有竖向和水平方向的运动,为了反映墙对梁端部的约束性能,可按梁的一端为固定铰支座,另一端为可动铰支座来分析,如图1-17(b)所示。在工程上称这种梁为简支梁。

解:（1）按题意取梁为研究对象。

（2）画出主动力:均布荷载 q。

（3）画出约束反力:在 B 点为可动铰支座,其约束

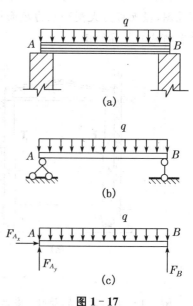

图 1-17

反力 F_B 与支承面垂直,方向假设为向上;在 A 点固定铰支座,其约束反力过铰中心点,但方向未定,用互相垂直的两个分力 F_{Ax} 与 F_{Ay} 表示,假设指向如图 1－17(c)所示。

【例1－3】 如图 1－18(a)所示结构。设杆件自重不计,试分别画出各杆件及物体系的受力图。

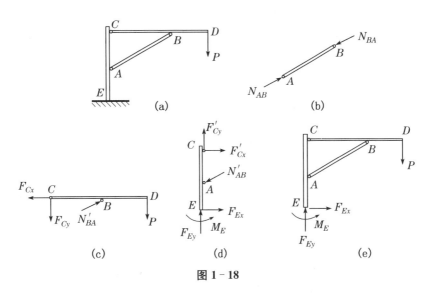

图 1－18

解:分别取 AB 杆、CD 杆、CE 杆及物体系为研究对象。

(1) AB 杆:是一个二力杆,受力图如图 1－18(b)所示。指向假设,以后再根据主动力方向,以及平衡条件来确定。

(2) CD 杆:受到主动力 P、铰 C 处的约束反力以及 AB 杆的反力。铰 C 为光滑圆柱铰,约束反力方向不定,用两个相互垂直的力表示;AB 杆件为二力杆,注意反力方向与图相反,如图 1－18(c)所示。

(3) CE 杆:铰 C、A 处反力均与图 1－8(b)和(c)处反力方向相反;E 为固定端支座,反力如图 1－18(d)所示。

(4) 物体系:A、B、C 处均为内力,图中不画出,如图 1－18(e)所示。

小 结

力是物体间的相互作用,这种作用会使物体改变原始的运动状态(外效应),会使物体发生变形(内效应)。力对物体的作用效果取决于 3 个要素:力的大小、方向、作用点。作用于物体上的一群力,称为力系。

静力分析中的公理揭示了力的基本性质,是静力分析的基础。① 二力平衡公理说明了作用在一个刚体上的两个力的平衡条件;② 加减平衡力系公理是力系等效代换的基础;③ 力的平行四边形法则给出了共点力的合成方法;④ 作用力与反作用力公理说明了物体间相互作用的关系。

结构工作时所承受其他物体作用的主动外力称为荷载。荷载按作用的性质可分为静荷载和动荷载,按作用时间的长短分为恒荷载和活荷载,按作用的范围分为集中荷载和分布荷载。

限制非自由体运动的周围物体称为约束。约束施加给被约束物体的反作用力称为约束反力,简称反力。约束反力的方向,总是与约束所能阻碍的物体运动的方向相反;约束反力的作用点就在约束与被约束物体的接触处。

结构计算简图简化的内容有:结构体系的简化、杆件简化、结点简化、支座简化、荷载简化等。

物体的受力分析分为主动力和约束反力。在工程实际中,为了求出未知的约束反力,需要确定结构构件上所受到的每个力的作用位置和作用方向,这个分析过程称为物体的受力分析。在分离体上画出所受的全部主动力和约束反力的图形称为受力图。画受力图的具体步骤为:确定研究对象、画出主动力、画出约束反力。

思 考 题

1-1 说明荷载是如何进行分类的。

1-2 确定约束反力方向的原则是什么? 说明各种常见约束的约束反力的特点。

1-3 什么是结构的计算简图? 举例说明如何进行简化。

1-4 如何进行结构构件的受力分析?

习 题

1-1 绘制下列结构的计算简图:

(1)屋架端部和柱顶设置有预埋钢板,将钢板焊接在一起,构成结点如题1-1图(a)所示。已知屋架端部和柱顶之间不能发生相对移动,但可以发生微小的转动,试绘制结点的计算简图。

(2)某建筑中楼面的梁板式结构如题1-1图(b)所示,梁两端支承在砖墙上,楼板用以支承人群或其他物品,试画出梁的计算简图。

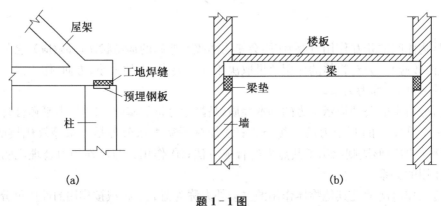

题 1-1 图

1-2　画出题1-2图中球体的受力图(物体不计自重)。

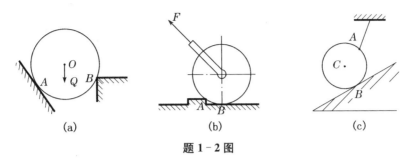

题 1-2 图

1-3　画出题1-3图中各杆件的受力图(物体不计自重)。

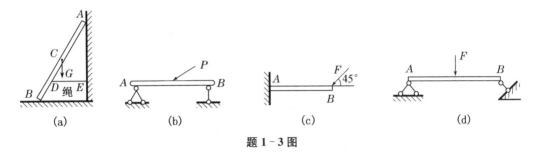

题 1-3 图

1-4　分别画出题1-4图中杆件 AC、CD 及整体结构的受力图(物体不计自重)。

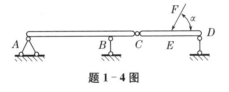

题 1-4 图

项目二　平面力系的合成与平衡

【学习目标】
1. 了解平面力系的分类和力的投影基本知识；
2. 理解力矩、力偶、力偶矩的基本概念；
3. 掌握平面汇交力系、平面力偶系的简化方法；
4. 熟悉平面一般力系的简化方法，会求解平面一般力系的主矢和主矩；
5. 应用平面力系的平衡方程计算单个物体和简单物体系的平衡问题。

【学习重点】
1. 力矩、力偶、力偶矩的概念；
2. 平面一般力系的简化和平衡方程；
3. 平面一般力系平衡问题的求解。

静力学是研究物体在力系作用下平衡规律的科学。它主要解决两类问题：一是将作用在物体上的力系进行简化，即用一个简单的力系等效地替换一个复杂的力系，这类问题称为力系的简化（或合成）问题；二是建立物体在各种力作用下的平衡条件，这类问题称为力系的平衡问题。

任务一　力系简化的基础知识

一、平面力系的分类

在静力学中，为便于研究问题，通常按力系中各力作用线分布情况的不同分为平面力系和空间力系两大类。各力的作用线均在同一平面上的力系叫**平面力系**；作用线不全在同一平面上的力系称为空间力系。平面力系包括三种类型：

1. 平面汇交力系

在平面力系中，各力的作用线均汇交于一点的力系，称为平面汇交力系。如图 2-1(a)所示，力 F 拉动球体前进，球体受到拉力 F、重力 P、地面反力 N_B 以及石块的反力 N_A 的作用，以上各力的作用线都在同一平面内且汇交于球体重心 C 点。

2. 平面平行力系

各力的作用线在同一平面内并且互相平行的力系称为平面平行力系。如图 2-1(b)所示起重机上所受的力，可以简化为平面平行力系。

3. 平面一般力系

各力的作用线不全汇交于一点，也不全互相平行的力系称为平面一般力系。如图 2-1(c) 所示的三角形屋架，它的厚度比其他两个方向的尺寸小得多，这种结构可简化为平面结构，它承受屋面传来的竖向荷载 F_P，风荷载 F_Q 以及两端支座的约束反力 F_{Ax}、F_{Ay}、F_B，这些力组成平面一般力系。

平面一般力系是工程上最常见的力系，很多实际问题都可简化成平面一般力系。平面汇交力系及平面平行力系可视为平面一般力系的特例。

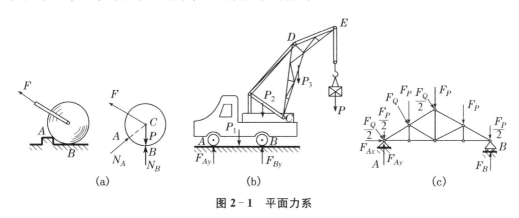

图 2-1　平面力系

在求解平面力系问题时，一般采用解析法。解析法是以力在坐标轴上的投影为基础的，为此，下面先介绍力在坐标轴上的投影。

二、力的合成

1. 力的平行四边形法则

作用于物体上同一点的两个力，可以合成为一个合力，合力也作用在该点上，合力的大小和方向则由以这两个分力为邻边所构成的平行四边形的对角线来表示，这种合成力的方法称为**力的平行四边形法则**，而合力矢量就是分力的矢量和。

如图 2-2 所示，按同一比例作出了以作用于 A 点的两个力为邻边构成的平行四边形，其对角线代表合力的大小和方向，三个力的几何关系可用矢量式表示为

$$\boldsymbol{F}_R = \boldsymbol{F}_1 + \boldsymbol{F}_2 \qquad (2-1)$$

应用平行四边形法则求得的作用在物体上同一点的两个力的合力，不仅在运动效应上，而且在变形效应上，都与原来的两个力等效。

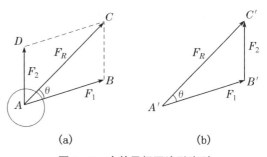

图 2-2　力的平行四边形法则

从图 2-2(a) 中容易看出，在用矢量加法求合力矢量时，只要作出力的平行四边形的一半，即一个三角形就可以了，称为力三角形，这种求合力矢量的方法称为**力三角形法则**。作力三角形时，必须遵循：① 分力矢量首尾相接，但次序可变；② 合力矢量的箭头与最后分力矢量的箭头相联。还应注意，力三角形只表明力的大小和方向，它不表示力的作用点或作用

线。根据力三角形,可用三角公式来表达合力的大小和方向。

力的平行四边形法则是力系合成的主要依据。力的分解是力的合成的逆运算,因此也是按平行四边形法则来进行的,通常是将力沿互相垂直方向分解为两个分力。

2. 力多边形法则

对于多个力的合力,连续运用力的平行四边形法则或三角形法则,就可以求出合力。力多边形法则是指各分力矢依一定次序首尾相接,形成一力矢折线链,合力矢是封闭边,合力矢的方向是从第一个力矢的起点指向最后一个力矢的终点。这个多边形 $ABCD$ 叫**力多边形**,而代表合力的 AD 边叫力多边形的封闭边。

画力多边形时,各力的次序可以是任意的。改变力的次序,只影响力多边形的形状,而不影响最后所得合力的大小和方向[图 2-3(d)]。但应注意,各分力矢量必须首尾相接,而合力矢量的方向则是从第一个力的起点指向最后一个力的终点。

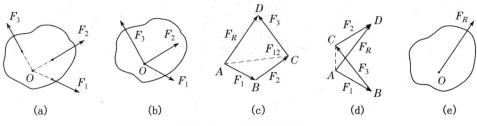

图 2-3 力多边形法则

三、力的投影与合力投影定理

1. 力在坐标轴上的投影

设在刚体上 A 点作用一力 F,通过力 F 的两端 A 和 B 分别向 x 轴作垂线,垂足为 a 和 b,如图 2-4(a)所示。如果从 a 到 b 的指向与投影轴 x 轴的正向一致,则力 F 在 x 轴的投影 ab 为正值,记为 F_x,反之为负值。

力在某轴上的投影,等于力的大小乘以力与该轴的正向间夹角的余弦。若力 F 与 x 轴之间的夹角为 α,则有:

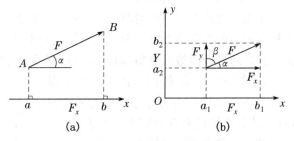

图 2-4 力在坐标轴上的投影

$$F_x = F\cos\alpha \qquad (2-2)$$

当 α 为锐角时,F_x 为正值;当 α 为钝角时,F_x 为负值。可见,力在轴上的投影是个代数量。

为了计算方便,经常需要求力在直角坐标轴上的投影,称为力的分解。如图 2-4(b)所示,将力 F 分别在正交的 Ox、Oy 上投影,则有:

$$\left.\begin{array}{l} F_x = F\cos\alpha \\ F_y = F\cos\beta \end{array}\right\} \qquad (2-3)$$

由式(2-3)可见,若力垂直于某轴,力在该轴上投影为零;若力平行于某轴,力在该轴上投影的绝对值为力的大小。

2. 合力投影定理

设由 F_1、F_2、F_3 组成的平面汇交力系,如图 2-5 所示。根据力多边形法则可以将 F_1、F_2、F_3 合成力的多边形 $ABCD$,AD 为封闭边,即合力 F_R。任选坐系系 Oxy,将合力 F_R 和各分力 F_1、F_2、F_3 分别向 x 轴投影,得到:

$$F_{Rx}=ad$$
$$F_{1x}=ab$$
$$F_{2x}=bc$$
$$F_{3x}=-cd$$

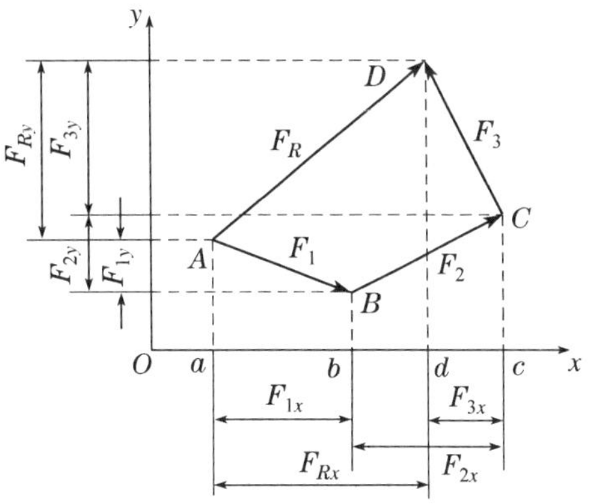

由图可见:$ad=ab+bc-cd$,因此,得到:

$$F_{Rx}=F_{1x}+F_{2x}+F_{3x}$$

图 2-5　力多边形投影

同理,可以得到合力 F_R 在 y 轴上的投影:

$$F_{Ry}=F_{1y}+F_{2y}+F_{3y}$$

式中,F_{1y}、F_{2y}、F_{3y} 分别为 F_1、F_2、F_3 在 y 轴上的投影。将上述合力投影与分力投影推广到一般平面汇交力系中,得到:

$$\left.\begin{array}{l} F_{Rx}=F_{1x}+F_{2x}+\cdots+F_{nx}=\sum_{i=1}^{n}F_{ix} \\ F_{Ry}=F_{1y}+F_{2y}+\cdots+F_{ny}=\sum_{i=1}^{n}F_{iy} \end{array}\right\} \tag{2-4}$$

合力投影定理:合力在任一轴上的投影等于各分力在同一轴上的投影的代数和。

由此可得到合力的大小和方向:

$$\left.\begin{array}{l} F_R=\sqrt{F_{Rx}^2+F_{Ry}^2}=\sqrt{\left(\sum F_{ix}\right)^2+\left(\sum F_{iy}\right)^2} \\ \tan\alpha=\left|\dfrac{F_{Ry}}{F_{Rx}}\right|=\left|\dfrac{\sum F_{iy}}{\sum F_{ix}}\right| \end{array}\right\} \tag{2-5}$$

式中,α 为合力 F_R 与 x 轴之间的锐角。

任务二　力矩与力偶

一、力矩和合力矩定理

1. 力对点之矩

力对物体的作用效果除了能使物体移动外,还能使物体转动,力矩就是力使物体转动效果的度量。现以扳手拧螺帽为例,如图 2-6 所示。手加在扳手上的力 F,使扳手带动螺帽绕中心 O 转动。力 F 越大,转动越快;力的作用线离转动中心越远,转动也越快;如果力的作用线与力的作用点到转动中心 O 点的连线不垂直,则转动的效果就差;当力的作用线通

过转动中心 O 时,无论力 F 多大也不能扳动螺帽,只有当力的作用线垂直于转动中心与力的作用点的连线时,转动效果最好。另外,当力的大小和作用线不变而指向相反时,将使物体向相反的方向转动。

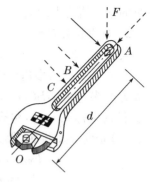

图 2-6 力对点之矩示例

通过实践总结出以下的规律:力使物体绕某点转动的效果,与力的大小成正比,与转动中心到力的作用线的垂直距离 d 也成正比。这个垂直距离称为**力臂**,转动中心称为**矩心**。力的大小与力臂的乘积称为力 F 对点 O 之矩(简称力矩),记作 $M_O(F)$。计算公式可写为:

$$M_O(F) = \pm F \cdot d \qquad (2-6)$$

式中的正负号表示力矩的转向。规定:**力使物体绕矩心作逆时针方向转动时,力矩为正;力使物体作顺时针方向转动时,力矩为负。**力矩是个代数量,单位是 N·m 或 kN·m。

由力矩的定义可以得到如下力矩的性质:

(1) 力 F 对点 O 的矩,不仅决定于力的大小,同时与矩心的位置有关。

(2) 当力的大小为零或力臂为零时,力矩为零。

(3) 力沿其作用线移动时,因为力的大小、方向和力臂均没有改变,故力矩不变。

(4) 相互平衡的两个力对同一点的矩的代数和等于零。

2. 合力矩定理

如果平面内有 n 个力汇交于一点,则平面汇交力系的合力对平面内任一点之矩,等于力系中各分力对同一点力矩的代数和,即:

$$M_O(F_R) = M_O(F_1) + M_O(F_2) + \cdots + M_O(F_n) = \sum M_O(F_i) \qquad (2-7)$$

称为**合力矩定理**。

二、力偶和力偶矩

如图 2-7(a)和(b)所示,汽车司机用双手转动转向盘,钳工用丝锥攻螺纹,以及日常生活中人们用手拧水龙头开关,用手指旋转钥匙等,都是施加力偶的实例。其中作用于转向盘、丝锥扳手和水龙头开关的力分别成对出现,它们大小相等,方向相反,作用线平行。力学中,把这些成对的力作为整体来考虑。

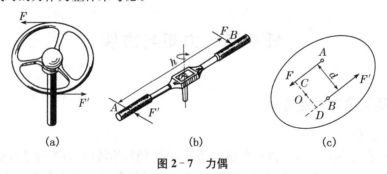

(a)   (b)   (c)

图 2-7 力偶

1. 力偶

由大小相等,方向相反,作用线平行的二力组成的力系称为**力偶**,如图 2-7(c)所示。

力偶与力一样,也是力学中的一种基本物理量。力偶是组成力系的基本元素,不能再简化成更简单的形式。

力偶用符号(F,F')表示。力偶所在的平面称为**力偶作用面**,力偶的二力间的垂直距离称为**力偶臂**。

2. 力偶矩

力偶中一个力大小和力偶臂的乘积并冠以适当正负号(以示转向)来度量力偶对物体的转动效应,称为力偶矩,用m表示。即

$$m=\pm Fd \tag{2-8}$$

使物体逆时针方向转动时,力偶矩为正,反之为负。所以力偶矩是代数量。力偶矩的单位与力矩的单位相同,常用$N \cdot m$或$kN \cdot m$。

度量力偶对物体转动效应的三要素是:力偶矩的大小、力偶的转向、力偶的作用面。不同的力偶只要它们的三要素相同,对物体的转动效应就是一样的。

3. 力偶的基本性质

性质1 力偶没有合力。不能用一个力来代替,也不能与一个力来平衡。

性质2 力偶对其作用面内任一点之矩恒等于力偶矩,且与矩心位置无关。

性质3 在同一平面内的两个力偶,如果它们的力偶矩大小相等,转向相同,则这两个力偶等效。称为力偶的等效条件。

从以上性质可以得到两个推论。

推论1 力偶可在其作用面内任意转移,而不改变它对物体的转动效应,即力偶对物体的转动效应与它在作用面内的位置无关。

如图2-8(a)所示,作用在方向盘上的两个力偶(P_1,P_1')与(P_2,P_2')只要它们的力偶矩大小相等,转向相同,作用位置虽不同,转动效应是相同的。

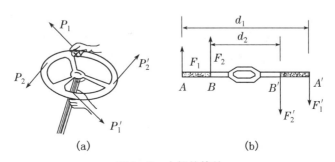

(a)   (b)

图2-8 力偶的等效

推论2 在力偶矩大小不变的条件下,可以改变力偶中的力的大小和力偶臂的长短,而不改变它对物体的转动效应。

如图2-8(b)所示,作用在螺纹杠上的两个力偶(F_1,F_1')和(F_2,F_2'),虽然d_1和d_2不相等,但只要调整力的大小,使力偶矩$F_1d_1=F_2d_2$,则两力偶的作用效果是相同的。

从上述两个推论可知,在研究与力偶有关的问题时,不必考虑力偶在平面内的作用位置,也不必考虑力偶中力的大小和力偶臂的长短,只需考虑力偶的大小和转向。所以常用带箭头的弧线表示力偶,箭头方向表示力偶的转向,弧线旁的字母m或数值表示力偶矩的大小,如图2-9所示。

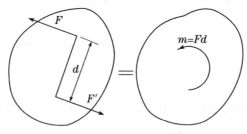

图 2 - 9 力偶的表示方法

三、力的平移定理

作用在刚体上的力可以从原来的作用点平行移动到任一点,但须附加一个力偶,附加力偶的矩等于原来的力对新作用点的矩,称为**力的平移定理**,如图 2 - 10 所示。附加力偶的矩为:

$$m = \pm Fd = M_O(F) \qquad (2-9)$$

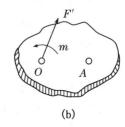

(a)   (b)

图 2 - 10 力的平移定理

任务三 平面力系的合成

一、平面汇交力系的合成

1. 力的可传性原理

作用于刚体上的力,可沿其作用线移动至该刚体上的任意点而不改变它对刚体的作用效应。如图 2 - 11 所示。力的可传性原理,只适用于刚体,即只有在研究刚体的平衡或运动时才是正确的。对于需要考虑变形的物体,将力沿其作用线作任何移动,都将改变物体的变形或物体内部的受力情况。

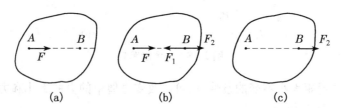

(a)   (b)   (c)

图 2 - 11 力的可传性原理

2. 平面汇交力系的合成

设刚体上作用有一个平面汇交力系 F_1,F_2,…,F_n,各力汇交于 A 点,如图 2 - 12(a)所示。根据力的可传性,可将这些力沿其作用线移到 A 点,从而得到一个平面共点力系,如图 2 - 12(b)所示。故平面汇交力系可简化为平面共点力系。

连续应用力的平行四边形法则,可将平面共点力系合成为一个力。

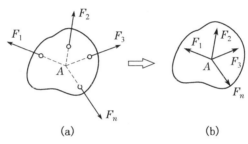

图 2-12 平面汇交力系的合成

$$F_R = F_1 + F_2 + \cdots + F_n = \sum F_i \qquad (2-10)$$

式中,F_R 即是该力系的合力。故平面汇交力系的合成结果是一个合力,合力的作用线通过汇交点,其大小和方向由力系中各力的矢量和确定。

根据合力投影定理,有:

$$\left. \begin{array}{l} F_{Rx} = F_{1x} + F_{2x} + \cdots + F_{nx} = \sum F_x \\ F_{Ry} = F_{1y} + F_{2y} + \cdots + F_{ny} = \sum F_y \end{array} \right\} \qquad (2-11)$$

合力的大小及方向,即:

$$\left. \begin{array}{l} F_R = \sqrt{\left(\sum F_x \right)^2 + \left(\sum F_y \right)^2} \\ \tan\alpha = \left| \sum F_y \Big/ \sum F_x \right| \end{array} \right\} \qquad (2-12)$$

【例 2-1】 一固定于房顶的吊钩上有三个力 F_1、F_2、F_3,其数值与方向如图 2-13 所示。用解析法求此三力的合力。

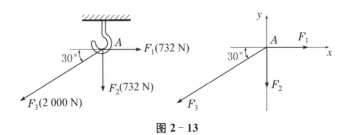

图 2-13

解:建立直角坐标系 Axy,并应用式(2-4),求出

$$F_{Rx} = F_{1x} + F_{2x} + F_{3x} = 732\ \text{N} + 0 - 2000\ \text{N} \times \cos 30° = -1000\ \text{N}$$
$$F_{Ry} = F_{1y} + F_{2y} + F_{3y} = 0 - 732\ \text{N} - 2000\ \text{N} \times \sin 30° = -1732\ \text{N}$$

再按式(2-5)求解得

$$F_R = \sqrt{\left(\sum F_x \right)^2 + \left(\sum F_y \right)^2} = 2000\ \text{N}$$
$$\tan\alpha = \left| \sum F_y \Big/ \sum F_x \right| = 1.732$$
$$\alpha = 60°$$

二、平面力偶系的合成

作用在物体上同一平面内的若干力偶,称为**平面力偶系**。设在刚体某平面上有力偶

M_1、M_2的作用,如图 2-14(a)所示,现求其合成的结果。

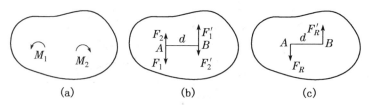

图 2-14　平面力偶系的合成

在平面上任取一线段 $AB=d$ 作为力偶臂,并把每个力偶化为一组作用在 A、B 两点的反向平行力,如图 2-14(b)所示,根据力偶等效条件,有

$$F_1 = \frac{M_1}{d}, F_2 = \frac{M_2}{d}$$

于是在 A、B 两点各得一组共线力系,其合力为 F_R 与 F_R',如图 2-14(c)所示,且有

$$F_R = F_R' = F_1 - F_2$$

F_R 与 F_R' 为一对等值、反向、不共线的平行力,它们组成的力偶即为合力偶,有

$$M = F_R d = (F_1 - F_2)d = M_1 + M_2$$

若在刚体上有若干个力偶作用,采用上述方法叠加,可得合力偶矩为

$$M = M_1 + M_2 + \cdots + M_n = \sum M \tag{2-13}$$

式(2-13)表明:**平面力偶系合成的结果为一合力偶,合力偶矩为各分力偶矩的代数和。**

三、平面一般力系向平面内一点的简化

设在刚体上作用有平面一般力系 F_1,F_2,$\cdots$,F_n,如图 2-15(a)所示。

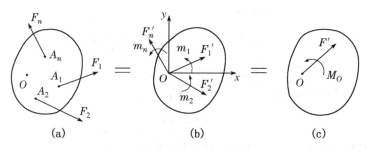

图 2-15　平面一般力系的简化

为简化力系,首先在该力系的作用面内任选一点 O 作为简化中心,根据力的平移定理,将力系中各力全部平移到 O 点后,如图 2-15(b)所示,则原力系就被平面汇交力系 F_1',F_2',$\cdots$,F_n' 和力偶矩为 m_1,m_2,$\cdots$,m_n 的附加平面力偶系所代替。因此平面一般力系的简化就转化为此平面内的平面汇交力系和平面力偶系的合成。然后将平面汇交力系和平面力偶系合成,得到作用于 O 点的力 F'(称为主矢)和力偶矩为 M_O 的一个力偶(称为主矩),如图 2-15(c)所示。

对于平面汇交力系的情况,其合力可以按两个共点力的合成方法,逐次使用力三角形法则求得:

$$F' = F'_1 + F'_2 + \cdots + F'_n = F_1 + F_2 + \cdots + F_n = \sum F_i \qquad (2-14)$$

式中:F' 为该力系的主矢。显然,主矢 F' 的大小与方向均与简化中心的位置无关。主矢 F' 的大小和方向为:

$$F' = \sqrt{(F'_x)^2 + (F'_y)^2} = \sqrt{\left(\sum F_{xi}\right)^2 + \left(\sum F_{yi}\right)^2}$$

$$\tan\alpha = \frac{|F'_y|}{|F'_x|} = \left|\frac{\sum F_{yi}}{\sum F_{xi}}\right| \qquad (2-15)$$

式中:α 为 F' 与 x 轴所夹的锐角,F' 的指向由 $\sum F_{xi}$ 和 $\sum F_{yi}$ 的正负号确定。

另外,平面力偶系可以合成为一个合力偶,其合力偶矩等于各分力偶矩的代数和,即:

$$M_0 = m_1 + m_2 + \cdots + m_n = \sum m \qquad (2-16)$$

综上所述可知,**平面一般力系向作用面内任一点简化的结果,是一个力和一个力偶**。这个力作用在简化中心,它的矢量称为原力系的**主矢**,并等于这个力系中各力的矢量和;这个力偶的力偶矩称为原力系对简化中心的**主矩**,并等于原力系中各力对简化中心的力矩的代数和。

由于主矢等于原力系各力的矢量和,因此,主矢的大小和方向与简化中心的位置无关。而主矩等于原力系中各力对简化中心的力矩的代数和,取不同的点作为简化中心,各力的力臂都要发生变化,则各力对简化中心的力矩也会改变,因此,主矩一般随着简化中心的位置不同而改变。

四、平面一般力系简化结果的讨论

平面一般力系向一点简化,一般可得到一个力和一个力偶,但这并不是最后简化结果。根据主矢与主矩是否存在,可能出现下列几种情况:

(1) 若 $F' = 0$,$M_O \neq 0$,说明原力系与一个力偶等效,这个力偶的力偶矩就是主矩。

由于主矢 F' 与简化中心的位置无关,当力系向某点 O 简化时,其 $F' = 0$,则该力系向作用面内任一点简化时,其主矢也必然为零。在这种情况下,简化结果与简化中心的位置无关。也就是说,无论向哪一点简化,都是一个力偶,而且力偶矩保持不变。即原力系与一个力偶等效,这个力偶称为原力系的合力偶 M。

(2) 若 $F' \neq 0$,$M_O = 0$,则作用于简化中心的主矢 F' 就是原力系的合力 F_R,作用线通过简化中心。

(3) 若 $F' \neq 0$,$M_O \neq 0$,这时根据力的平移定理的逆过程,可以进一步简化成一个作用于另一点 O' 的合力 F_R,如图 2-16 所示。

将力偶矩为 M_O 的力偶用两个反向平行力 F_R,F'' 表示,并使 F'' 和 F' 等值、共线,使它们构成一平衡力图,如图 2-16(b)所示,为保持 M_O 不变,只要取力臂

$$d = \frac{|M_O|}{F'} = \frac{|M_O|}{F_R} \qquad (2-17)$$

将 F'' 和 F' 这一平衡力系去掉,这样就只剩下 F_R 力与原力系等效。因此,力 F_R 就是原力系的合力。至于合力 F_R 的作用线在简化中心 O 点的哪一侧,可由主矩 M_O 的转向来决定。

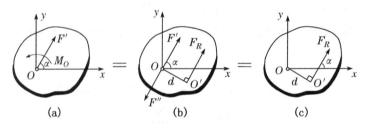

图 2-16　利用力的平移定理进行力系简化

(4) $F'=0,M_O=0$,则力系是平衡力系。

综上所述,平面一般力系简化的最后结果(即合成结果)可能是一个力偶,或者是一个合力,或者是平衡。

【例 2-2】 已知挡土墙自重 $F_G=400\ kN$,水压力 $F_Q=180\ kN$,土压力 $F_P=300\ kN$,各力的方向及作用线位置如图 2-17(a)所示。试将这三个力向底面中心 O 点简化,并求简化的最后结果。

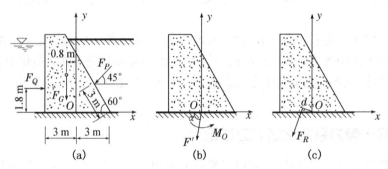

图 2-17　挡土墙受力的简化实例

解: 以底面中心 O 为简化中心,取坐标系如图 2-17(a)所示,由式(2-9)可求得主矢 F' 的大小和方向。由于

$$\sum F_{xi}=F_Q-F_P\cos45°=180-300\times0.707=-32.1\ kN$$

$$\sum F_{yi}=-F_P\sin45°-F_G=-300\times0.707-400=-612.1\ kN$$

所以:

$$F'=\sqrt{\left(\sum F_{xi}\right)^2+\left(\sum F_{yi}\right)^2}=\sqrt{(-32.1)^2+(-612.1)^2}=612.9\ kN$$

$$\tan\alpha=\frac{|\sum F_{yi}|}{|\sum F_{xi}|}=\frac{612.1}{32.1}=19.1,可得\ \alpha=87°。$$

因为 $\sum F_x$ 和 $\sum F_y$ 都是负值,故 F' 指向第三象限,与 x 轴的夹角为 α,再由式(2-10)可求得主矩为:

$$M_O=\sum m_O(F)$$
$$=-F_Q\times1.8+F_P\cos45°\times3\times\sin60°-F_P\sin45°\times(3-3\times\cos60°)+F_G\times0.8$$
$$=-180\times1.8+300\times0.707\times3\times0.866-300\times0.707\times(3-3\times0.5)+400\times0.8$$

$$=228.9\,\text{kN} \cdot \text{m}$$

计算结果为正值,表示 M_O 是逆时针转向。因为主矢 $F' \neq 0$,主矩 $M_O \neq 0$,如图 2-17(b) 所示,所以还可进一步合成为一个合力 F_R。F_R 的大小、方向与 F' 相同,由式(2-11)可知它 的作用线与 O 点的距离为:

$$d = \frac{|M_O|}{F'} = \frac{228.9}{612.9} = 0.375\,\text{m}$$

因 M_O 为正,故 $m_O(F)$ 也应为正,即合力 F_R 应在 O 点左侧,如图 2-17(c)所示。

任务四　平面力系平衡方程的应用

一、平面一般力系的平衡方程

1. 平面一般力系平衡方程的基本形式

平面一般力系向任一点简化时,当主矢、主矩同时等于零,则该力系为平衡力系。因此, 平面一般力系处在平衡状态的必要与充分条件是力系的主矢与力系对于任一点的主矩都等 于零,即 $F' = 0$,$M_O = 0$。可得平面一般力系的平衡条件为:

$$\left. \begin{array}{l} \sum F_x = 0 \\ \sum F_y = 0 \\ \sum M_O(F) = 0 \end{array} \right\} \tag{2-18}$$

式(2-18)说明,力系中各力在两个不平行的任意坐标轴上投影的代数和均等于零,所 有各力对任一点的矩的代数和等于零,称为平面一般力系的平衡方程。

式(2-18)中包含两个投影方程和一个力矩方程,是平面一般力系平衡方程的基本形式 (简称一矩式)。这三个方程是彼此独立的(即其中的一个不能由另外两个得出)。当方程中 含有未知数时,式(2-18)即为三个方程组成的联立方程组,可以用来确定三个未知量。

2. 平面一般力系平衡方程的其他形式

除上述基本形式外,还可将平面一般力系平衡方程表示为二矩式及三矩式。

(1) 二力矩形式的平衡方程(简称二矩式)

在力系作用面内任取两点 A、B 及 x 轴,可以证明平面一般力系的平衡方程可改写成两 个力矩方程和一个投影方程的形式,即:

$$\left. \begin{array}{l} \sum F_x = 0 \\ \sum M_A(F) = 0 \\ \sum M_B(F) = 0 \end{array} \right\} \tag{2-19}$$

式中,x 轴不能与 A、B 两点的连线垂直。

(2) 三力矩形式的平衡方程(简称三矩式)

在力系作用面内任意取三个不在同一直线上的点 A、B、C,则:

$$\left.\begin{array}{l} \sum M_A(F) = 0 \\ \sum M_B(F) = 0 \\ \sum M_C(F) = 0 \end{array}\right\} \qquad (2-20)$$

式中，A、B、C 三点不能在同一直线上。

二、平面特殊力系的平衡方程

平面汇交力系、平面力偶系和平面平行力系可以看作平面一般力系的特殊情况，其平衡方程都可以从平面一般力系的平衡方程得到，现讨论如下。

1. 平面汇交力系

对于平面汇交力系，可取力系的汇交点作为坐标的原点，如图 2-18(a)所示，因各力的作用线均通过坐标原点 O，各力对 O 点的矩必为零，即恒有 $\sum m_O(F) = 0$。因此，只剩下两个投影方程：

$$\left.\begin{array}{l} \sum F_x = 0 \\ \sum F_y = 0 \end{array}\right\} \qquad (2-21)$$

即为平面汇交力系的平衡方程。

2. 平面力偶系

平面力偶系如图 2-18(b)所示，因构成力偶的两个力在任何轴上的投影必为零，则恒有 $\sum F_x = 0$ 和 $\sum F_y = 0$，只剩下第三个力矩方程 $\sum m_O = 0$，因力偶对任意点的矩恒等于力偶矩，则力矩方程可改写为：

$$\sum m = 0 \qquad (2-22)$$

即为平面力偶系的平衡方程。

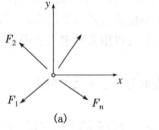 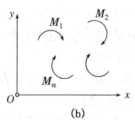 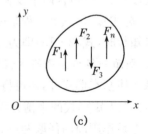

图 2-18　平面特殊力系

3. 平面平行力系

如图 2-18(c)所示平面平行力系，如选取 x 轴与各力作用线垂直，则不论该力系是否平衡，各力在 x 轴上的投影之和显然恒等于零，即 $\sum F_x = 0$。可见，平面平行力系的平衡方程为：

$$\left.\begin{array}{l} \sum F_y = 0 \\ \sum M_O(F) = 0 \end{array}\right\} \qquad (2-23)$$

也就是说,平面平行力系平衡的必要和充分条件是:力系中各力的代数和以及各力对同平面内任一点之矩的代数和都为零。

平面平行力系的平衡条件也可写成两个力矩方程的形式,即

$$\left.\begin{array}{c} \sum M_A(F) = 0 \\ \sum M_B(F) = 0 \end{array}\right\} \qquad (2-24)$$

其中,AB 连线不能平行于各力作用线。

三、平面力系的平衡方程的应用

实际工程结构中既存在单个物体的平衡问题又存在物体系统的平衡问题。物体系统是由若干个物体通过适当的连接方式(约束)组成的,简称物体系。工程中的结构或机构,如多跨梁、三铰拱、组合构架等都可看作物体系统。在研究物体系统的平衡问题时,必须注意以下几点:

(1)恰当地选取研究对象,是对问题求解过程的繁简起决定性作用的一步。

(2)综合考查整体与局部的平衡。当物体系统平衡时,组成该系统的任何一个局部系统或任何一个物体也必然处于平衡状态。不仅要研究整个系统的平衡,而且要研究系统内某个局部或单个物体的平衡。

(3)在画物体系统、局部、单个物体的受力图时,特别要注意施力体与受力体、作用力与反作用力的关系,对于受力图上的任何一个力,必须明确它是哪个物体所施加的,绝不能凭空臆造。

(4)在列平衡方程时,适当地选取矩心和投影轴,选择的原则是尽量做到一个平衡方程中只有一个未知量,以避免求解联立方程。

【例 2 - 3】　如图 2 - 19 所示,起吊一个重 10 kN 的构件,钢丝绳与水平线夹角 α 为 45°,求构件匀速上升时,绳的拉力是多少?

解:构件匀速上升时处于平衡状态,系统在重力 F_G 和绳的拉力 F_T 作用下平衡。即:

$$F_G = F_T = 10 \text{ kN}$$

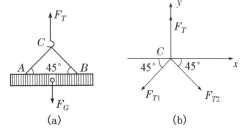

图 2 - 19

倾斜的钢丝绳 CA 和 CB 的拉力:

(1)根据题意取吊钩 C 为研究对象。

(2)画出吊钩 C 的受力图,如图 2 - 19(b)所示。吊钩受垂直方向拉力 F_T 和倾斜钢丝绳 CA 和 CB 的拉力 F_{T1} 和 F_{T2} 作用,构成一平面汇交力系,且为平衡的力系,应满足平衡方程。

(3)选取坐标系如图 2 - 19(b)所示,坐标系原点 O 放在吊钩 C 上。

(4)列平衡方程,求 F_{T1}、F_{T2}。

$$\sum F_x = 0 \qquad -F_{T1}\cos 45° + F_{T2}\cos 45° = 0 \qquad\qquad (a)$$

$$\sum F_y = 0 \qquad F_T - F_{T1}\sin 45° - F_{T2}\sin 45° = 0 \qquad\qquad (b)$$

由式(a)可得 $F_{T1} = F_{T2}$,代入式(b)得

$$F_T - F_{T1}\sin 45° - F_{T1}\sin 45° = 0$$

$$F_{T1} = F_{T2} = \frac{F_T}{2\sin 45°} = \frac{10}{2 \times 0.707} = 7.07 \text{ kN}$$

【例2-4】 外伸梁受荷载如图2-20(a)所示,已知均布荷载集度$q = 20$ kN/m,力偶矩$m = 38$ kN·m,集中力$P = 20$ kN,试求支座A、B的反力。

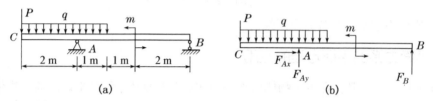

(a)   (b)

图2-20 外伸梁受力图

解: 取梁BC为研究对象,画受力图如图2-20(b)所示,选取坐标轴,建立三个平衡方程:

$$\sum F_x = 0 \qquad F_{Ax} = 0$$

$$\sum m_B = 0 \qquad -4F_{Ay} + 6P + 3q \times \left(6 - \frac{3}{2}\right) + m = 0$$

$$\sum m_A = 0 \qquad 4F_B + m + 2P + 3q \times \left(2 - \frac{3}{2}\right) = 0$$

解得:$F_{Ax} = 0(\rightarrow)$

$$F_{Ay} = \frac{1}{4}(6F + 3q \times 4.5 + 38) = 107 \text{ kN}(\uparrow)$$

$$F_B = -\frac{1}{4}(m + 2F + 3q \times 0.5) = -27 \text{ kN}(\downarrow)$$

F_B为负值,说明其实际方向与假设方向相反,即应指向下。

校核:$\sum F_y = F_B + F_{Ay} - P - 3q = -27 + 107 - 20 - 3 \times 20 = 0$,说明计算无误。

【例2-5】 求图2-21(a)所示刚架的支座反力。

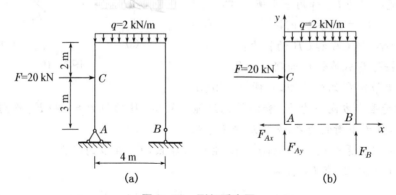

(a)   (b)

图2-21 刚架受力图

解: 取整体为研究对象,受力图如2-21(b)所示,选取坐标轴,建立三个平衡方程:

$$\sum m_A = 0 \qquad 4F_B - 3F - 4q \times 2 = 0$$

$$\sum m_B = 0 \qquad -4F_{Ay} - 3F + 4q \times 2 = 0$$

$$\sum m_C = 0 \qquad -3F_{Ax} - 4q \times 2 + 4F_{RB} = 0$$

$$F_B = \frac{1}{4}(3F + 8q) = \frac{3 \times 20 + 8 \times 2}{4} = 19 \text{ kN}(\uparrow)$$

$$F_{Ax} = \frac{4F_B - 8q}{3} = \frac{4 \times 19 - 8 \times 2}{3} = 20 \text{ kN}(\leftarrow)$$

$$F_{Ay} = \frac{8q - 3F}{4} = \frac{8 \times 2 - 3 \times 20}{4} = -11 \text{ kN}(\downarrow)$$

F_{Ay} 为负值,表示力的实际方向与假设方向相反。

校核:$\sum F_y = F_{Ay} + F_B - 4q = -11 + 19 - 4 \times 2 = 0$,说明计算无误。

【例 2 - 6】　多跨静定梁由 AB 梁和 BC 梁用中间铰 B 连接而成,支座和荷载情况如图 2 - 22(a)所示,已知 $P = 20$ kN,$q = 5$ kN $\cdot$ m,$\alpha = 45°$。求支座 A、C 的反力和中间铰 B 处的反力。

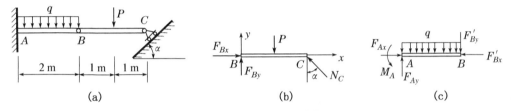

图 2 - 22　多跨静定梁受力图

解:(1) 以 BC 为研究对象,进行受力分析,如图 2 - 22(b)所示。
列平衡方程:

$$\sum m_B(F) = 0, N_c \cos 45° \times 2 - P \times 1 = 0, N_c = \frac{P}{2\cos 45°} = 14.14 \text{ kN}$$

$$\sum F_{xi} = 0, -N_c \sin 45° + F_{Bx} = 0, F_{Bx} = N_c \sin 45° = 10 \text{ kN}$$

$$\sum F_{yi} = 0, F_{By} - P + N_c \cos 45° = 0, F_{By} = P - N_c \cos 45° = 10 \text{ kN}$$

(2) 取 AB 为研究对象,进行受力分析,如图 2 - 22(c)所示。
列平衡方程:

$$\sum m_A(F) = 0, m_A - \frac{1}{2}q \times 2^2 - F'_{By} \times 2 = 0$$

$$\sum F_{xi} = 0, F_{Ax} - F'_{Bx} = 0$$

$$\sum F_{yi} = 0, F_{Ay} - 2q - F'_{By} = 0$$

解得:$m_A = 30$ kN $\cdot$ m,$F_{Ax} = 10$ kN,$F_{Ay} = 20$ kN。

小　结

各力的作用线均在同一平面上的力系叫平面力系,包括平面汇交力系、平面平行力系、平面力偶系、平面一般力系等。力的平行四边形法则是力系合成与分解的主要依据。

力矩是力使物体绕点转动效果的度量,是对具有转动中心的物体所产生的转动效应。力系的合力对平面上任一点之矩,等于所有各分力对同一点力矩的代数和,成为合力矩定理。

力偶为一对等值、反向且不共线的平行力,它对物体的作用是产生单纯的转动效应。力偶有三个要素,即力偶矩的大小、力偶的转向与力偶的作用面。

根据力的平移定理,作用在刚体上的力可以从原来的作用点平行移动到任一点,但需附加一个力偶,附加力偶的矩等于原来的力对新作用点的矩。

平面汇交力系合成的结果是一个合力;平面力偶系合成的结果是一个合力偶;平面一般力系的简化结果是一个主矢和主矩,并可进一步简化为一个合力、合力偶或平衡。

平面力系的平衡方程有一矩式、二矩式和三矩式,可用于求解物体系统的平衡问题。

思考题

2-1 说明力的平行四边形法则、力的三角形法则和力的多边形法则的异同。

2-2 指出图2-1所示各图中各个力之间的关系。

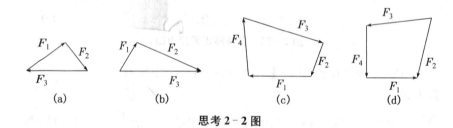

思考2-2图

2-3 什么是力偶?力偶与力的关系是什么?

2-4 绘图说明什么是力的平移定理,适用于何种情况?

2-5 简述平面汇交力系、平面力偶系、平面平行力系、平面一般力系的简化结果。

2-6 平面汇交力系、平面力偶系、平面平行力系、平面一般力系各具有几个独立的静力平衡方程?

2-7 在求解平衡问题时,受力图中约束反力的指向可以任意假设,如何判断力的实际指向?

习　题

2-1 如题2-1图,如作用于扳手上的力 $F=200$ N,$l=0.40$ m,$\alpha=60°$,试分别用力矩基本公式和合力矩定理计算力 F 对点 O 之矩。

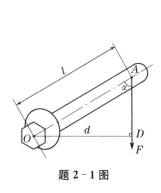

题 2-1 图

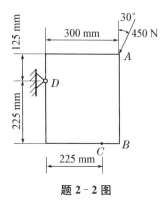

题 2-2 图

2-2　一个 450 N 的力作用在 A 点,方向如题 2-2 图所示。求:

(1) 此力对 D 点的矩;

(2) 要得到与(1)相同的力矩,应在 C 点所加水平力的大小与指向。

(3) 要得到与(1)相同的力矩,在 C 点应加的最小力。

2-3　试用解析法求图示平面汇交力系的合力。

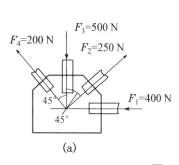

(a)

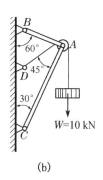

(b)

题 2-3 图

2-4　三力作用在正方形上,各力的大小、方向及位置如题 2-4 图所示,试求合力的大小、方向及位置。分别以 O 点和 A 点为简化中心,讨论选不同的简化中心对结果是否有影响。

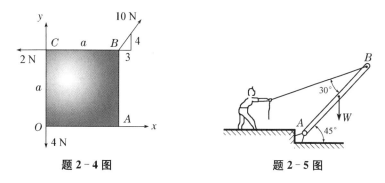

题 2-4 图

题 2-5 图

2-5　一均质杆重 1 kN,将其竖起在图示位置平衡时,求绳子的拉力和 A 处的支座反力。

2-6 不计自重的水平梁,所受载荷和支撑情况如题2-6图所示,求支座处的约束反力。

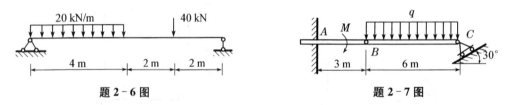

题2-6图   题2-7图

2-7 组合梁受力情况如题2-7图所示,已知$q=10\,\mathrm{kN/m}$,$M=20\,\mathrm{kN\cdot m}$。试求支座A、C以及铰链B的反力。

2-8 结构的荷载和尺寸如题2-8图所示,试求各个刚架的支座反力。

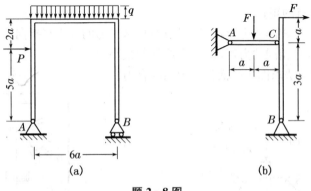

(a)   (b)

题2-8图

项目三 轴向拉伸与压缩

【学习目标】
    1. 理解内力的概念及其计算方法——截面法；
    2. 掌握轴向拉压杆件的变形特点，会使用截面法计算内力并绘制轴力图；
    3. 了解运用胡克定律解决拉压杆变形问题的方法；
    4. 了解脆性材料和塑性材料力学性能的区别；
    5. 熟练运用拉(压)杆横截面上正应力计算公式及强度条件，解决工程中拉(压)杆的问题；
    6. 了解失稳的概念及压杆稳定的条件。
【学习重点】
    1. 轴向拉压杆件内力的计算及轴力图的绘制；
    2. 轴向拉压杆件的强度和变形计算。

任务一 内力的概念、截面法

内力计算是结构设计的基础。在进行结构设计时，为保证结构安全正常工作，要求各构件必须具有足够的强度、刚度，解决强度刚度问题，必须首先确定内力。

进行结构受力分析时，可将结构视为刚体，但进行结构的内力分析时，要考虑力的变形效应，必须把结构作为变形固体处理。结构构件在外力作用下结构产生变形，同时结构内部质点之间相互位置发生改变，原有内力发生变化。

一、内力的概念

当我们用手拉一根橡皮条时，会感觉到橡皮条内有一种反抗拉长的力。手的拉力越大，橡皮条被拉得越长，这种反抗力也越大。物体因受外力作用，在物体各部分之间所产生的相互作用力称为物体的内力。内力是由外力引起的，外力增大，内力随着增大，变形也增大，但对于某一确定的构件，当内力增加到一定限度时，构件就发生破坏。因此，内力与构件的强度和刚度都有密切的联系。在研究结构的强度、刚度等问题时，必须知道结构在外力作用下某截面上的内力值。

二、截面法

要确定构件某一截面的内力，可以假想地将其沿待求内力的截面截开，把构件分为两部分,取其中一部分为研究对象。此时,截面上的内力被显示出来,并成为研究对象上的一个外力,再由静力学平衡方程求出内力,这种求内力的方法叫截面法。截面法可归纳为以下三个步骤:

(1) 假想截开:沿欲求内力的截面,假想将杆件截成左、右两部分分离体,如图3-1(a)所示;

(2) 任意留取:任取截面左或右侧为研究对象,将弃去部分对研究对象的作用以内力代替,如图3-1(b)、(c)所示;

(3) 平衡求解:按平衡条件,确定内力的大小和方向。

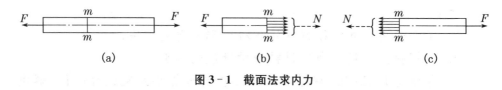

(a)　　　　　　　　(b)　　　　　　　　(c)

图 3-1　截面法求内力

任务二　轴向拉伸和压缩时的内力

一、轴向拉伸和压缩时的内力——轴力

轴向拉伸和压缩变形是结构的基本变形之一。当结构两端受到背离结构的轴向外力作用时,产生沿轴线方向的伸长变形,这种变形称为轴向拉伸,所受外力为拉力,反之,当构件两端受到指向构件的轴向外力作用时,产生沿轴线方向缩短变形,这种变形称为轴向压缩,所受外力为压力。

轴向拉伸、压缩时的内力沿杆的轴线方向,称**轴力**,用 N 表示。轴力的正负规定:**使分离体拉伸的轴力为正,使分离体受压缩的轴力为负,即"拉正、压负"**。

二、截面法求轴力

轴向拉压杆件的轴力采用截面法计算。如图3-1(a)所示,设一直杆受力 F 作用,求横截面上的内力。

(1) 假想将杆沿任一截面 $m-m$ 截开,杆被分为左右两部分,取左边为分离体,如图3-1(b)所示。

(2) 设右边部分对左边部分的作用力即截面1-1的内力用 N 来表示,并假设使分离体受拉,即为正。

(3) 列平衡方程:

$\sum F_x = 0$, 即 $N-F=0$,所以 $N=F$。

同理,若取右边为分离体,列平衡方程,同样可得 $N=F$。

当杆件受到多个轴向外力作用时,在杆件不同部分的横截面上有不同的轴力。对等直拉杆或压杆作强度计算时,都要以杆的最大轴力作为依据,为此需要知道杆的各个横截面上的轴力变化情况,以确定出最大轴力所在位置。

三、轴力图

为了表明各横截面上的轴力随截面位置而变化的情况,可按选定的比例尺,用平行于杆轴线的坐标轴线表示横截面的位置,这条坐标轴通常称为基线,用垂直于杆轴线的坐标表示横截面上轴力的数值,从而画出表示各横截面上轴力的大小与截面所在位置关系的图形,这个图形称为轴力图。

有了轴力图,就可以很方便地从图上确定最大轴力及其所在横截面的位置,作为结构设计依据。习惯上将正值的轴力画在基线的上侧,负值的轴力画在基线的下侧,并标以正负号。下面举例说明具体作法。

【例 3 - 1】 一等直杆所受外力如图 3 - 7(a)所示,试求各段截面上的轴力,并作杆的轴力图。

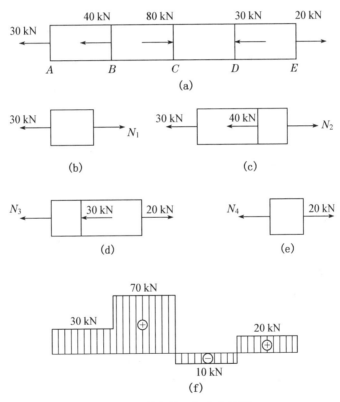

图 3 - 2 轴向拉压杆内力计算

解:(1) 截面法求轴力

在 AB 段范围内任一横截面处将杆截开,取左段为脱离体,如图 3 - 2(b)所示,假定轴力 N_1 为拉力(以后轴力都按拉力假设),由平衡方程

$$\sum F_x = 0, N_1 - 30 = 0$$

得

$$N_1 = 30 \text{ kN}$$

结果为正值,故 N_1 为拉力。

同理,可求得 BC 段内任一横截面上的轴力[如图 3 - 2(c)所示]为
$$N_2 = 30 + 40 = 70 \text{ kN}$$

在求 CD 段内的轴力时,将杆截开后取右段为脱离体,如图 3 - 2(d)所示,因为右段杆上包含的外力较少。由平衡方程
$$\sum F_x = 0, -N_3 - 30 + 20 = 0$$
得
$$N_3 = -30 + 20 = -10 \text{ kN}$$

结果为负值,说明 N_3 为压力。

同理,如图 3 - 2(e)所示,可得 DE 段内任一横截面上的轴力
$$N_4 = 20 \text{ kN}$$

(2) 绘制轴力图

按上述作轴力图的规则,作出杆件的轴力图,如图 3 - 2(f)所示。N_{max} 发生在 BC 段内的任一横截面上,其值为 70 kN。

由上述计算可见:① 任意一个截面的轴力的大小等于截面其中一侧所有外力的代数和,外力使分离体受拉伸时为正,反之为负。在实际计算时,一般选取外力较少的一边求代数和,计算比较简单。② 在求轴力时,先假设未知轴力为拉力时,则得数前的正负号,既表明所设轴力的方向是否正确,也符合轴力的正负号规定,因而不必要在得数后再注"压"或"拉"字。

任务三　轴向拉(压)杆的应力、应变及强度条件

一、应力的概念

内力表示截面上总的受力情况,但是仅凭内力不能解决构件的强度问题。例如两根材料相同、粗细不同的杆件,受相同的轴向拉力作用时,两杆的内力相同,但当两杆拉力同时逐渐增加时,细杆首先被拉断。因此,杆件的强度不仅与内力的大小有关,还与截面的面积有关。

通常将内力在截面上的分布集度称为**应力**,应力反映单位面积上作用的内力大小。与截面相切的应力称为**剪应力**(或切应力),用 τ 表示;垂直于截面的应力称为**正应力**,用 σ 表示,σ 的正负规定与轴力相同,拉应力为正,压应力为负。

应力的单位为帕斯卡(Pa),简称帕,$1 \text{ Pa} = 1 \text{ N/m}^2$。因为 Pa 这个单位比较小,力学中一般应用兆帕(MPa),$1 \text{ MPa} = 10^6 \text{ Pa} = 1 \text{ N/mm}^2$。

二、轴向拉(压)杆横截面上的应力

要确定拉(压)杆横截面上的应力,必须了解内力在横截面上的分布规律。如图 3 - 3(a)所示,一等截面直杆,事先在其表面刻两条相邻的横截面的边界线(ab 和 cd)和若干条与轴线平行的纵向线,然后在杆的两端沿轴线施加一对拉力 F 使杆发生变形,可观察到:

① 所有纵向线发生伸长,且伸长量相等;

② 横截面边界线发生相对平移。ab、cd 分别移至 a_1b_1、c_1d_1，但仍为直线，并仍与纵向线垂直，如图 3-3(b)所示。根据这一现象可做如下假设：变形前为平面的横截面，变形后仍为平面，只是相对地沿轴向发生了平移，这个假设称为平面假设。

根据这一假设，任意两横截面间的各纵向纤维的伸长均相等。根据材料均匀性假设，在弹性变形范围内，变形相同时，受力也相同，于是可知，内力在横截面上均匀分布，即横截面上各点的应力可用求平均值的方法得到。由于拉(压)杆横截面上的内力为轴力，其方向垂直于横截面，且通过截面的形心，而截面上各点处应力与微面积 dA 之乘积的合成即为该截面上的内力。显然，截面上各点处的切应力不可能合成为一个垂直于截面的轴力。所以，与轴力相应的只可能是垂直于截面的正应力 σ，设轴力为 N，横截面面积为 A，由此可得

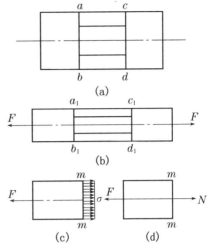

图 3-3 横截面上的应力

$$\sigma = \frac{N}{A} \tag{3-1}$$

式中：若 N 为拉力，则 σ 为拉应力；若 N 为压力，则 σ 为压应力。如图 3-3(c)和图 3-3(d)所示。

三、轴向拉(压)杆危险截面和危险点

最大应力所在的横截面为危险截面，危险截面上最大应力所在的点为危险点。对于等截面杆而言，最大内力所在的截面即为危险截面。而对于变截面杆，则须根据内力和截面面积的大小，分别计算各横截面的应力，然后比较得出最大应力，则其所在的横截面即为危险截面。

等直轴向拉(压)杆横截面上最大正应力的计算公式为

$$\sigma_{max} = \frac{N_{max}}{A} \tag{3-2}$$

轴向拉压杆横截面上的正应力是均匀分布的，因此，危险截面上的任一点都是危险点。对于抗拉、抗压性能相同的材料(如低碳钢)，则应力绝对值的最大值为最大工作应力。而对于抗拉、压性能不同的材料(如铸铁)，则最大拉应力和最大压应力都为最大工作应力。

【例 3-2】 某杆件受力如图 3-4 所示，$P = 10\ kN$，横截面面积 $A_{CD} = 400\ mm^2$，$A_{AC} = 200\ mm^2$。若杆件材料的抗拉、压性能不同，求该杆的最大工作应力。

解：(1) 分别求各段的内力，画轴力图。

$$N_{AB} = -3P = -30\ kN$$

$$N_{BC} = -2P = -20\ kN$$

$$N_{CD} = 2P = 20\ kN$$

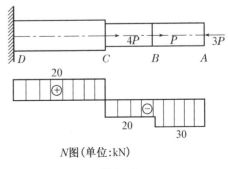

图 3-4

轴力图如图 3-4 所示。

（2）判断危险截面和危险点

因杆件材料的抗拉、抗压性能不同，最大拉应力和最大压应力所在的截面都为危险截面，即 AB 段任一截面和 CD 段任一截面都为危险截面，且危险截面上的所有点都是危险点。

（3）分别计算最大拉、压工作应力

$$\sigma_{tmax} = \frac{N_{CD}}{A_{CD}} = \frac{20 \times 10^3}{200} = 100 \text{ MPa}$$

$$\sigma_{cmax} = -\frac{30 \times 10^3}{400} = -75 \text{ MPa}$$

四、强度条件及其应用

为了保证构件能正常工作，必须使构件的最大工作应力不超过材料的容许应力。故轴向拉压杆的强度条件为：

$$\sigma_{max} = \frac{N_{max}}{A} \leqslant [\sigma] \tag{3-3}$$

式中：N_{max}——危险截面上的轴力；

A——危险截面的面积；

$[\sigma]$——容许应力，即构件在工作时所允许产生的最大工作应力，可查有关手册。

运用强度条件可进行三类计算：

（1）强度校核：已知构件所受的荷载、构件的截面尺寸和材料的容许应力，可判断构件的强度是否足够。

（2）设计截面尺寸：已知构件所受的荷载和容许应力，计算构件的横截面面积，从而确定横截面尺寸。

（3）确定许可荷载：已知构件的截面尺寸和容许应力，求出构件所能承受的最大轴力，从而确定所能承受的最大荷载。

【例 3-3】 如图 3-5 所示桁架，杆 AB 拟用直径 $d=25$ mm 的圆钢，AC 杆拟用木材。已知钢材的 $[\sigma]=170$ MPa，木材的 $[\sigma]=10$ MPa。试校核 AB 杆的强度，并确定 AC 杆的横截面积。

解：（1）取结点 A 研究，用结点平衡条件求杆件的内力。

$$-N_{AC} - N_{AB}\cos 30° = 0$$

$$N_{AB}\sin 30° - 30 = 0$$

得：

$$N_{AB} = 60 \text{ kN（受拉）}$$

$$N_{AC} = -52 \text{ kN（受压）}$$

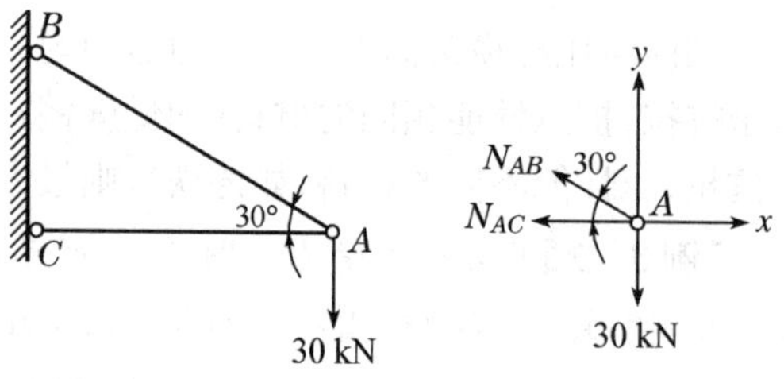

（2）校核 AB 杆的强度

$$\sigma_{max} = \frac{N_{AB}}{A_1} = \frac{4 \times 60 \times 10^3}{3.14 \times 25^2} = 122.3 \text{ MPa} < [\sigma]$$

（3）确定杆 AC 的横截面积

$$A_2 = \frac{|N_{AC}|}{[\sigma]} = \frac{52 \times 10^3}{10} = 52 \times 10^2 \text{ mm}^2$$

图 3-5

任务四 轴向拉伸或压缩时的变形

一、轴向拉(压)杆的纵向变形及横向变形

拉(压)杆件在受到轴向力时,会产生轴向变形。轴向受拉(或受压)杆会产生纵向伸长(或缩短),同时,横向尺寸也略有缩小(或增大),如图 3-6 所示。

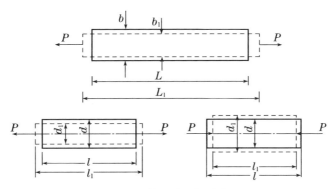

图 3-6 轴向拉压杆的变形

1. 纵向变形

设杆件的原长为 L,受拉变形后的纵向尺寸为 L_1,则杆件纵向尺寸的变化量 $\Delta L = L_1 - L$ 为绝对变形。绝对变形只能反映杆的总的变形量,而不能说明杆件的变形程度。例如:1 m 长的杆件和 5 m 长的杆件受轴向拉力后的纵向变形都为 1 mm,而 1 m 长的杆件的变形程度更大,变形更明显。

由于拉(压)杆的变形是均匀变形,各段是均匀伸长的,所以杆的变形程度可用单位长度杆的总的变形量 ε 来描述,称为相对变形或线应变。即

$$\varepsilon = \frac{\Delta L}{L} \tag{3-4}$$

式中:ε 是无量纲的量,杆件受拉时,ΔL 和 ε 为正;反之为负。

2. 横向变形

设杆件原来的横向尺寸为 b,变形后的横向尺寸为 b_1,则横向绝对变形为 $\Delta b = b_1 - b$,横向线应变为:

$$\varepsilon' = \frac{\Delta b}{b} \tag{3-5}$$

二、胡克定律

变形是由外力引起的。实验表明:当拉压杆内的应力不超过比例极限时,杆的伸长量与轴向外力成正比,与杆件的原长成正比,与杆件的横截面积成反比。即

$$\Delta L = \frac{NL}{EA} \tag{3-6}$$

式(3-6)表示的比例关系即为胡克定律。式中 E 称为弹性模量,单位与应力单位相同,大小可查有关手册。

因为 $\sigma=\dfrac{N}{A}$,$\varepsilon=\dfrac{\Delta L}{L}$,故式(3-6)可改写为虎克定律的另一表达形式:

$$\sigma = E\varepsilon \qquad\qquad (3-7)$$

【例3-4】 截面为正方形的阶梯砖柱如图3-7所示。上柱高 $H_1=3$ m,截面面积 $A_1=240\times240$ mm^2。下柱高 $H_2=4$ m,截面面积 $A_2=370\times370$ mm^2,荷载 $F=40$ kN,砖砌体的弹性模量 $E=3$ GPa,砖柱自重不计。试求柱子下段的应变和缩短量。

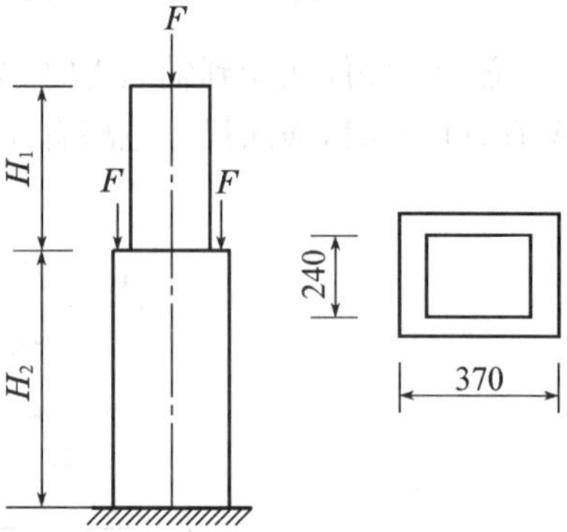

解:(1)求下段的轴力

$$N_2=3F=-120 \text{ kN}$$

(2)求下段的应力

$$\sigma_2=\frac{N_2}{A_2}=-\frac{120\times10^3}{370\times370}=-0.877 \text{ MPa}$$

(3)计算下段的应变和缩短量

$$\varepsilon_2=\frac{\sigma_2}{E}=-\frac{0.877\times10^6}{3\times10^9}=-0.292\times10^{-3}$$

$$\Delta L_2=\frac{N_2L_2}{EA_2}=-\frac{120\times10^3\times4000}{3\times10^9\times370\times370}=-1.168 \text{ mm}$$

图 3-7

任务五　拉伸或压缩时材料的力学性能

构件的强度、刚度与稳定性,不仅与构件的形状、尺寸及所受外力有关,而且与材料的力学性能有关,材料的力学性能由试验测定。

一、材料拉伸时的力学性能

1. 拉伸试验与应力-应变图

拉伸试验是研究材料力学性能最基本的试验。标准拉伸试样如图3-8(a)所示,标记 m 与 n 之间的杆段为试验段,其长度 l 称为标距。对于试验段直径为 d 的圆截面试样,通常规定:

$$l=10d \text{ 或 } l=5d \qquad\qquad (a)$$

试验时,首先将试样安装在材料试验机的上、下夹头内,如图3-8(b),并在标记 m 与 n 处安装测量轴向变形的仪器。然后开动机器,缓慢加载。随着载荷 F 的增大,试样逐渐被拉长,试验段的拉伸变形用 Δl 表示。拉力 F 与变形 Δl 间的关系曲线如图3-8所示,称为试样的力-伸长曲线或拉伸图。试验一直进行到试样断裂为止。

显然,拉伸图不仅与试样材料有关,而且与试样的横截面尺寸及标距的大小有关。因此,不宜用试样的拉伸图表征材料的力学性能。

将拉伸图的纵坐标 F 除以试样横截面的原面积 A,即为应力 $\sigma=F/A$;将其横坐标 Δl

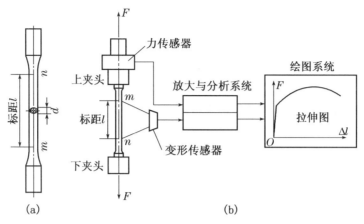

图 3-8　材料拉伸试验

除以试验段的原长 l（即标距），即为应变 $\varepsilon = \Delta l / l$。由此，得到应力 σ 与应变 ε 的关系曲线，称为**材料的应力—应变图**（$\sigma - \varepsilon$ 图）。

2. 低碳钢的拉伸力学性能

低碳钢是工程中广泛应用的金属材料，其应力—应变图也非常具有典型意义。图 3-9 所示为低碳钢 Q235 的应力—应变图，现以该曲线为基础，并结合试验过程中所观察到的现象，介绍低碳钢的力学性能。

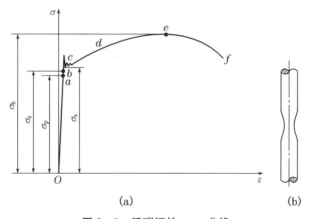

图 3-9　低碳钢的 $\sigma - \varepsilon$ 曲线

（1）弹性阶段

在拉伸的初始阶段，应力—应变曲线为一直线（图中 Oa），说明此阶段内应力与应变成正比。线性阶段最高点 a 所对应的正应力，称为材料的**比例极限**，用 σ_p 表示；而直线 Oa 的斜率，数值上即等于材料的弹性模量 E。

超过比例极限后，从 a 点到 b 点，σ 与 ε 之间的关系不再是直线，但解除拉力后变形仍可完全消失，这种变形称为弹性变形。b 点所对应的应力 σ_e 是材料只出现弹性变形的极限值，**称为弹性极限**。在 $\sigma - \varepsilon$ 曲线上，对于低碳钢，a、b 两点非常接近，所以工程上对弹性极限和比例极限并不严格区分。

（2）屈服阶段

当应力超过 b 点增加到某一数值时,应变有非常明显的增加,而应力先是下降,然后微小的波动,在 $\sigma—\varepsilon$ 曲线上出现接近水平线的小锯齿形线段。这种应力基本保持不变,而应变显著增加的现象,称为屈服或流动。在屈服阶段内的最高应力和最低应力分别称为上屈服极限和下屈服极限。上屈服极限一般是不稳定的,下屈服极限则有比较稳定的数值,能够反应材料的性能。通常把下屈服极限称为材料的屈服应力或**屈服极限**,用 σ_s 表示。

（3）强化阶段

经过屈服阶段之后,材料重新呈现抵抗继续变形的能力,随着荷载增大变形继续增加,称为材料的强化。强化阶段的最高点 e 所对应的应力是材料所能承受的最大应力,称为材料的**强度极限**,用 σ_b 表示。

（4）颈缩阶段

当应力增长至最大值 σ_b 之后,试样的某一局部显著收缩,如图 3-9(b)所示,产生颈缩现象。颈缩出现后,试件继续变形所需的拉力减小,$\sigma—\varepsilon$ 曲线相应呈现下降,最后导致试样在缩颈处断裂。

综上所述,在整个拉伸过程中,材料经历了弹性、屈服、强化与颈缩四个阶段,并存在四个特征点,相应的应力依次为比例极限 σ_p、弹性极限 σ_e、屈服极限 σ_s 和强度极限 σ_b。

3. 无明显屈服点钢筋的拉伸力学性能

对于不存在明显屈服阶段的高强钢材(称为硬钢),工程中通常以卸载后产生 0.2% 残余应变的应力作为屈服应力,称为**条件屈服强度**,并用 $\sigma_{0.2}$ 表示,如图 3-10 所示。

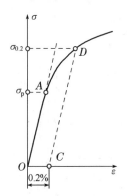

图 3-10　硬钢的 $\sigma—\varepsilon$ 曲线

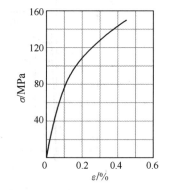

图 3-11　脆性材料 $\sigma—\varepsilon$ 曲线

对灰口铸铁与陶瓷等脆性材料,从开始受力直至断裂,变形始终很小,既不存在屈服阶段,也无缩颈现象。如图 3-11 所示为灰口铸铁拉伸时的应力—应变曲线,断裂时的应变仅为 0.4%～0.5%,断口则垂直于试样轴线,即断裂发生在最大拉应力作用面。

4. 材料的塑性

材料能经受较大塑性变形而不破坏的能力,称为材料的**塑性**,通常用伸长率或断面收缩率度量。

如果试验段原长(标距)为 l,断裂后长度为 l_1,则定义

$$\delta=\frac{l_1-l}{l}\times100\%$$

$(3-7)$

为材料的**伸长率**(或延伸率);如果试验段横截面的原面积为 A,断裂后断口的横截面面积为 A_1,则定义

$$\psi = \frac{A-A_1}{A} \times 100\% \qquad (3-8)$$

为材料的**断面收缩率**。低碳钢 Q235 的伸长率 $\delta \approx 25\% \sim 30\%$,断面收缩率 $\psi \approx 60\%$。

塑性好的材料,在轧制或冷压成型时不易断裂,并能承受较大的冲击载荷。在工程中,通常将伸长率较大(例如 $\delta \geqslant 5\%$)的材料称为塑性材料;延伸率较小的材料称为脆性材料。结构钢与硬铝等为塑性材料;而工具钢、灰口铸铁与陶瓷等则属于脆性材料。

二、材料压缩时的力学性能

材料受压时的力学性能由压缩试验测定,一般细长试样压缩时容易失稳,因此在金属压缩试验中,通常采用短粗圆柱体试样。

低碳钢压缩时的 $\sigma-\varepsilon$ 曲线如图 $3-12(a)$ 中的虚线所示,为便于比较,图中还画出了拉伸时的 $\sigma-\varepsilon$ 曲线。可以看出,在屈服之前,压缩曲线与拉伸曲线基本重合,压缩与拉伸时的屈服应力与弹性模量大致相同。不同的是,随着压力不断增大,低碳钢试样将愈压愈"扁平",如图 $3-12(b)$ 所示。

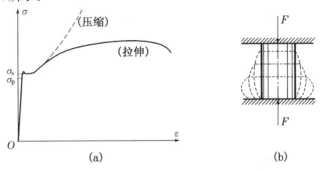

图 3-12 低碳钢压缩时的应力—应变曲线

灰口铸铁压缩时的 $\sigma-\varepsilon$ 曲线如图 $3-13(a)$ 所示,压缩强度极限远高于拉伸强度极限(为 3~4 倍)。其他脆性材料如混凝土与石料等也具有上述特点,所以,脆性材料宜用作受压构件。灰口铸铁压缩破坏的形式如图 $3-13(b)$ 所示,断口的方位角为 $55° \sim 60°$。由于在该截面上存在较大切应力,所以,灰口铸铁压缩破坏的方式是剪断。

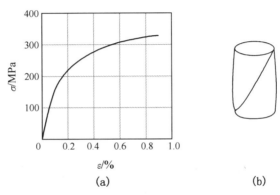

图 3-13 灰口铸铁压缩时的应力—应变曲线

任务六　压杆稳定

前面讨论了杆件的强度和刚度问题。在工程实际中,杆件除了由于强度、刚度不够而不能正常工作外,还有一种破坏形式就是失稳。工程中许多受压构件都要考虑其稳定性,例如千斤顶的丝杆、桁架结构中的受压杆等。

对于受压的细长直杆,在轴向压力并不太大的情况下,杆横截面上的应力远小于压缩强度极限,会突然发生弯曲而丧失其工作能力。因此,细长杆受压时,其轴线不能维持原有直线形式的平衡状态而突然变弯这一现象称为丧失稳定,或称**失稳**。杆件失稳不仅使压杆本身失去了承载能力,而且对整个结构会因局部构件的失稳而导致整个结构的破坏。因此,对于受压杆件,除应考虑强度与刚度问题外,还应考虑其稳定性问题。所谓**稳定性**是指物体保持其当前平衡状态的能力。

两端铰支的细长压杆,当受到轴向压力时,如果是所用材料、几何形状等无缺陷的理想直杆,则杆受力后仍将保持直线形状。当轴向压力较小时,如果给杆一个侧向干扰使其稍微弯曲,则当干扰去掉后,杆仍会恢复原来的直线形状,说明压杆处于稳定的平衡状态,如图3-14(a)所示。

当轴向压力达到某一值时,加干扰使杆件变弯,而撤除干扰力后,杆件在微弯状态下平衡,不再恢复到原来的直线状态,如图3-14(b)所示,说明压杆处于不稳定的平衡状态,或称失稳。

当轴向压力继续增加并超过一定值时,压杆会产生显著的弯曲变形甚至破坏。称这个使杆在微弯状态下平衡的轴向荷载为临界荷载,简称为**临界力**,并用 F_{cr} 表示。它是压杆保持直线平衡时能承受的最大压力。对于一个材料、尺寸、约束等情况均已确定的压杆来说,临界力 F_{cr} 是一个确定的数值。压杆的临界状态是一种随遇平衡状态,因此,根据杆件所受的实际压力是否超过临界力,就能判定该压杆所处的平衡状态是稳定的还是不稳定的。

解决压杆稳定问题的关键是确定其临界力。如果将压杆的工作压力控制在由临界力所确定的许用范围内,则压杆不致失稳。

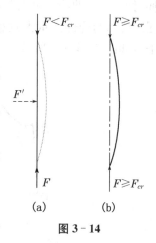

图 3-14

小　结

本项目研究轴向拉(压)杆件的概念和内力计算、轴力图的画法,以及轴向拉(压)杆的强度、刚度和稳定性计算,重点是强度计算。

1. 轴向拉(压)杆件的概念和内力

杆件在轴向拉伸或压缩的情况下,内力是垂直于横截面且沿杆件轴线的轴力,可采用截面法计算。为了表示轴力沿杆件长度的变化规律,应绘制轴力图。

2. 轴向拉(压)杆件的应力

内力在截面上的分布集度称为应力,应力反映单位面积上作用的内力大小。与截面相切的应力称为剪应力(或切应力),垂直于截面的应力称为正应力。

轴向拉压杆件的应力在截面上均匀分布,为正应力 $\sigma = N/A$。

为了保证构件能正常工作,必须使构件的最大工作应力不超过材料的容许应力。故轴向拉压杆的强度条件为:

$$\sigma_{\max} = \frac{N_{\max}}{A} \leqslant [\sigma]$$

3. 轴向拉(压)杆件的变形

拉(压)杆件在受到轴向力时,会产生轴向变形。当拉压杆内的应力不超过比例极限时,杆的伸长量与轴向外力成正比,与杆件的原长成正比,与杆件的横截面积成反比。

$$\Delta L = \frac{NL}{EA}$$

上式表示的比例关系即为胡克定律。可改写为虎克定律的另一表达形式:

$$\sigma = E\varepsilon$$

4. 材料的力学性质

构件的强度、刚度与稳定性,不仅与构件的形状、尺寸及所受外力有关,而且与材料的力学性能有关,材料的力学性能由试验测定。拉伸试验和压缩试验是工程中的常规试验,通过 $\sigma-\varepsilon$ 关系可以了解材料的强度和变形性能。

5. 压杆稳定

压杆稳定问题的实质是压杆直线形式的平衡状态是否稳定的问题,临界力 F_{cr} 是压杆从稳定平衡状态过渡到不稳定平衡状态的压力值,确定临界力的大小是解决压杆稳定问题的关键。如果将压杆的工作压力控制在由临界力所确定的许用范围内,则压杆不致失稳。

思 考 题

3-1　什么是内力?求内力的基本方法是什么?

3-2　两根直杆,若所用材料不同,但截面面积相同,且承受相同的轴力,它们的内力是否相同?

习 题

3-1　求图示结构 1-1 和 2-2 横截面上的轴力并作轴力图。

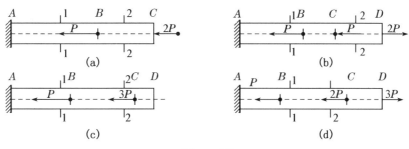

题 3‒1 图

3‒2 一直杆受力情况如图,已知杆件截面积 $A = 2000\ mm^2$,材料许用应力$[\sigma] = 160\ MPa$,$E = 2 \times 10^5\ MPa$,试:(1) 画轴力图;(2) 求 CD 段的变形量和线应变;(3) 校核杆件强度。

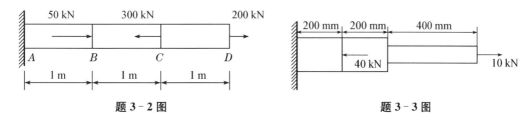

题 3‒2 图   题 3‒3 图

3‒3 圆截面钢杆尺寸如图所示,两段截面直径分别为 40 mm 和 20 mm。试画出杆的轴力图,求杆的最大正应力,杆的总变形量。

3‒4 三角形托架如图所示,杆 AB 为直径 $d = 20$ mm 的圆形钢杆,材料许用应力 $[\sigma] = 160$ MPa,荷载 $F = 45$ kN,校核 AB 杆的强度。

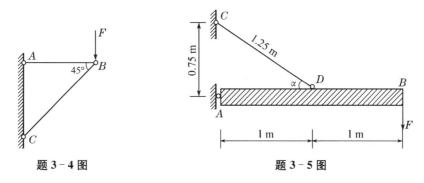

题 3‒4 图   题 3‒5 图

3‒5 如图所示,AB 为刚体,CD 为圆截面钢杆,$d = 22$ mm,许用应力$[\sigma] = 170$ MPa,求许可荷载。

项目四　平面弯曲

【学习目标】

1. 掌握弯曲变形的特点,会计算梁的内力并绘制内力图;
2. 能计算简单截面的几何特性:形心、惯性矩;
3. 能进行梁的强度计算;
4. 了解构件的组合变形。

【学习重点】

1. 梁的内力计算及内力图的绘制;
2. 截面的几何特性;
3. 梁的强度计算。

任务一　静定平面梁的内力

杆件在垂直于其轴线的荷载作用下,轴线由直线变为曲线。通常将承受弯曲变形的杆件称为梁。

一、弯曲变形的内力—剪力和弯矩

梁弯曲时横截面上的内力有剪力和弯矩。剪力与横截面相切,用 V 来表示;弯矩是一个作用面位于荷载平面的内力偶,用 M 来表示。下面以简支梁为例加以证明。

如图 4-1(a)所示,简支梁上有载荷 P 作用,求任一截面 m-m 上的内力。

梁在外力(荷载 P 和反力 R_A、R_B)作用下处于平衡状态。在待求梁的内力 x 处用一假想截面 m-n 将梁截开分为两段,取任意一段,如左段为分离体。由于梁原来处于平衡状态,取出的任一部分也应保持平衡。从图 4-1(b)可知,左分离体 A 端原作用有一向上的支座反力 R_A,要使它保持平衡,由 $\sum F_y = 0$ 和 $\sum M = 0$,在切开的截面 m-n 上必然存在两个内力分量:内力 V 和内力偶矩 M。内力分量 V 位于横截面上,称为剪力;内力偶矩 M 位于

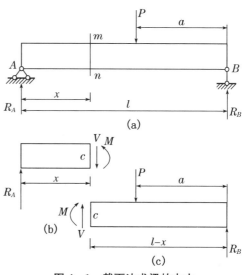

图 4-1　截面法求梁的内力

纵向对称平面内,称为弯矩。可见,梁弯曲时,横截面上有剪力(V)和弯矩(M)两种内力。

为了使所求内力符号一致,规定:使微段产生顺时针转动趋势的剪力为正,逆时针转动趋势的为负;使微段梁弯曲为向下凸时的弯矩 M 为正,反之为负(图 4-2)。可简单归纳为:**"左上右下,剪力为正;左顺右逆,上压下拉,弯矩为正"**。

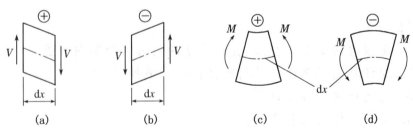

图 4-2 剪力和弯矩的正负判断

二、剪力和弯矩的计算

利用截面法容易得出计算剪力和弯矩的方法:

任一截面上的剪力等于截面任一侧(左边或右边)所有垂直方向外力的代数和。

梁任一截面上的弯矩等于截面任一侧(左边或右边)所有外力对横截面形心之矩的代数和。

【例 4-1】 简支梁的受力如图 4-3 所示,已知 $P_1=30$ kN、$P_2=30$ kN,求 1-1 和 2-2 截面的剪力和弯矩。

解:(1)求支座反力

$$\sum m_B=0, P_1\times5+P_2\times2-R_A\times6=0$$

$$\sum F_y=0, R_A+R_B-P_1-P_2=0$$

得

$$R_A=35\text{ kN}, R_B=25\text{ kN}$$

(2)求截面 1-1 的剪力和弯矩

截面 1-1 把梁分为两段,取左边为分离体[图 4-3(b)],其上有两个力 R_A、P_1,且 R_A 为正,P_1 为负。

$$V_1=\sum F_y=R_A-P_1=5\text{ kN}$$

R_A 产生的弯矩为正,P_1 产生的弯矩为负。则

$$M_1=R_A\times2-P_1\times1=40\text{ kN}\cdot\text{m}$$

(3)求截面 2-2 的剪力和弯矩

截面 2-2 把梁分为两段,取右边为分离体[图 4-3(c)],其上有一个力 R_B 且为负。

$$V_2=\sum F_y=-R_B=-25\text{ kN}(上部受拉)$$

$$M_2=R_B\times1=25\text{ kN}\cdot\text{m}(下部受拉)$$

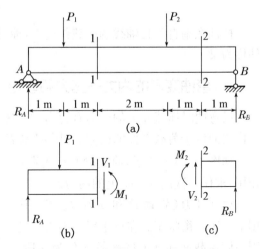

图 4-3

三、梁的内力图

在进行梁的强度计算时,往往需要找出整个梁上内力最大的截面,利用剪力图和弯矩图就可以很清楚地看到各个截面上内力的分布情况,可直观确定梁剪力、弯矩的最大值及其所在截面位置。

梁的内力图是以梁横截面沿轴线的位置为横坐标 x,以横截面上的剪力或弯矩为纵坐标,按照适当的比例绘出 V 或 M 沿 x 轴分布的曲线。绘制剪力图时,一般规定**正号剪力画在 x 轴上侧**,负号剪力画在 x 轴下侧,并注上正负号;绘制弯矩图时则规定**正弯矩画在 x 轴的下侧**,负弯矩画在 x 轴的上侧,这也就是把弯矩图画在梁受拉的一侧,以便钢筋混凝土梁根据弯矩图配置钢筋。弯矩图可以不注正负号。

内力图的形状与荷载有以下对应关系:

(1) 无荷载的梁段($q=0$),$V=$ 常数,剪力图为水平直线,当 $V=0$ 时,剪力图与基线重合;弯矩图为斜直线。

(2) 在均布荷载作用的梁段($q=$ 常数),剪力图为斜直线,弯矩图为二次抛物线,其凸向与 q 的指向相同。在 $V=0$ 处,弯矩图将产生极值。

(3) 在集中力 F 作用处,剪力图有突变,突变值等于 F;弯矩图有尖角,且尖角的方向与 F 的指向相同。在剪力图变号处,弯矩图中出现极值。

(4) 在集中力偶 m 作用处,剪力图无变化;弯矩图有突变,突变值等于力偶 m。

绘制内力图的规律可归纳为:

剪力图:没有荷载水平线,均布荷载斜直线,集中荷载有突变,力偶不用管。

弯矩图:没有荷载斜直线,均布荷载抛物线,集中荷载有尖点,力偶有突变。

在绘制梁的内力图时,先计算支座反力,然后利用绘图规律确定内力图形状,再利用截面法求解特征截面的内力。

【例 4 - 2】 外伸梁如图 4 - 4(a)所示,已知 $q=5$ kN/m,$P=15$ kN,试画出该梁的内力图。

解:(1) 求梁的支座反力

$$R_B=20 \text{ kN}(\uparrow),R_D=5 \text{ kN}(\uparrow)$$

根据梁上受力情况,将此梁分为 AB、BC、CD 三段,逐段画出内力图。

(2) 剪力图

AB 段作用有均布荷载,剪力图为斜直线,且

$$V_A=0 \quad V_B^{左}=-q\times 2=-10 \text{ kN}$$

画出此直线。

BC 段无外荷载作用,剪力图为水平线,且

$$V_B^{右}=V_B^{左}+R_B=-10+20=10 \text{ kN}$$

画出此水平线。

CD 段无外荷载作用,剪力图为水平线,且

$$V_D=-R_D=-5 \text{ kN}$$

画出此水平线。

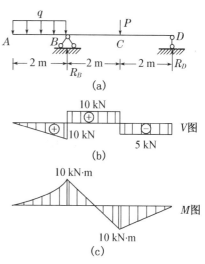

图 4 - 4 梁的内力图

剪力图如图 4-4(b)所示。

(3) 弯矩图

AB 段作用有均布荷载,弯矩图为二次抛物线,q 方向向下,所以此段曲线下凹,由

$$M_A = 0$$
$$M_B = -q \times 2 \times \frac{2}{2} = -10 \text{ kN} \cdot \text{m}$$

画出此段曲线大致形状。

BC 段无外荷载作用,弯矩图为斜直线,且

$$M_B = -10 \text{ KN} \cdot \text{m}$$
$$M_C = R_D \times 2 = 10 \text{ KN} \cdot \text{m}$$

画出此直线。

CD 段无外荷载作用,弯矩图为斜直线,且

$$M_C = 10 \text{ KN} \cdot \text{m}$$
$$M_D = 0$$

画出此直线。弯矩图如图 4-4(c)所示。

四、叠加法作弯矩图与剪力图*

当梁上作用多种荷载时,可采用叠加法做梁的内力图:先分别计算出单个荷载单独作用时的反力和内力,然后把这些计算结果代数相加,即得到几种荷载共同作用时的反力和内力,通过单个荷载内力图的叠加得到多种荷载作用下内力图。

如图 4-5 所示,可将集中力 P 和均布荷载 q 单独作用下的剪力图和弯矩图分别画出,然后再叠加,就得两种荷载共同作用的剪力图和弯矩图,悬臂梁固定端处的反力为:

$$R_B = P + qL$$
$$M_B = -PL - \frac{1}{2}qL^2$$

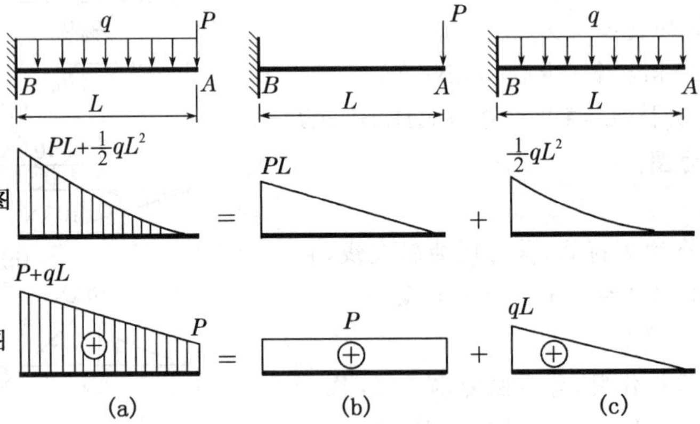

图 4-5 叠加法作弯矩图与剪力图

【例 4-3】 试用叠加法作出图 4-6(a)所示简支梁的弯矩图。

解:先分别画出均布荷载 q 和集中力偶 m 单独作用下的弯矩图,如图 4-6(b、c)所示。将两个弯矩图叠加时,以弯矩图(c)的斜直线为基线,向下作铅直线,其长度等于图(b)中相

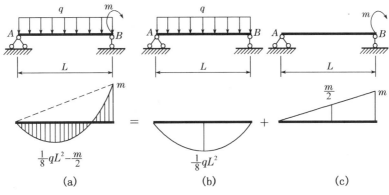

图 4-6　叠加法作弯矩图

应的纵坐标,即以图(c)上的斜直线为基线作弯矩图(b),两图的重叠部分相互抵消,不重叠部分为叠加后的弯矩图,如图(a)所示。

应注意,**内力图的叠加是指内力图的纵坐标代数和,而不是内力图形的简单叠合与合并**。综上所述,作杆段的弯矩图时,只需求出杆段的两端弯矩,并将两端弯矩作为荷载,用叠加法作相应的简支梁的弯矩图即可。

五、走路法绘制剪力图

走路法是绘制剪力图的简化方法,需遵循以下规则:**以梁的左端的集中力的大小和方向起步走,没有荷载的梁段上平着走,遇到均布荷载斜着走(斜的梯度为均布荷载的大小),遇到集中力跟着走,遇到集中力偶不理睬**。

【例 4-4】　如图 4-7(a)所示的简支梁承受集中力 F 和集度为 q 的均布载荷。试用走路法绘制梁的剪力图。

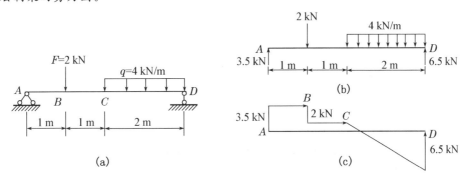

图 4-7　走路法绘制剪力图

解:(1) 求支座反力

根据平衡条件可求得:$R_A = 3.5$ kN,$R_D = 6.5$ kN

(2) 绘梁的受力分析图,如图 4-7(b)所示。

(3) A 点出发向上走 3.5 kN,平着走 1 m 到 B 点,由 B 点向下走 2 kN,再平着走 1 m 到 C 点,由 C 点到 D 点斜着向下走,斜的梯度为 CD 段上均布荷载的大小,即 8 kN,再向上走 6.5 kN,到梁上 D 点,最终形成一个闭合图形,即为梁的剪力图,如图 4-7(c)所示。

任务二 截面的几何特性

力学的研究对象为杆件,杆件的横截面是具有一定几何形状的平面图形。构件在外力作用下产生的应力,与构件截面的几何特性有关,在研究构件横截面上的应力之前,应先解决与其相关的几个几何量。

一、截面的静矩和形心位置

如图 4-8 所示平面图形代表一任意截面,以下两积分

$$\left.\begin{aligned} S_z = \int_A y\,dA \\ S_y = \int_A z\,dA \end{aligned}\right\} \qquad (4-1)$$

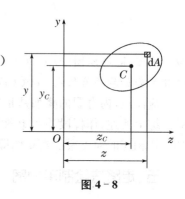

图 4-8

分别定义为该截面对于 z 轴和 y 轴的静矩。

静矩可用来确定截面的形心位置。

$$\left.\begin{aligned} y_C = \frac{\int_A y\,dA}{A} = \frac{S_z}{A} \\ z_C = \frac{\int_A z\,dA}{A} = \frac{S_y}{A} \end{aligned}\right\}$$

对一些简单图形组合起来的组合图形,计算形心位置时,必须先建立参考坐标系,可以把组合图形分解成简单图形,按式(4-2)计算:

$$\left.\begin{aligned} y_C = \frac{\sum_{i=1}^{n} A_i y_{Ci}}{A} \\ z_C = \frac{\sum_{i=1}^{n} A_i z_{Ci}}{A} \end{aligned}\right\} \qquad (4-2)$$

式中,y_C,z_C——组合图形形心坐标;

A_i——任一简单图形的面积;

y_{Ci},z_{Ci}——任一简单图形形心在参考坐标系上的坐标;

A——总面积。

二、惯性矩、平行移轴公式

1. 惯性矩

如图 4-8 所示的任一微面积 dA 到两坐标轴的距离分别为 y 和 z,乘积 $y^2 dA$ 和 $z^2 dA$ 分别定义为微面积 dA 对 z 轴和 y 轴的轴惯性矩,简称**惯性矩**。整个截面对 z 轴和 y 轴的惯性矩分别记为 I_z 和 I_y,则

$$
\left.
\begin{array}{l}
I_z = \int_A y^2 \, \mathrm{d}A \\[2mm]
I_y = \int_A z^2 \, \mathrm{d}A
\end{array}
\right\}
\tag{4-3}
$$

同一截面对不同坐标轴的惯性矩是不相同的,惯性矩恒为正值,常用的单位为 m^4 或 mm^4。

几种常见的简单图形(图 4-9)对形心轴的惯性矩计算公式如下:

矩形: $I_z = \dfrac{bh^3}{12}$, $I_y = \dfrac{hb^3}{12}$;

圆形: $I_z = I_y = \dfrac{\pi D^4}{64}$;

圆环: $I_z = I_y = \dfrac{\pi(D^4 - d^4)}{64}$。

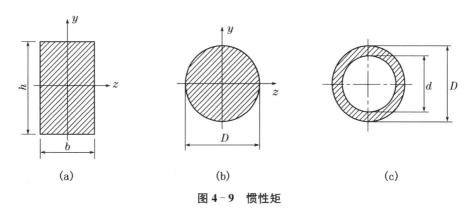

(a)　　　　　　　　(b)　　　　　　　　(c)

图 4-9　惯性矩

2. 平行移轴公式

同一截面对于不同坐标轴的惯性矩是不同的,但同一截面对于两根平行轴的惯性矩之间存在着一定关系。图 4-10 为一任意形状的截面,面积为 A,z_c、y_c 为通过该截面形心 C 的一对坐标轴,z、y 为分别与 z_c、y_c 轴平行的另一对轴,平行轴间的距离分别为 a 和 b,截面对 z_c、y_c 的惯性矩 I_{zc}、I_{yc} 已知,则截面对 z 和 y 轴的惯性矩 I_z、I_y 为

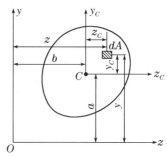

$$
I_z = I_{zc} + a^2 A
$$

$$
I_y = I_{yc} + b^2 A \tag{4-4}
$$

图 4-10　平行移轴公式

公式(4-4)就是**惯性矩的平行移轴公式**。它表明:截面对任何一根轴的惯性矩,等于截面对与该轴平行的形心轴的惯性矩,再加上截面的面积与两轴间距离平方的乘积。由于 $a^2 A$,$b^2 A$ 恒为正值,故图形对通过形心轴的惯性矩是所有平行轴的惯性矩中最小的一个。

利用平行移轴公式可以很方便地计算组合截面的惯性矩。由惯性矩定义可知,组合截面对某轴的惯性矩,等于其各组成部分的简单图形对该轴惯性矩之和。

【例 4-5】 已知如图 4-11 所示 T 型截面,试求:(1)截面的形心位置;(2)截面对形心轴的惯性矩。

解:(1)截面的形心位置

建立直角坐标系 zOy,其中 Oy 为截面的对称轴。因图形相对于 Oy 轴对称,其形心一定在该对称轴上,因此 $z_c=0$,只需计算 y_c 值。将截面分成 Ⅰ、Ⅱ 两个矩形,则 $A_Ⅰ=0.072\text{ m}^2$,$A_Ⅱ=0.08\text{ m}^2$,$y_Ⅰ=0.46\text{ m}$,$y_Ⅱ=0.2\text{ m}$。

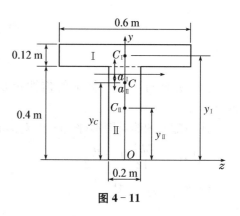

图 4-11

$$y_C=\frac{\sum_{i=1}^{n}A_iy_G}{\sum_{i=1}^{n}A_i}=\frac{A_Ⅰy_Ⅰ+A_Ⅱy_Ⅱ}{A_Ⅰ+A_Ⅱ}$$

$$=\frac{0.072\times0.46+0.08\times0.2}{0.072+0.08}=0.323\text{ m}$$

(2) 截面对形心轴的惯性矩

根据惯性矩的平行移轴公式,z_0 轴到两个矩形形心的距离分别为

$$a_Ⅰ=0.137\text{ m},a_Ⅱ=0.123\text{ m}$$

截面对 z_0 轴的惯性矩为两个矩形面积对 z_0 轴的惯性矩之和,即

$$I_{z0}=I_{zC_Ⅰ}+a_Ⅰ^2A_Ⅰ+I_{zC_Ⅱ}+a_Ⅱ^2A_Ⅱ$$

$$=\left(\frac{0.6\times0.12^3}{12}+0.137^2\times0.6\times0.12+\frac{0.2\times0.4^3}{12}+0.123^2\times0.2\times0.4\right)\text{m}^4$$

$$=0.37\times10^{-2}\text{ m}^4$$

截面对 y 轴的惯性矩为:

$$I_y=I_{yⅠ}+I_{yⅡ}=\left(\frac{0.12\times0.6^3}{12}+\frac{0.4\times0.2^3}{12}\right)\text{m}^4=0.242\times10^{-2}\text{ m}^4$$

任务三　梁的弯曲应力和强度条件

梁的弯曲变形是工程中的一种基本变形形式。一般情况下,梁内同时存在剪力和弯矩,这两种内力分别代表梁横截面上某种分布应力的合力。显然,只有横截面上切向分布的应力才能组成剪力 V;只有横截面上法向分布的应力才能组成弯矩 M,所以梁的横截面上将产生连续分布的正应力和剪应力。

一、梁的正应力

1. 实验现象

一矩形截面梁,如图 4-12 所示,在其表面画一些与梁轴平行的纵线和与纵线垂直的横线,然后,在梁的两端施加一对力偶,梁将发生纯弯曲变形。这时可观察到如下现象:

(1) 所有纵线都弯成曲线,靠近底面(凸边)的纵线伸长了,而靠近顶面(凹边)的纵线缩短了。

(2) 所有横线仍保持为直线,只是相互倾斜了一个角度,但仍与弯曲的纵线相垂直。

(3) 矩形截面的上部变宽,下部变窄。

根据上述试验现象,可以作出如下分析和假设:

（1）平面假设：梁的横截面在变形后仍为一个平面，只是转了一个角度。

（2）梁上部各层纵向纤维缩短，下部各层纵向纤维伸长，中间必有一层纤维长度不变，这层纤维称为**中性层**，中性层与横截面的交线称为**中性轴**，如图 4-12(c)所示。

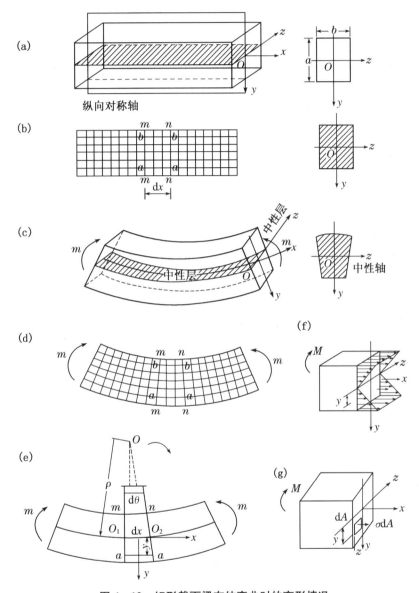

图 4-12　矩形截面梁在纯弯曲时的变形情况

2. 正应力公式

由梁平面弯曲时的变形几何关系、物理关系和静力平衡关系，可推导出梁平面弯曲时的正应力公式：

$$\sigma = \frac{My}{I_z} \tag{4-5}$$

式中，σ——梁横截面上任一点处的正应力；

M——横截面上的弯矩；

y——待求应力的点到中性轴的距离；

I_z——横截面对中性轴的惯性矩。

公式表明：梁横截面任一点的正应力 σ 与截面上的弯矩 M 和该点到中性轴的距离 y 成正比，而与截面对中性轴的惯性矩 I_z 成反比。

计算时直接将 M 和 y 的绝对值代入公式，正应力的性质(拉或压)可由弯矩 M 的正负及所求点的位置来判断。当 M 为正时，中性轴以上各点为压应力，取负值；中性轴以下各点为拉应力，取正值；当 M 为负时则相反。也即以中性层为界，变形后梁凸出边的应力必为拉应力，而凹入边的应力则为压应力。

另外，在横截面上离中性轴最远的各点处，正应力值最大。这也说明，梁横截面上正应力的最大值一定出现在梁截面的上、下边缘处。如图 4-12(f)所示。

3. 公式的适用条件

梁的正应力计算公式适用于所有横截面有纵向对称轴的纯弯曲梁，且梁的最大正应力不超过材料的比例极限，如矩形、圆形、圆环形、工字形和 T 形截面等。在一般情况下也可用于横力弯曲(梁的横截面上既有弯矩又有剪力)时横截面正应力的计算。

【例 4-6】 简支梁受均布荷载 q 作用，如图 4-13 所示。已知 $q=3.5$ kN/m，梁的跨度 $l=3$ m，截面为矩形，$b=120$ mm，$h=180$ mm。试求：C 截面上 a、b、c 三点处正应力以及梁的最大压应力 σ_{max} 及其位置。

解：(1)计算 C 截面的弯矩。因对称，支座反力及弯矩分别为：

$$R_A=\frac{ql}{2}=\frac{3.5\times3}{2}=5.25 \text{ kN}$$

$$M_c=R_A\times1-\frac{q\times l^2}{2}=5.25\times1-\frac{3.5\times1^2}{2}=3.5 \text{ kN}\cdot\text{m}$$

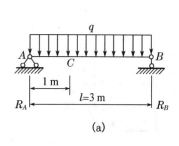

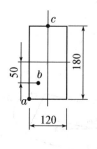

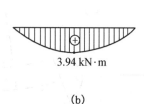

3.94 kN·m

(a)　　　　　　　　　　　　　　　　　　　　　(b)

图 4-13

(2)计算截面对中性轴 Z 的惯性矩

$$I_z=\frac{bh^3}{12}=\frac{1}{12}\times120\times180^3=58.3\times10^6 \text{ mm}^4$$

(3)计算各点的正应力

$$\sigma_a=\frac{M_c y_a}{I_z}=\frac{3.5\times10^6\times90}{58.3\times10^6}=5.4 \text{ MPa(拉)}$$

$$\sigma_b=\frac{M_c y_b}{I_z}=\frac{3.5\times10^6\times50}{58.3\times10^6}=3 \text{ MPa(拉)}$$

$$\sigma_c = \frac{M_c y_c}{I_z} = \frac{3.5 \times 10^6 \times 90}{58.3 \times 10^6} = 5.4 \text{ MPa}(压)$$

（4）求梁最大压应力 σ_{max} 及其位置。由弯矩图可知，最大弯矩在跨中截面：

$$M_{max} = \frac{ql^2}{8} = \frac{1}{8} \times 3.5 \times 3^2 = 3.94 \text{ kN} \cdot \text{m}$$

$$\sigma_{max} = \frac{M_{max} y_{max}}{I_z} = \frac{3.94 \times 10^6 \times 90}{58.3 \times 10^6} = 6.1 \text{ MPa}$$

最大压力发生在跨中截面上边缘处。

二、梁的最大剪应力

发生横力弯曲时，梁的横截面上既有正应力又有剪应力。如果剪应力的数值过大，而梁的材料抗剪强度不足时，也要发生剪切破坏。梁弯曲时最大剪应力公式如下：

矩形截面：

$$\tau_{max} = 1.5 \cdot \frac{V}{A} \tag{4-6}$$

圆形截面：

$$\tau_{max} = \frac{4}{3} \cdot \frac{V}{A} \tag{4-7}$$

圆环形截面：

$$\tau_{max} = 2 \cdot \frac{V}{A} \tag{4-8}$$

三、梁的强度条件

1. 最大正应力

在进行梁的正应力强度计算时，必须首先算出梁的最大正应力。最大正应力所在截面称为**危险截面**。对于等直梁，弯矩绝对值最大的截面就是危险截面。危险截面上最大应力所在的点，称为危险点，它在距中性轴最远的上、下边缘处。

对中性轴是截面对称轴的梁，最大正应力 σ_{max}：

$$\sigma_{max} = \frac{M_{max} y_{max}}{I_z}$$

令 $W_z = \dfrac{I_z}{y_{max}}$，则：

$$\sigma_{max} = \frac{M_{max}}{W_z} \tag{4-9}$$

式中 W_z 称为**抗弯截面系数**，单位是 m^3 或 mm^3。矩形截面 $W_z = bh^2/6$，圆形截面 $W_z = \pi d^3/32$，对于工字钢、槽钢等型钢截面，W_z 值可在相关的型钢表中查得。

对中性轴不是截面对称轴的梁，则截面上最大拉应力 σ_{tmax} 与最大压应力 σ_{cmax} 的数值并不相等，应根据中性轴位置确定 y_{max}，再按式（4-9）计算。

2. 梁的强度条件

为保证梁安全工作，必须使梁在荷载作用下产生的最大工作正应力 σ_{max} 不超过其材料的许用应力 $[\sigma]$，最大剪应力也不能超过材料的许用剪应力 $[\tau]$，这就是梁的强度条件：

$$\sigma_{max} \leqslant [\sigma] \tag{4-10}$$

$$\tau_{max} \leqslant [\tau] \tag{4-11}$$

梁必须同时满足正应力和剪应力强度条件。一般情况下,先按正应力强度条件选择截面,或确定许可荷载,然后再按剪应力强度条件进行校核。但在某些情况下剪应力强度也可能成为控制因素。如跨度较小的梁或梁在支座附近有较大的集中力作用,这时梁的弯矩往往较小,而剪力却较大。

【例 4 - 7】 一圆形截面木梁,梁上荷载如图 4 - 14 所示,已知 $l = 3\text{ m}$,$F = 3\text{ kN}$,$q = 3\text{ kN/m}$,弯曲时木材的许用应力$[\sigma] = 10\text{ MPa}$,许用剪应力$[\tau] = 2\text{ MPa}$,试选择圆木的直径。

解:(1) 确定最大弯矩和剪力

由静力平衡条件可计算出支座反力:

$$R_B = 8.5\text{ kN}(\uparrow)$$

$$R_c = 3.5\text{ kN}(\uparrow)$$

作弯矩图,从弯矩图上可知危险截面在 B 截面

$$M_{zmax} = 3\text{ kN} \cdot \text{m}$$

$$V_{max} = 5.5\text{ kN},在支座 B 截$$

面右侧。

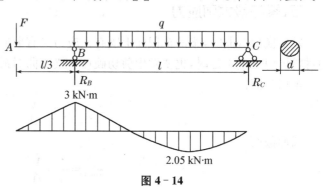

图 4 - 14

(2) 设计截面的直径

根据强度条件式(4 - 10),此梁所需的弯曲截面系数为:

$$W_z = \frac{M_{zmax}}{[\sigma]} = \frac{3 \times 10^6}{10} = 3 \times 10^5\text{ mm}^3$$

由于圆截面的弯曲截面系数为 $W_z = \dfrac{\pi d^3}{32}$,代入上式,即$\dfrac{\pi d^3}{32} \geqslant 3 \times 10^5$

$$d \geqslant \sqrt[3]{\frac{3 \times 10^5 \times 32}{\pi}} = 145\text{ mm},取圆木的直径为 } d = 15\text{ cm}。$$

(3) 利用剪应力强度条件校核

$$\tau_{max} = \frac{4}{3} \cdot \frac{Q}{A} = \frac{4}{3} \cdot \frac{5.5 \times 10^3}{\pi \times 150^2 / 4} = 0.42\text{ MPa} < [\tau] = 2\text{ MPa},满足。$$

四、提高梁弯曲强度的措施

从式(4 - 9)中看出,提高梁的强度主要措施是:降低 M_{max} 的数值和增大抗弯截面系数 W_z 的数值,并充分发挥材料的力学性能。

(一)合理安排梁的支座和荷载,降低最大弯矩值 M_{max}

1. 梁支承的合理安排

当荷载一定时,梁的最大弯矩值 M_{max} 与梁的跨度有关,首先应当合理安排支座。例如图 4 - 15(a)所示受均布荷载作用的简支梁,其最大弯矩值 $M_{max} = 0.125ql^2$,如果将两支座向跨中方向移动 $0.2l$,如图 4 - 15(b)所示,则最大弯矩降为 $0.025ql^2$,即只有前者的 1/5。所以在工程中起吊大梁时,两吊点设在梁端以内的一定距离处。

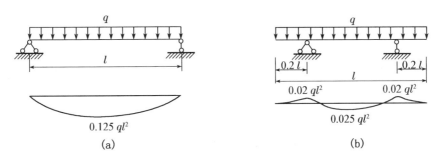

图 4 - 15 梁支承的合理安排

2. 荷载的合理布置

在工作条件允许的情况下,应尽可能合理地布置梁上的荷载。例如图 4 - 16 中把一个集中力分为几个较小的集中力,分散布置,梁的最大弯矩就明显减少。

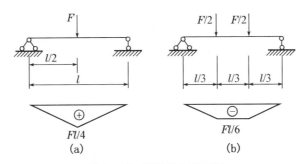

图 4 - 16 荷载的合理布置

(二) 采用合理的截面形状

1. 从应力分布规律考虑

应使截面面积较多的部分布置在离中性轴较远的地方,所以从应力分布情况看,凡是中性轴附近用料较多的截面就是不合理的截面。即截面面积相同时,工字形比矩形好;矩形比正方形好;正方形比圆形好。

2. 从抗弯截面系数 W_z 考虑

由式 $M_{max} = [\sigma]W_z$ 可知,梁所能承受的最大弯矩 M_{max} 与抗弯截面模量 W_z 成正比。通常用抗弯截面模量 W_z 与横截面面积 A 的比值衡量梁的截面形状的合理性和经济性,其比值越大,则其截面的形状越合理、越经济。表 4 - 1 中列出了几种常见的截面形状及其 W_z/A 值。

表 4 - 1 常见的截面形状及其 W_z/A 值

截面形状	圆形	矩形	环形 内径$d=0.8h$	槽钢	工字型
W_z/A	$0.125h$	$0.167h$	$0.205h$	$(0.27 \sim 0.31)h$	$(0.27 \sim 0.31)h$

3. 从材料的强度特性考虑

应合理地布置中性轴的位置,使截面上的最大拉应力和最大压应力同时达到材料的许用应力。对抗拉和抗压强度相等的塑性材料梁,宜采用对称于中性轴截面形状,如矩形、工字形、槽形、圆形等。对于拉、压强度不等的材料,一般采用非对称截面形状,使中性轴偏向强度较低的一边,如 T 形等。

任务四　组合变形

前面讨论了杆件在拉伸(或压缩)和平面弯曲变形时的内力、应力及变形计算,并建立了相应的强度条件。但在实际工程中杆件的受力有时是很复杂的,如作用在如图 4-17 所示一端固定一端自由的悬臂杆的自由端截面上的作用力。

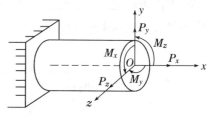

有一空间任意的力系,总可以把空间的任意力系沿截面形心主惯性轴 $xOyz$ 简化,得到向 x,y,z 三坐标轴上投影 P_x,P_y,P_z 和对 x,y,z 三坐标轴的力矩 M_x,M_y,M_z。当这六种力(或力矩)中只有某一个作用时,杆件产生基本变形,这在前面已经讨论过了。

图 4-17　杆件的复杂受力

杆件同时有两种或两种以上的基本变形的组合时,称为组合变形,例如:

若六种力只有 P_x 和 M_z(或 M_y)两个作用时,杆件既产生拉(或压)变形又产生纯弯曲,简称为拉(压)纯弯曲的组合,又可称它为偏心拉(压),如图 4-18(a)所示。

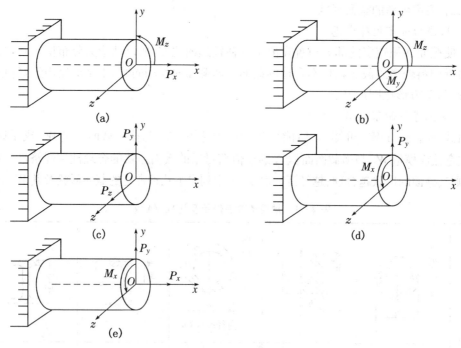

图 4-18　几种组合变形

若六种力中只有 M_z 和 M_y 两个作用时,杆件产生两个互相垂直方向的平面弯曲(纯弯曲)的组合,如图 4-18(b)所示。

若六种力中只有 P_z 和 P_y 两个作用时,杆件也产生两个互相垂直方向的平面弯曲(横力弯曲)的组合,如图 4-18(c)所示。

若六种力中只有对 P_y 和 M_x 两个作用时,杆件产生弯曲和扭转的组合,如图 4-18(d)所示。

若六种力中有 P_x,P_y 和 M_x 三个作用时,杆件产生拉(压)与弯曲和扭转的组合,如图 4-18(e)所示。

组合变形的工程实例是很多的,例如,图 4-19(a)所示屋架上檩条的变形,是由檩条在 y,z 两方向的平面弯曲变形所组合的斜弯曲;图 4-19(b)表示一悬臂吊车,当在横梁 AB 跨中的任一点处起吊重物时,梁 AB 中不仅有弯矩作用,而且还有轴向压力作用,从而使梁处在压缩和弯曲的组合变形情况下;图 4-19(c)中所示的空心墩,图 4-19(d)中所示的厂房支柱,在偏心力 P_1,P_2 作用下,也都会发生压缩和弯曲的组合变形;图 4-19(e)中所示的卷扬机机轴,在力 P 作用下,则会发生弯曲和扭转的组合变形。

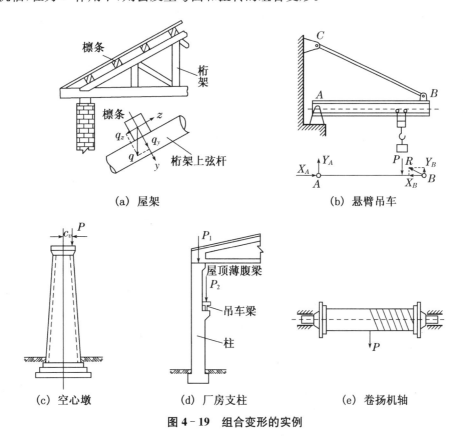

(a) 屋架　　　　　　(b) 悬臂吊车

(c) 空心墩　　(d) 厂房支柱　　(e) 卷扬机轴

图 4-19　组合变形的实例

小变形假设和胡克定律有效的情况下可根据叠加原理来处理杆件的组合变形问题。即首先将杆件的变形分解为基本变形,然后分别考虑杆件在每一种基本变形情况下所发生的应力、应变或位移,最后再将它们叠加起来,即可得到杆件在组合变形情况下所发生的应力、应变或位移。本书不再介绍。

小　结

本项目主要讨论了静定梁内力计算与绘制内力图的方法以及梁的弯曲应力和强度条件,通过对本项目的学习,能够解决实际工程中大量的静定梁计算问题,同时,为今后继续学习比较复杂的超静定结构打下良好的理论基础。为此,对本项目所讨论的计算原理和计算技巧必须深刻理解和熟练掌握,并能正确计算出截面上的内力,绘制内力图和校核梁的强度。

1. 静定平面梁

承受弯曲变形的构件称为静定平面梁,其内力包括剪力和弯矩,计算静定梁任一截面的内力应采用截面法。绘制梁的内力图时,应运用荷载和弯矩、剪力的相互关系,即内力图绘图规律进行作图。此外,可以运用叠加法绘制弯矩图,运用走路法绘制剪力图。

2. 截面的几何特性

截面几何性质计算是建筑结构内力和应力计算的重要环节,探讨了截面的静矩、形心和惯性矩的计算方法。

3. 梁的弯曲应力和强度条件

梁在平面弯曲时,横截面上存在正应力和剪应力。为保证梁安全工作,必须使梁在荷载作用下产生的最大工作正应力 σ_{max} 不超过其材料的许用应力$[\sigma]$,最大剪应力也不能超过材料的许用剪应力$[\tau]$。梁必须同时满足正应力和剪应力强度条件。一般情况下,先按正应力强度条件选择截面,或确定许可荷载,然后再按剪应力强度条件进行校核。

4. 组合变形

实际工程中杆件的受力有时是很复杂的,杆件同时有两种或两种以上的基本变形的组合时,称为组合变形。

思考题

4-1　梁的内力是什么? 内力大小如何计算? 正负符号如何确定?

4-2　阐述如何运用荷载和弯矩、剪力的关系绘制内力图。

4-3　什么叫组合变形?

4-4　图示 4-1 结构由三段组成,AB 杆为 y 方向,BC 杆为水平 X 方向,CD 为 z 方向。三杆在 P_1、P_2 共同作用下,试分析各为何种组合变形。

4-5　圆形截面杆,在相互垂直的两个平面内发生平面弯曲,如何计算截面上的合成弯矩?

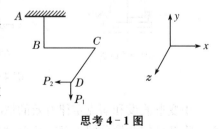

思考 4-1 图

习　题

4-1　求下列各梁指定截面上的剪力和弯矩,并绘制内力图。

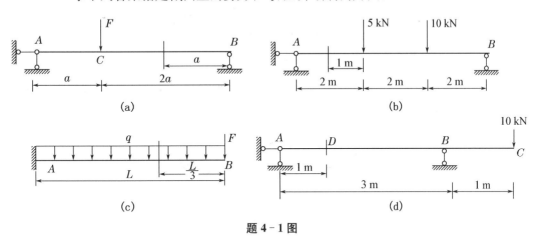

题 4-1 图

4-2　用叠加法作梁的弯矩图。

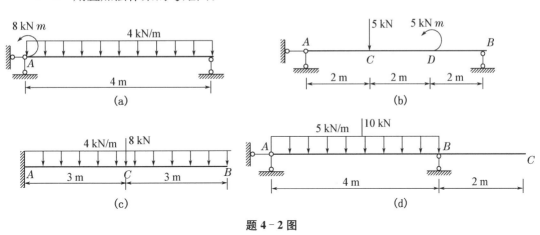

题 4-2 图

4-3　如图所示简支梁,截面尺寸 $b=130$ mm,$h=200$ mm,$l=2$ m,$[\sigma]=7$ MPa,求许可载荷 F。

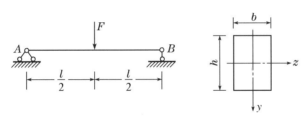

题 4-3 图

4-4　一矩形截面梁,截面尺寸 $b×h＝140\ mm×250\ mm$,荷载情况如图,已知材料许用应力$[\sigma]＝6.4\ MPa$,试校核梁的强度。

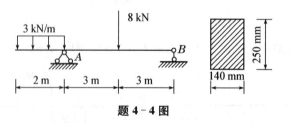

题 4-4 图

4-5　矩形截面梁受荷载如图所示,$q＝3\ kN/m$,跨度 $l＝4\ m$,已知材料许用应力$[\sigma]＝10\ MPa$,$[\tau]＝2\ MPa$,试确定截面尺寸。

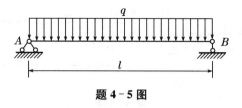

题 4-5 图

项目五　平面体系的几何组成分析

【学习目标】

1. 理解几何不变体系和几何可变体系的概念，了解几何组成分析的目的；

2. 了解刚片、自由度与约束的概念；

3. 掌握几何不变体系的基本组成规则，并能熟练运用二刚片规则、三刚片规则以及二元体规则对结构几何组成进行分析；

4. 理解体系的几何组成与静定性的关系，能正确区分静定结构与超静定结构。

【学习重点】

1. 运用二刚片规则、三刚片规则以及二元体规则对结构几何组成进行分析；

2. 静定结构与超静定结构的区别。

平面结构的几何组成分析是判定体系能否作为工程结构使用的依据。一个结构要承受荷载，首先它的几何构造应当合理，它本身要稳定，要能够使几何形状保持不变。本章仅从几何构造的角度研究结构，不牵涉内力和应变。但构造分析和内力分析又是紧密联系的，本章内容将在后面许多章节中得到应用。

任务一　平面体系的几何组成分析

受力作用而不变形的物体称为刚体。对体系进行几何组成分析时，由于不考虑材料的变形，所以各个构件均为刚体，由若干个构件组成的几何不变体系也是一个刚体。为了判断一个体系是否几何不变，需引入自由度的概念。

一、几何组成分析的目的

在忽略变形的前提下，体系可分为两类：

（1）几何不变体系：在任何外力作用下，其形状和位置都不会改变的体系，如图 5-1(a)所示。

（2）几何可变体系：在外力作用下，其形状或位置会改变的体系，如图

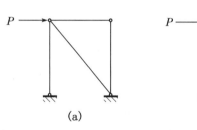

图 5-1　几何组成分析

5-1(b)所示。

结构是用来承受荷载的体系,如果它承受荷载很小时结构就倒塌了或发生了很大变形,就会造成工程事故,因此结构必须是几何不变体系。对体系进行几何组成分析的目的是:

(1)检查给定体系是否是几何不变体系,以决定其是否可以作为结构,或设法保证结构是几何不变的体系。

(2)在结构计算时,可根据体系的几何组成规律,确定结构是静定的还是超静定的结构,以便选择相应的计算方法。

二、平面体系的自由度

1. 自由度

所谓体系的自由度是指体系运动时,可以独立改变的几何参数的数目,即确定体系位置所需独立坐标的数目。如图 5-2 所示,确定平面内运动完全不受限制的一个点的位置,需要两个独立坐标(x,y),所以在平面内一个点有 2 个自由度;而在平面内运动完全不受限制的一个刚片 AB,其位置需由 A 点坐标(x,y)以及 AB 直线和 x 轴的夹角 φ 三个参数确定,所以平面刚片的自由度等于 3。

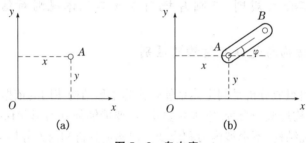

图 5-2 自由度

2. 刚片

研究平面体系时,将刚体称为**刚片**,即假想的一个在平面内完全不变形的刚性物体叫作刚片。在平面杆件体系中,一根直杆、折杆或曲杆都可以视为刚片,并且由这些构件组成的几何不变体系也可视为刚片。

3. 约束

约束就是在体系内部加入的减少自由度的装置,是杆件体系与基础之间、杆件与杆件之间的联结装置,也称联系。

当对刚片施加约束时,约束能使杆件之间的运动受到限制,体系自由度减少。能减少几个自由度的约束,就相当于几个联系。以下是几种常见的约束:

(1) 链杆

链杆仅在两端与其他物体用铰相连,而不论其形状和铰的位置如何。一根链杆可以减少体系一个自由度,相当于一个约束。如图 5-3(a)所示,原来两个刚片的自由度是 6 个,用一根链杆相连后体系的自由度数为 5 个,减少一个自由度。

(2) 单铰与复铰

联结两个刚片的铰称为单铰。单铰可减少体系两个自由度,相当于两个约束。如图 5-3(b)所示,原来两个刚片的自由度是 6 个,用一个单铰相连后体系的自由度数为 4 个,减少两个自由度。可见,一个单铰可以减少2个自由度,也相当于两个链杆的作用。

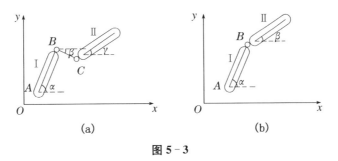

图 5-3

两根链杆杆端直接相联而形成的铰称为**实铰**,如图 5-4(a)所示;由不直接相连接的两根链杆构成的铰称为**虚铰**,如图 5-4(b)和(c)所示。虚铰的两根链杆的杆轴可以平行、交叉,或延长线交于一点。当两个刚片是由有交汇点的虚铰相连时,两个刚片绕该交点(简称瞬心)作相对转动,从微小运动角度考虑,虚铰的作用相当于在瞬时中心的一个实铰的作用,因此,单就约束而言,虚铰和实铰的作用是一致的。

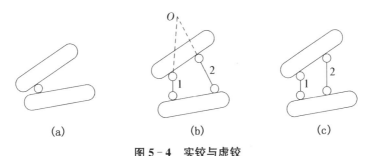

图 5-4　实铰与虚铰

联结三个或三个以上刚片的铰称为复铰。联结 n 个刚片的复铰相当于 $n-1$ 个单铰,相当于 $2(n-1)$ 个约束。如图 5-5 所示,先有刚片 A、B、C 以同一个铰相连,三个刚片原来有 $3\times3=9$ 个自由度,通过复铰联结后,体系自由度为 5 个,减少了 4 个自由度,即相当于两个单铰的作用。

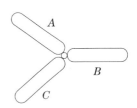

图 5-5　复铰

(3)刚性联结

当两刚片用刚结点联结时,称为刚性联结,如图 5-6(a)所示,刚片Ⅰ、Ⅱ原来有 6 个自由度,用刚结点 A 联结成为一个刚片后,具有 3 个自由度,所以刚性联结可以使体系减少三个自由度。除刚结点,固定端支座也是刚性联结。

联结三个或三个以上刚片的刚结点称为复刚结点, 如图 5-6(b)所示。联结 n 个刚片

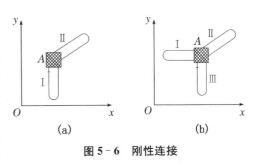

图 5-6　刚性连接

的复刚结点相当于 $n-1$ 个单刚结点,相当于 $3(n-1)$ 个约束。

约束使体系的自由度减少是有条件的。在许多情况下,体系中有的约束并不能起到减

少自由度的作用。这种**不能减少体系自由度的约束称为多余约束**。例如,在一个几何不变体系(自由度为0)中加进的任何新的约束必定是多余约束。必须指出,多余约束不改变体系的自由度,但将影响结构的受力与变形。

任务二　几何不变体系的组成规则

工程结构必须采用几何不变体系,本节讨论无多余约束的几何不变体系的基本组成规则。无多余约束是指体系内的约束恰好使该体系成为几何不变体系,只要去掉任何一个约束就会使体系变成几何可变体系。其基本组成规则有三个:

一、两刚片规则

两刚片用不全交于一点也不全平行的三根链杆相连,组成无多余约束的几何不变体系。

如图 5-7(a)所示,刚片Ⅰ、Ⅱ用三根链杆连在一起,其中链杆1、2可以看作交于 O 点的虚铰。如果没有链杆3,刚片Ⅰ、Ⅱ可能发生绕 O 点的相对转动,可是,由于链杆3的存在,限制了二者的相对运动,所以这时组成的体系是几何不变的。

上述规则也可表述为:**两个刚片用一个单铰和杆轴不过该铰铰心的一根链杆相连,组成无多余约束的几何不变体系。**

如果三根链杆相交于一点,如图 5-7(b)所示,两刚片可绕 O 点相对转动,转动后,三杆就不再相交于一点了,两刚片就不能继续相对运动了,所以该体系为瞬变体系。

如果三根链杆完全平行且不等长,如图 5-7(c)所示,两刚片可作微小的相对移动,移动后,三杆不再平行,所以该体系为瞬变体系。

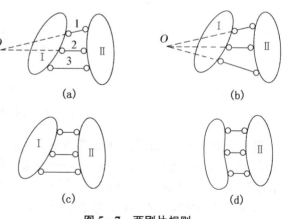

图 5-7　两刚片规则

如果三根链杆完全平行且等长,如图 5-7(d)所示,两刚片可作微小的相对移动,移动后,三杆仍平行,所以该体系为几何可变体系。

二、三刚片规则

三个刚片用不全在一条直线上的三个单铰(可以是虚铰)两两相连,组成无多余约束的几何不变体系。如图 5-8(a)所示,三个刚片用不在同一直线上的三个单铰连接在一起,这三个点的联结组成一个三角形,因为三边的长度是定值,所以该体系是几何不变的。

利用一个单铰与相交于该点的两根链杆的约束作用相同的性质,将三个铰中的任意一个或几个用相应的链杆代替,规则仍然正确。图 5-8(b)所示体系是由三个刚片组成,其中每两个刚片都是由两根链杆相联,而且每两根链杆都相交于一点,构成一个虚铰。这三个刚

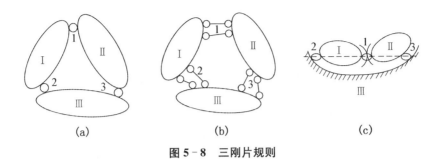

图 5 - 8　三刚片规则

片是由三个不在同一直线的三个虚铰两两相连,所构成的体系也是几何不变的。

如果三个铰在一条直线上,如图 5 - 8(c)所示,此时铰 1 可以发生微小的移动。发生移动后,由于三个铰不再共线,因此就不再继续运动,所以该体系是一个瞬变体系。

三、二元体规则

在体系上加上或拆去一个二元体,不会改变体系的几何性质和多余约束数,即不改变体系原有的自由度数。

所谓二元体,指的是两根不共线的链杆相互铰接而形成的体系。二元体可以用两根链杆的公共结点来表示,如图 5 - 9 所示,链杆 1、2 构成二元体,刚片上 AB 两点的距离和两根链杆的长度都是不变的,因而三角形 ABC 的形状是唯一确定的,体系是几何不变的。

利用二元体规则简化体系,使体系的几何组成分析简单明了。

如果注意到链杆也是一种特殊的几何不变的刚片,就不难理

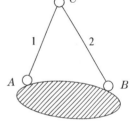

图 5 - 9　二元体

解上述三个规则其实是相通的,三个规则可互相变换,都归结为边长给定的三角形形状的唯一性,可统一用铰接三角形规则(简称三角形规则)描述,即平面内一个铰接三角形是无多余约束的几何不变体系。之所以用以上三种不同的表达方式,是为了在具体的几何组成分析中应用方便,表达简捷。这三个规则中分别要求的两根链杆不共线、三根链杆不共点和三个铰不共线等条件本质是一致的,即都是为了保证形成一个三角形。

任务三　几何组成分析示例

运用几何不变体系的基本组成规则对体系进行几何组成分析,关键在于恰当的选取基础、杆系中的杆件或可判别为几何不变的部分作为刚片,应用规则扩大其范围,如能扩大到整个体系,则体系为几何不变;如果不能的话,则应把体系简化成两至三个刚片,再应用规则进行分析。体系中如有二元体,则先将其逐一撤除,以使分析简化。若体系与基础是按两刚片规则联结,则可先撤去这些支座链杆,只分析体系内部杆件的几何组成性质。如果规则中的要求得不到满足,将组成几何可变体系。分析时应注意,每个刚片和每个约束既不能重复

使用,也不能遗漏。下面举例进行说明。

【例 5-1】 试对图 5-10 所示体系进行几何组成分析。

解:在两根曲杆 AC、CB 上分别加二元体,根据二元体规则,形成刚片Ⅰ和Ⅱ;这两个刚片再通过铰 C 和链杆 DE 连接,形成一个无多余约束的几何不变体系(二刚片规则),或者说形成一个更大的刚片;将地基看成一个刚片,它和上部的大刚片以三根不共

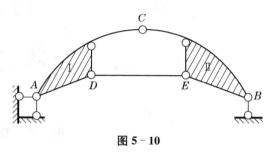

图 5-10

点的链杆相连,再次应用二刚片规则,可知整个体系是几何不变的,且没有多余约束。

讨论:将本题中的刚片 ACBED 称为上部结构,以三根不共点的链杆和地基相连,因此体系的几何不变性完全由上部结构决定,这种不依赖于地基的几何不变性称为**内部不变**。按照两刚片规则,内部不变的体系以三根不共点的链杆连接于地基,仍得到几何不变体系;相反,内部几何可变的体系以同样的方式连接于地基,得到的体系是几何可变的。因此,**凡是上部结构以三根不共点的链杆连接于地基所形成的体系,都可以脱离地基而只分析其上部结构的几何组成。**

【例 5-2】 试对图 5-11 所示体系进行几何组成分析。

解:本题可只分析体系内部的几何组成。任选铰结三角形,例如 AEC 作为刚片,依次增加二元体 EGC、CDG、DFG、DBF,根据二元体规则,可见体系是几何不变的,且无多余约束。

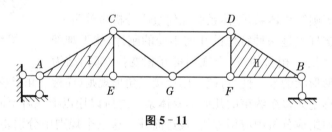

图 5-11

【例 5-3】 试对图 5-12 所示体系进行几何组成分析。

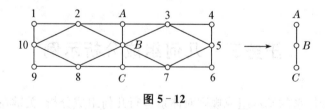

图 5-12

解:从左到右依次去掉二元体 1、2、3、4、5,最后仅剩下以一个铰 B 联结在一起的链杆 AB 和 BC,显然几何可变。因此,整个体系是几何可变的。

任务四　静定结构和超静定结构

用来作为结构的体系,必须是几何不变的。几何不变体系分为无多余约束和有多余约束两类。

无多余约束的几何不变体系称为静定结构,其全部支座反力和内力均可由静力平衡条件唯一确定。有多余约束的几何不变体系称为超静定结构,其全部支座反力和内力不可能由静力平衡条件唯一确定,还须补充其他条件。图 5-13(a) 为静定结构,图 5-13(b) 为一次超静定结构。

对体系进行几何组成分析,有助于正确区分静定结构和超静定结构,以便选择适当的结构内力计算方法。

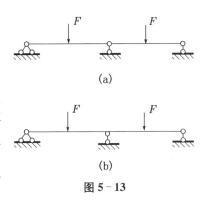

(a)

(b)

图 5-13

小　结

本项目的重点是应用基本规则对平面体系进行几何组成分析,应用这一方法虽然不能解决任意平面体系的几何组成分析问题,但也可以解决土木工程中常见的大量结构的几何组成分析问题。

应用基本规则对体系进行几何组成分析,有两条基本思路:"搭"和"拆"。所谓"搭",就是从地基或一个或几个已知的刚片出发,应用基本规则,逐步地形成所要分析的体系;而"拆",就是从所要分析的体系上,逐步地去掉二元体,使体系得到简化,或者应用两刚片规则,把体系从地基上"拆"下来进行分析。

对体系做几何组成分析时,关键在于根据分析的需要,选择哪些杆件或几何不变部分作为刚片,哪些杆件作为约束,然后灵活地运用三个基本规则检查体系是否几何不变,是否有多余约束。

体系的自由度计算对几何组成分析有一定的帮助,如果 W>0,体系肯定是几何可变的,但如果 W≤0,体系是否几何不变,仅凭这一点并不能做出结论,必须借助其他方法,如利用基本规则进行分析的方法,因此,体系的计算自由度对于几何组成分析的作用是比较有限的。

思考题

5-1　什么是自由度? 平面内一点和一刚片各有几个自由度? 体系自由度和几何可变性有何联系?

5-2　何谓单铰、复铰和虚铰? 虚铰和实铰有何异同?

5-3 何谓几何不变体系、几何可变体系？什么样的体系可以作为结构使用？

5-4 阐述几何不变体系的组成规则。这些组成规则中分别有什么限制条件？

5-5 何谓多余约束？

5-6 何谓静定结构和超静定结构？二者有什么区别？

5-7 简述对体系进行几何组成分析的步骤。

习　题

5-1 对下列体系进行几何组成分析。

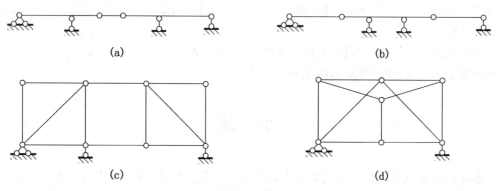

题 5-1 图

5-2 对图示体系进行几何组成分析。

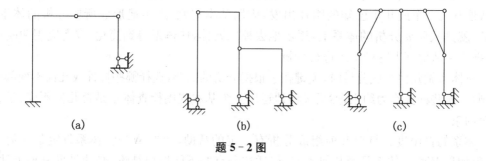

题 5-2 图

项目六　静定结构的内力计算

【学习目标】

1. 掌握多跨静定梁的受力特点,能绘制多跨静定梁的内力图;
2. 掌握桁架的受力特点,能计算简单桁架内力;
3. 掌握刚架的受力特点,能计算简单刚架的内力及绘制内力图。

【学习重点】

1. 多跨静定梁的内力计算及内力图的绘制;
2. 运用结点法计算简单桁架的内力;
3. 简单刚架的内力计算及内力图的绘制。

任务一　多跨静定梁

若干根梁用中间铰连接在一起,并以若干支座与基础相连,或者搁置于其他构件上而组成的静定梁,称为多跨静定梁。在实际的建筑工程中,多跨静定梁常用来跨越几个相连的跨度。图 6-1(a)所示为一公路或城市桥梁中,常采用的多跨静定梁结构形式之一,其计算简图如图 6-1(b)所示。

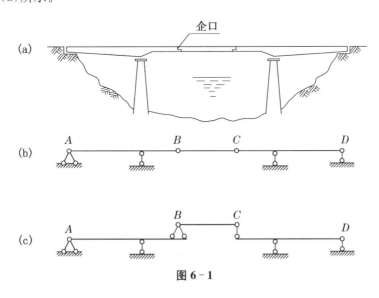

图 6-1

在房屋建筑结构中的木檩条,也是多跨静定梁的结构形式,如图 6-2(a)所示为木檩条的构造图,其计算简图如图 6-2(b)所示。

连接单跨梁的一些中间铰,在钢筋混凝土结构中其主要形式常采用企口结合,如图 6 - 1(a)所示,而在木结构中常采用斜搭接或并用螺栓连接,如图 6 - 2(a)所示。

从几何组成分析可知,图 6 - 1(b)中 AB 梁是直接由链杆支座与地基相连,是几何不变的。且梁 AB 本身不依赖梁 BC 和 CD 就可以独立承受荷载,所以,称为基本部分。如果仅受竖向荷载作用,CD 梁也能独立承受荷载维持平衡,同样可视为基本部分。短梁 BC 是依靠基本部分的支承才能承受荷载并保持平衡,所以,称为附属部分。同样道理在图 6 - 2(b)中梁 AB,CD 和 EF 均为基本部分,梁 BC 和梁 DE 为附属部分。为了更清楚地表示各部分之间的支承关系,把基本部分画在下层,将附属部分画在上层,分别如图 6 - 1(c)和图 6 - 2(c)所示,我们称它为关系图或层叠图。

从受力分析来看,当荷载作用于基本部分时,只有该基本部分受力,而与其相连的附属部分不受力;当荷载作用于附属部分时,则不仅该附属部分受力,且通过铰接部分将力传至与其相关的基本部分上去。因此,计算多跨静定梁时,必须先从附属部分计算,再计算基本部分,按组成顺序的逆过程进行。例如图 6 - 1(c),应先从附属梁 BC 计算,再依次考虑 CD、AB 梁。这样便把多跨梁化为单跨梁,分别进行计算,从而可避免解算联立方程。再将各单跨梁的内力图连在一起,便得到多跨静定梁的内力图。

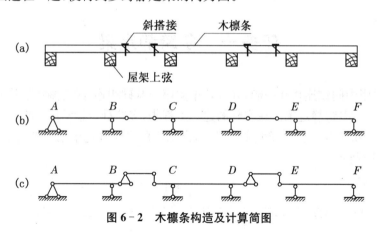

图 6 - 2　木檩条构造及计算简图

【例 6 - 1】　试作图 6 - 3(a)所示多跨静定梁的内力图。

解:(1) 作层叠图

如图 6 - 3(b)所示,AC 梁为基本部分,CE 梁是通过铰 C 和 D 支座链杆连接在 AC 梁上,要依靠 AC 梁才能保证其几何不变性,所以 CE 梁为附属部分。

(2) 计算支座反力

从层叠图看出,应先从附属部分 CE 开始取隔离体,如图 6 - 3(c)所示。

$$\sum M_C(F) = 0,即\ 80 \times 6 - V_D \times 4 = 0,得\ V_D = 120\ \text{kN}(\uparrow)$$

$$\sum M_D(F) = 0,即\ 80 \times 2 - V_C \times 4 = 0,得\ V_C = 40\ \text{kN}(\downarrow)$$

将 V_C 反向,作用于梁 AC 上,计算基本部分

$$\sum F_X = 0 \quad H_A = 0$$

$$\sum M_A(F) = 0,即\ -40 \times 10 + V_B \times 8 + 10 \times 8 \times 4 - 64 = 0$$

$$\sum M_B(F) = 0, 即 \ -40 \times 2 - 10 \times 8 \times 4 - 64 + V_A \times 8 = 0$$

$$V_A = 58 \text{ kN}(\uparrow), V_B = 18 \text{ kN}(\downarrow)$$

校核:由整体平衡条件得

$$\sum F_y = -80 + 120 - 18 + 58 - 10 \times 8 = 0, 无误。$$

(3) 作内力图

除分别作出单跨梁的内力图,然后拼合在同一水平基线上这一方法外,多跨静定梁的内力图也可根据其整体受力图[图 6-3(a)]直接绘出。

将整个梁分为 AB、BD、DE 三段,由于中间铰 C 处是外力的连续点,故不必将它选为分段点。

由内力计算法则,各分段点的剪力为:

$$Q_A^{右} = 58 \text{ kN} \qquad\qquad Q_B^{左} = 58 - 10 \times 8 = -22 \text{ kN}$$

$$Q_B^{右} = 58 - 10 \times 8 - 18 = -40 \text{ kN} \qquad Q_D^{左} = 80 - 120 = -40 \text{ kN}$$

$$Q_D^{右} = 80 \text{ kN} \qquad\qquad Q_E^{左} = 80 \text{ kN}$$

据此绘得剪力图如图 6-3(d)所示。其中 AB 段剪力为零的截面 F 距 A 点为 5.8 m。

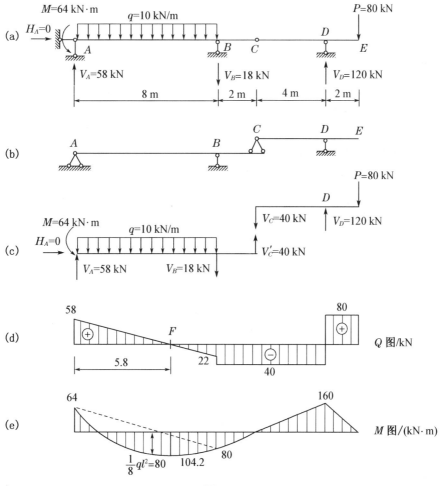

图 6-3

由内力计算法则,各分段点的弯矩为

$$M_{AB} = -64 \text{ kN} \cdot \text{m}$$

$$M_{BA} = -64 + 58 \times 8 - 10 \times 8 \times 4 = 80 \text{ kN} \cdot \text{m}$$

$$M_{DE} = -80 \times 2 = -160 \text{ kN} \cdot \text{m}$$

$$M_{ED} = 0$$

$$M_F = -64 + 58 \times 5.8 - 10 \times 5.8 \times 5.8/2 = 104.2 \text{ kN} \cdot \text{m}$$

据此作弯矩图如图 6-3(e)所示。其中 AB 段内有均布荷载,故需在直线弯矩图(图中虚线)的基础上叠加相应简支梁在跨中间(简称跨中)荷载作用的弯矩图。

多跨静定梁比相同跨度的简支梁的弯矩要小,且弯矩的分布比较均匀,此即多跨静定梁的受力特征。多跨静定梁虽然比相应的多跨简支梁要经济些,但构造要复杂些。一个具体工程,是采用单跨静定梁,还是多跨静定梁或其他型式的结构,需要做技术经济比较后,从中选出最佳方案。

任务二　静定平面桁架的内力

一、概述

静定平面桁架是由若干直杆在两端铰接组成的静定结构(图 6-4)。桁架在工程中得到广泛应用,但力学中的桁架与实际有差别,主要进行了以下简化:

(1)所有结点都是无摩擦的理想铰;

(2)各杆的轴线均为直线并通过铰的中心;

(3)荷载和支座反力都作用在结点上。

可见,静定平面桁架的杆件都属于轴向拉(压)杆件,承受轴力,均为二力杆。

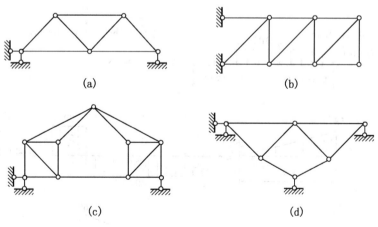

(a)　　　　(b)

(c)　　　　(d)

图 6-4　桁架

二、零杆的判别

在计算桁架杆件内力时,有时会遇到轴力为零的杆件,这种杆件叫作零杆。在桁架计算时首先把零杆找出来,可以简化桁架内力的计算。下列三种情形下,零杆可以很容易地直接判断出来。

图 6 - 5 　零杆的判别

(1) 不在一条直线上的二杆交于一个结点,且结点上没有外力作用时,此二杆都是零杆,如图 6 - 5(a)所示,因为根据二力平衡条件,当二力 N_1、N_2 平衡时,他们的作用线应在同一直线上,现此二力的作用线不在同一直线上,所以它们的大小都必为零。

(2) 不在同一直线上的二杆交于一个结点,如作用在此结点上的外力沿其中一杆的轴线方向,则另一杆必为零,如图 6 - 5(b)所示,因为如取外力 P 和 N_2 的作用线为 y 轴,与 y 轴垂直的为 x 轴,则由平衡条件 $\sum F_x = 0$ 可知 $N_1 = 0$。

(3) 如三杆交于一个结点,其中的二杆在一条直线上,且结点上没有外力作用时,则第三杆必为零杆,如图 6 - 5(c)所示,因为如取二杆所在的直线为 x 轴,而与 x 轴垂直为 y 轴,则由平衡条件 $\sum F_y = 0$ 可知 $N_3 = 0$。

三、结点法求桁架内力

桁架内力计算有两种方法,结点法和截面法。本书只介绍结点法。

桁架各杆的轴线汇交于各个结点,且桁架各杆只受轴力,因此作用于任一结点的各力(荷载、反力、杆件轴力)组成一个平面汇交力系,存在两个独立的平衡方程。因此一般从未知力不超过两个的结点开始依次计算,可求桁架内力,这种方法称为结点法。分析时,各个杆件的内力一般先假设为受拉,当计算结果为正时,说明杆件受拉,为负时,说明杆件受压。

下面举例说明用结点法求解简单平面桁架内力的方法步骤。

【例 6 - 2】　试求图 6 - 6(a)所示三角形屋架各杆的轴力。

解: 根据此桁架所承受的荷载及结构的对称性,支座 A 及 G 的反力都等于 $2P$,左右两边的对称杆内力相同,因此,只要计算桁架对称轴一侧的杆件内力即可。顺序将结点 A、B、C 分别取分离体如图 6 - 6(b)所示,设杆件的内力分别为 N_1、N_2、N_3、N_4、N_5、N_6,并假定它们都是拉力。

(1) 取结点 A,按平面汇交力系平衡条件:

由 $\sum F_y = 0$,即 $2P - \dfrac{P}{2} + N_1 \sin 30° = 0$

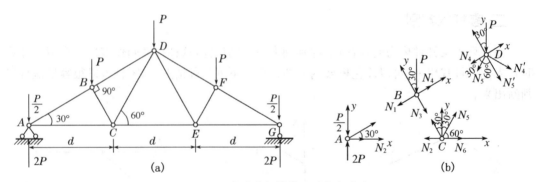

图 6-6　结点法求解简单平面桁架内力

得
$$N_1 = -3P$$

由 $\sum F_x = 0$，即 $N_1\cos 30° + N_2 = 0$

得
$$N_2 = 2.598P$$

N_1 为负值，表明 AB 杆是压力，N_2 为正值，表明 AC 杆是拉力。

(2) 取结点 B，按平面汇交力系平衡条件：

由 $\sum F_y = 0$，即 $-P\cos 30° - N_3 = 0$

得
$$N_3 = -0.866P$$

由 $\sum F_x = 0$，即 $N_4 - N_1 - P\sin 30° = 0$

得
$$N_4 = -2.5P$$

(3) 取结点 C，按平面汇交力系平衡条件：

由 $\sum F_y = 0$，即 $N_3\cos 30° + N_5\sin 60° = 0$

得
$$N_5 = 0.866P$$

由 $\sum F_x = 0$，即 $N_6 + N_5\cos 60° - N_3\sin 30° - N_2 = 0$

得
$$N_6 = 1.732P$$

任务三　静定平面刚架的内力

　　平面刚架是由梁和柱所组成的平面结构,其特点是在梁与柱的联接处为刚结点,当刚架受力而产生变形时,刚结点处各杆端之间的夹角始终保持不变。由于刚结点能约束杆端的相对转对,故能承担弯矩。与梁相比刚架具有减小弯矩极值的优点,节省材料,并能有较大的空间。在建筑工程中常采用刚架作为承重结构。

　　平面刚架分为静定刚架与超静定刚架。常见的静定平面刚架有悬臂刚架、简支刚架、三铰刚架等形式,如图 6-7(a)、(b)和(c)所示。

　　在静定刚架的内力分析中,通常是先求支座反力,然后再求截面的内力,绘制内力图。静定平面刚架内力计算的一般步骤:

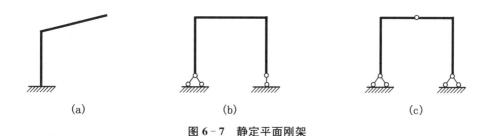

(a)   (b)   (c)

图 6 - 7 静定平面刚架

1. 计算支座反力

刚架在外力作用下处于平衡状态,其约束反力可用平衡方程来确定。若刚架由一个构件组成,可列三个平衡方程求出其支座反力。若刚架由二个构件或多个构件组成,可按物体系统的平衡问题来处理。

2. 绘制内力图

截面法是求解梁的任一截面内力的基本方法,也是求解刚架的任一截面内力的基本方法。刚架内力的符号规定与梁相同:

① 轴力:杆件受拉为正,受压为负。

② 剪力:使分离体顺时针方向转动为正,反之为负。

③ 弯矩:不标注正负,必须把弯矩图画在杆件受拉的一侧。

为了明确各截面内力,特别是区别相交于同一结点的不同杆端截面的内力,在内力符号右下角采用两个角标,其中第一个角标表示内力所属截面,第二个角标表示该截面所在杆的远端。M_{AB} 表示 AB 杆 A 端截面的弯矩,M_{BA} 表示 AB 杆 B 端截面的弯矩。

作刚架内力图时,遵循"先杆件后整体"的顺序,一般用平衡条件先把每个杆件两端的内力求出来,然后利用内力图绘图规律分别作出各杆件的内力图,最后将各杆的内力图合在一起就是刚架的内力图。下面举例说明刚架内力图的作法。

【**例 6 - 3**】 作图 6 - 8(a)所示悬臂刚架的内力图。

解:悬臂刚架可不计算其支座反力,用截面法计算各杆端内力。

(1)计算各杆端内力

BC 杆:取分离体如图 6 - 8(b)和(c),由平衡方程得

$$M_{CB}=0 \quad M_{BC}=-Fa(上侧受拉)$$
$$V_{CB}=F \quad V_{BC}=F$$
$$N_{CB}=0 \quad N_{BC}=0$$

AB 杆:取分离体如图 6 - 8(d)和(e),由平衡方程得:

$$M_{BA}=Fa(左侧受拉) \qquad M_{AB}=Fa(左侧受拉)$$
$$V_{BA}=0 \qquad V_{AB}=0$$
$$N_{BA}=-F \qquad N_{AB}=-F$$

(2)绘内力图

根据求出的各杆杆端内力,按内力图特征,画内力图如图 6 - 8(f)、(g)和(h)即为所求悬臂刚架 M、V、N 图。

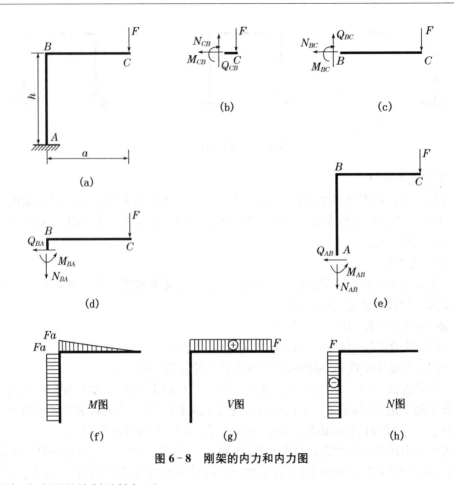

图 6-8 刚架的内力和内力图

刚架内力图的绘制总结如下：

（1）作弯矩图时，先求每根杆的杆端弯矩，将杆端弯矩画在受拉一侧，连以直线，再叠加上由横向荷载产生的简支梁的弯矩图。

（2）作剪力图时，先求每根杆的杆端剪力，杆端剪力通常可根据截面一侧的荷载及支座反力直接算出；若情况复杂，可以取杆为分离体利用平衡方程求出。杆的剪力图可以利用简支梁的内力图规律画出。

（3）作轴力图时，先求杆的杆端轴力，杆端轴力通常可以根据截面一侧的荷载及支座反力直接算出。

（4）内力图的校核是必要的。通常截取刚架的一部分或结点为分离体，验证其是否满足平衡条件。

小　结

本项目讨论静定结构内力计算与绘制内力图的方法，通过对本章的学习，一方面可以掌握静定结构的计算原理、计算技能等知识，以便解决实际工程中大量的静定结构计算问题，另一方面，为今后继续学习比较复杂的超静定结构打下必要的理论基础。为此，对本项目所讨论的计算原理和计算技巧必须深刻理解和熟练掌握,并能正确计算出截面上的内力,绘制内力图。

1. 多跨静定梁

承受弯曲变形的构件称为静定平面梁,其内力包括剪力和弯矩,计算静定梁任一截面的内力应采用截面法。绘制多跨梁的内力图时,关键是运用层次图形把多跨静定梁转化为几个单跨静定梁。

2. 静定平面桁架

静定平面桁架是铰联结的链杆体系,在结点荷载作用下各杆只受轴力,要学会判别零杆,并且要灵活选用平衡方程,用结点法计算杆件内力。

3. 静定平面刚架

静定平面刚架的特点是在梁与柱的联接处为刚结点,内力包括弯矩、剪力和轴力。在静定刚架的内力分析中,通常是先求支座反力,然后再求控制截面的内力,绘制内力图。作刚架内力图时,先将刚架拆成杆件,由各杆件的平衡条件,求出各杆的杆端内力,然后利用杆端内力分别绘出各杆件内力图,将各杆的内力图合在一起就是刚架的内力图。

综上所述,计算静定结构的基本方法是截面法,即截取一部分结构为分离体,利用静力平衡方程求解内力。对截面上待求内力,计算前一律按内力符号规定先假定为正向,计算结果为正值,说明实际内力方向与假设方向相同,若为负值,说明实际内力方向与假设方向相反。

思考题

6-1　多跨静定梁计算内力的关键是什么?

6-2　为什么理想桁架中的杆都可以认为是二力杆?

6-3　桁架中的零杆能否从结构中将其去掉?为什么?

6-4　用结点法是否可以计算出桁架的全部内力?

6-5　进行刚架内力图绘制时,如何根据弯矩图来绘制剪力图,根据剪力图来绘制轴力图?

习　题

6-1　作图 6-1 所示各多跨梁的内力图。

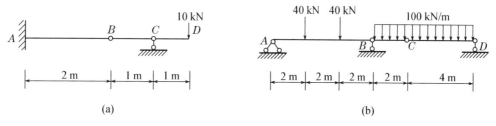

题 6-1 图

6-2 试用结点法求图示桁架各杆的内力。

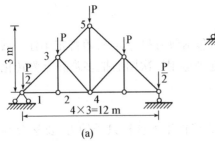 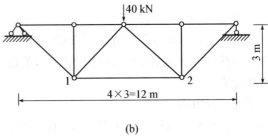

(a)

(b)

题 6-2 图

6-3 作图示刚架的内力图。

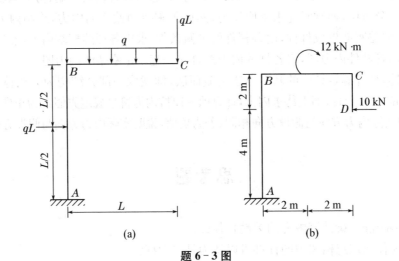

(a)

(b)

题 6-3 图

项目七　静定结构的位移计算

【学习目标】

　　1. 能描述结构的位移；

　　2. 能进行梁的变形计算和刚度校核；

　　3. 了解单位荷载法的基本原理；

　　4. 掌握图乘法计算梁的位移。

【学习重点】

　　图乘法计算梁的位移。

任务一　结构位移

　　结构在荷载、温度变化、支座移动与制造误差等各种因素作用下发生变形，因而结构上各点的位置会有变动。这种位置的变动称为位移。

　　结构的位移通常有两种:线位移和角位移。如图 7‐1(a)所示刚架，在荷载作用下发生如虚线所示的变形，使截面 A 的形心从 A 点移动到了 A' 点，线段 AA' 称为 A 点的线位移，记为 Δ_A，它也可以用水平线位移 Δ_{Ax} 和竖向线位移 Δ_{Ay} 两个分量来表示，如图 7‐1(b)所示。同时截面 A 还转动了一个角度，称为截面 A 的角位移，用 φ_A 表示。

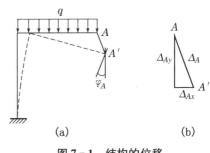

图 7‐1　结构的位移

　　一般情况下，结构的线位移、角位移或者相对位移，与结构原来的几何尺寸相比都是极其微小的。

　　结构位移计算的目的:

　　(1) 验算结构的刚度，校核结构的位移是否超过允许限值，以防止结构构件产生过大的变形而影响正常使用。

　　(2) 为超静定结构的计算打基础。在计算超静定结构内力时，除利用静力平衡条件外，还需要考虑变形协调条件，因此需计算结构的位移。

　　(3) 在结构的制作、架设、养护过程中，有时需要预先知道结构的变形情况，以便采取一定的施工措施，因而也需要进行位移计算。

任务二　梁在弯曲时的变形与刚度校核

受弯构件设计时,除了应该满足强度条件以防止构件发生破坏外,还应该注意满足刚度条件,使其弯曲变形不致过大,以免影响结构的正常使用。例如,楼面梁变形过大,会使抹灰层开裂或脱落;吊车梁的变形过大就会影响吊车的正常运行。因此在研究了梁的强度问题以后,还有必要研究梁的刚度问题或弯曲变形问题,其目的在于对梁进行刚度校核,并为求解超静定梁等问题做准备。

一、梁的变形

1. 挠度和转角

下面以图 7 - 2 所示简支梁为例,说明平面弯曲时变形的一些概念。梁在平面弯曲时,梁的横截面产生了两种位移。

梁任一横截面的形心沿 y 轴方向的线位移 CC',称为该截面的挠度,通常用 f(或 y)表示,并以向下为正,单位用 m 或 mm。

梁任一横截面相对于原来位置所转动的角度,称为该截面的**转角**,用 θ 表示,并以顺时针转动为正。转角的单位用度(°)或弧度(rad)。

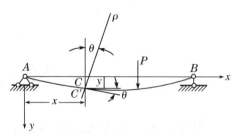

图 7 - 2　梁的挠度和转角

2. 梁的挠度和转角的计算——叠加法

梁的位移计算的一般方法是积分法,但计算工作量很大。在实际工程中,往往只需要求出梁指定截面的位移,这时可采用叠加法。

叠加原理是材料力学的一个普遍原理,在线弹性小变形前提下,构件的支座反力、内力、应力和变形都可以用叠加的方法计算。在弹性范围内,梁的挠度与转角都与荷载成线性关系。因此,可用叠加法来处理梁同时受几种荷载作用的情况:**先分别计算每种荷载单独作用下梁的变形,然后把它们叠加起来,最后得到几种荷载作用下梁的变形。**

表 7 - 1 列举了几种常用的梁在简单荷载作用时的变形。利用这些数据,按叠加法求梁的位移是很方便的。表中的 EI 称为梁的**抗弯刚度**,梁的变形与其成反比,EI 愈大,抵抗弯曲变形的能力愈大,则变形越小。

例如表中第(1)(2)两种情形,悬臂梁受集中力 P 作用又要考虑梁的自重 q 时,则 B 端的挠度为:

$$f_B = \frac{Pl^3}{3EI} + \frac{ql^4}{8EI}$$

表 7-1 简单荷载作用下梁的变形

序号	荷载简图	转角 q	最大挠度 f_{max}
1	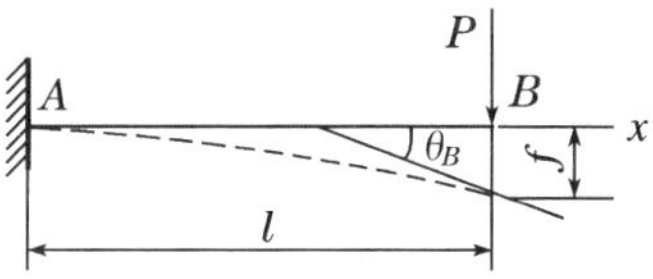	$\theta_B = \dfrac{-Pl^2}{2EI}$	$\dfrac{Pl^3}{3EI}$
2	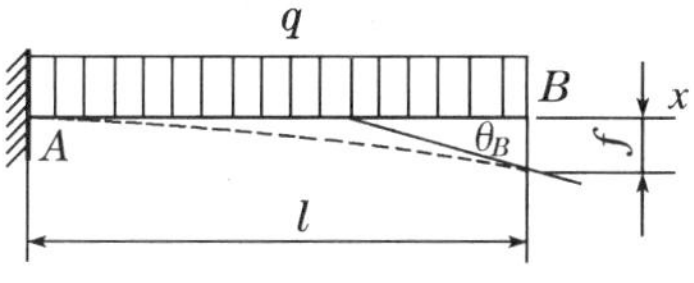	$\theta_B = \dfrac{-ql^3}{6EI}$	$\dfrac{ql^4}{8EI}$
3	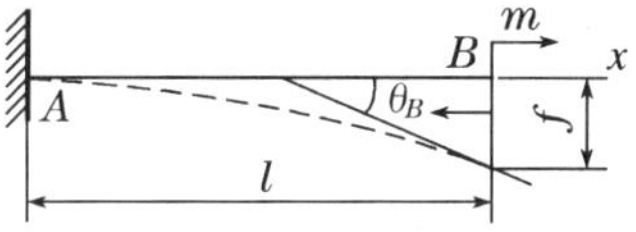	$\theta_B = \dfrac{-ml}{EI}$	$\dfrac{ml^2}{2EI}$
4	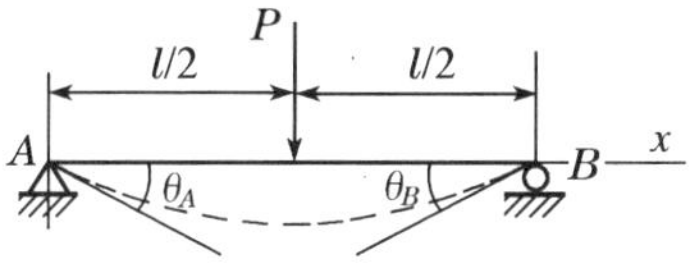	$\theta_A = -\theta_B = \dfrac{Pl^2}{16EI}$	$x = \dfrac{l}{2}$ 处,$f_{max} = \dfrac{Pl^3}{48EI}$
5	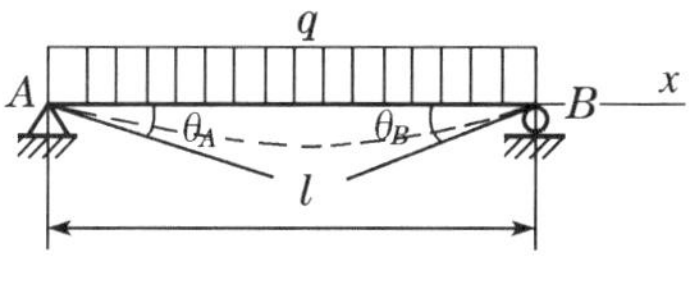	$\theta_A = -\theta_B = \dfrac{ql^3}{24EI}$	$x = \dfrac{l}{2}$,$f_{max} = \dfrac{5ql^4}{384EI}$
6	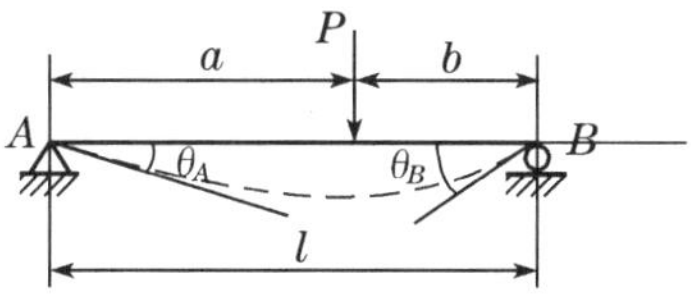	$\theta_A = \dfrac{-Pab(l+b)}{6lEI}\theta_B$ $= \dfrac{Pab(l+a)}{6lEI}$	若 $a>b$,$x = \sqrt{\dfrac{l^2-b^2}{3}}$ 处, $f_{max} = \dfrac{Pb(l^2-b^2)^{\frac{3}{2}}}{9\sqrt{3}EI}$ $x = \dfrac{l}{2}$ 处,$f = \dfrac{Pb(3l^2-4b^2)}{48EI}$
7	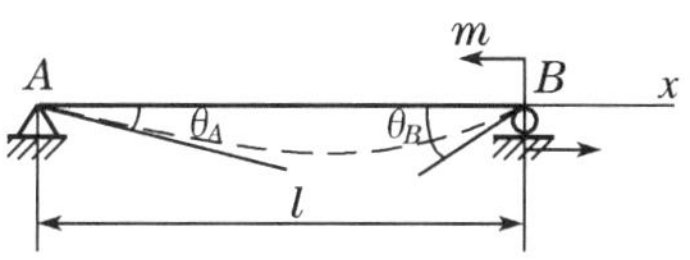	$\theta_A = \dfrac{-ml}{6EI}$ $\theta_B = \dfrac{ml}{3EI}$	$x = \dfrac{l}{\sqrt{3}}$ 处,$f_{max} = \dfrac{ml^2}{9\sqrt{3}EI}$ $x = \dfrac{l}{2}$ 处,$f = \dfrac{ml^2}{16EI}$

【例 7-1】 如图 7-3 所示简支梁,承受均布荷载 q 和集中荷载 P,梁的抗弯刚度为 EI_Z,试用叠加法求梁跨中截面的挠度 f_C 和 A 截面的转角。

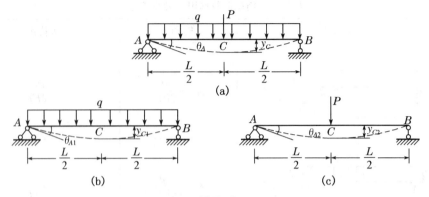

图 7 – 3

解:图 7 – 3(a)可视为简支梁承受均布荷载 q 和集中荷载 P 单独作用的叠加,如图 7 – 3(b)和(c),利用表 7 – 1 分别查得简支梁单独承受均布荷载 q 和集中荷载 P 时的跨中截面的挠度和 A 截面的转角,然后相应叠加。

简支梁单独承受均布荷载 q:

$$f_{C1} = \frac{5ql^4}{384EI_z} \qquad \theta_{A1} = \frac{ql^3}{24EI_z}$$

简支梁单独承受集中荷载 P:

$$f_{C2} = \frac{Pl^3}{48EI_z} \qquad \theta_{A2} = \frac{Pl^2}{16EI_z}$$

叠加结果:

$$f_C = f_{C1} + f_{C2} = \frac{5ql^4}{384EI_z} + \frac{Pl^3}{48EI_z}$$

$$\theta_A = \theta_{A1} + \theta_{A2} = \frac{ql^3}{24EI_z} + \frac{Pl^2}{16EI_z}$$

综上所述,利用叠加法求梁的位移时,首先将梁的受力分解为几种简单荷载的组合;根据影响位移的两个因素——弯矩和约束条件,大致画出梁在简单荷载作用下挠曲线的形状,利用表 7 – 1 所列结果,求出各简单荷载下的位移;将这些位移叠加起来,即可求出原荷载和支承条件下梁的挠度和转角。

二、梁的刚度校核

1. 刚度条件

刚度校核是检查梁在荷载作用下产生的变形是否超过容许值。梁一般只校核挠度,其刚度条件:

$$f_{max} \leqslant [f] \text{ 或} \frac{f_{max}}{l} \leqslant \left[\frac{f}{l}\right] \tag{7 – 1}$$

$$\theta_{max} \leqslant [\theta] \tag{7 – 2}$$

式中:$[\theta]$——构件的许用转角;

$[f]$、$[f/l]$——分别为构件的许用挠度、单位长度许用挠度。

2. 提高梁刚度的措施

从表 7 - 1 可见,梁的弯曲变形与弯矩大小、跨度长短、支座条件,梁截面的惯性矩、材料的弹性模量等有关。故提高梁刚度的措施为:

(1) 改善结构形式,减小弯矩 M;

(2) 增加支承,减小跨度 l;

(3) 选用合适的材料,增加弹性模量 E。但因各种钢材的弹性模量基本相同,所以为提高梁的刚度而采用高强度钢材,效果并不显著;

(4) 选择合理的截面形状,提高惯性矩 I,如工字形截面、空心截面等。

任务三　单位荷载法计算位移

一、虚功和虚功原理

功是力对物体在一段路程上累积效应的量度,也是传递和转换能量的量度。若力在自身引起的位移上做功,所做的功称为实功;若力在彼此无关的位移上做功,所做的功称为**虚功**。

虚功有两种情况:① 在做功的力与位移中,有一个是虚设的;② 力与位移两者均是实际存在的,但彼此无关。

图 7 - 4(a)所示的简支梁上,集中荷载 F_{P1} 的作用点 1 沿力方向的线位移用 Δ_{11} 表示。Δ_{11} 的第一下标表示位移的性质(点 1 沿力 F_{P1} 方向的位移),第二下标表示产生该位移的原因(由力 F_{P1} 引起)。

荷载 F_{p1} 为静力荷载,即由零逐渐增加至 F_{P1}。与此相应,位移也由零逐渐增加至 Δ_{11}。在线性弹性变形条件下,荷载变化的关系图线如图 7 - 4(b)所示。力在加载的过程中力做了功。作用在弹性体系上的力在自身引起的位移上所做的功称为实功。力 F_{P1} 在位移 Δ_{11}

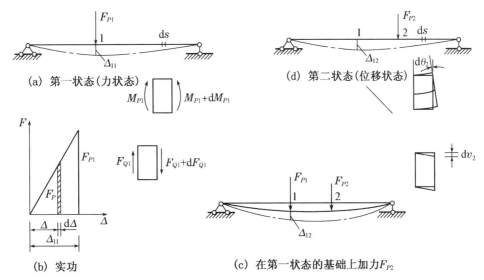

(a) 第一状态(力状态)　　　　　　　　(d) 第二状态(位移状态)

(b) 实功　　　　　　(c) 在第一状态的基础上加力 F_{P2}

图 7 - 4　虚功原理

上做的实功 W_{11} 的大小等于图 7-4(b)中三角形的面积：

$$W_{11} = \frac{1}{2}F_{P1}\Delta_{11}$$

梁弯曲后,再在点 2 外加静力荷载 F_{P2},梁产生新的弯曲[图 7-4(c)]。位移 Δ_{12} 为力 F_{P2} 引起的 F_{P1} 的作用点沿 F_{P1} 方向的位移。力 F_{P1} 在位移 Δ_{12} 上做了功,只是此过程中 F_{P1} 的大小未变,功的大小为：

$$W_{12} = F_{P1}\Delta_{12}$$

力在其他因素引起的位移上做的功称为虚功。虚功是常力做的功,表达式中力与位移乘积之前无"1/2"。由于是其他因素产生的位移,可能顺着力 F_{P1} 的指向,也可能与之相逆,因此虚功可以为正,也可以为负。

在小变形条件下,Δ_{12} 由图 7-4(d)所示的原始形状、尺寸计算,并称此状态为虚功计算的位移状态。与之相应,F_{P1} 单独作用的状态图 7-4(a)为虚功计算的力状态。

当力状态的外力在位移状态的位移上做外力虚功时,力状态的内力也在位移状态各微段的变形上做内力虚功如图 7-4(a)和(d)所示。

根据功和能的原理可得变形体的**虚功原理:任何一个处于平衡状态的变形体,当发生任意一个虚位移时,变形体所受外力在虚位移上所做虚功的总和,等于变形体的内力在虚位移的相应变形上所做虚功的总和。**

虚功原理在用于求解结构构件位移时,对于给定的位移状态,另外虚设一个力状态,利用虚功方程来求解位移状态中的未知位移,这样应用的虚力原理可称为虚功原理。

二、单位荷载法

单位荷载法是计算构件和结构位移的基本方法之一,这个方法是应用虚功原理建立的。梁或刚架以弯曲变形为主的结构位移计算公式：

$$\Delta_{KP} = \sum \int \frac{\overline{M}M_P}{EI}\mathrm{d}s \tag{7-3}$$

式中,Δ_{KP}——任一截面 K 的位移；

M_P——在实际荷载作用下构件的内力方程；

$\overline{M}$——在虚设单位荷载 $\overline{P}=1$(或虚设单位力偶 $\overline{M}=1$)作用下的内力方程；

EI——杆件的抗弯刚度。

根据上述公式,欲求某点位移,只要在欲求位移处沿着所求位移方向虚设单位力,然后分别列各杆段在虚设单位力和实际荷载作用下内力方程,将各内力方程分别代入公式,分段积分后再求和即可计算出所求荷载。

利用虚功原理来求结构的位移,很关键的是虚设恰当的力状态,而方法的巧妙之处在于虚设的单位荷载一定在所求位移点沿所求位移方向设置,这样虚功恰等于位移。这种计算位移的方法称为**单位荷载法**。

在实际问题中,除了计算线位移外,还要计算角位移、相对位移等。集中力是在其相应的线位移上做功,力偶是在其相应的角位移上做功。在确定 $\overline{M}$ 时,其虚设单位荷载有以下几种不同情况：

(1) 欲求 A 点的水平线位移时,应在 A 点沿水平方向加一单位集中力,如图 7-5(b)所示；

（2）欲求 A 点的角位移，应在 A 点加一单位力偶，如图 7-5(c)所示；

（3）欲求 A、B 两点的相对线位移，应在 A、B 两点沿 AB 连线方向加一对反向的单位集中力，如图 7-5(d)所示；

（4）欲求 A、B 两截面的相对角位移，应在 A、B 两截面处加一对反向的单位力偶，如图 7-5(e)所示。

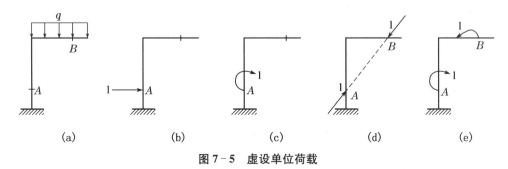

(a) (b) (c) (d) (e)

图 7-5 虚设单位荷载

任务四 图乘法计算位移

用叠加法计算梁的挠度、转角，只是计算简单梁的位移，对于较复杂结构（如拱、刚架、桁架等）的位移求解就显得繁杂。在运用上述积分法（式 7-3）计算结构的位移时，有时积分运算比较麻烦，特别是当外力较多，结构较复杂时，积分运算更加繁难，容易出错。因此，本节介绍适用于计算各种弹性杆系结构在荷载作用下所引起位移的一般计算方法——图乘法，用来代替积分运算，使计算工作简化。

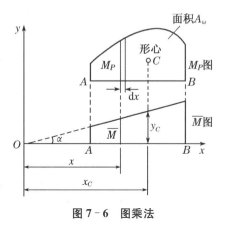

图 7-6 图乘法

如图 7-6 所示为等截面直杆 AB 段上的两个弯矩图，$\overline{M}$ 图为一段直线，M_P 图为任意形状，对于图示坐标，$\overline{M}=x\tan\alpha$，于是有

$$\Delta_{KP} = \int_A^B \frac{\overline{M}M_P}{EI}\mathrm{d}s = \frac{1}{EI}\int_A^B \overline{M}M_P\mathrm{d}s = \frac{1}{EI}\int_A^B x\tan\alpha M_P\mathrm{d}x$$

$$= \frac{1}{EI}\tan\alpha\int_A^B xM_P\mathrm{d}x = \frac{1}{EI}\tan\alpha\int_A^B x\mathrm{d}A_\omega$$

式中，$\mathrm{d}A_\omega = M_P\mathrm{d}x$ 表示 M_P 图的微面积。

因积分 $\int_A^B x\mathrm{d}A_\omega = A_\omega x_c$（推导参见相关力学教材），且 $x_c\tan\alpha = y_c$，y_c 为 $\overline{M}$ 图中与 M_P 图形心 x_c 相对应的竖标。于是上式可写为：

$$\Delta_{KP} = \int_A^B \frac{\overline{M}M_P}{EI}\mathrm{d}s = \frac{1}{EI}A_\omega y_c \tag{7-4}$$

上式即为用图乘法计算位移的公式。

上述积分式等于**一个弯矩图的面积 A_ω 乘以其形心所对应的另一个直线弯矩图的竖标 y_c 再除以 EI**。这种利用图形相乘来代替两函数乘积的积分运算称为图乘法。

根据上面的推证过程,在应用图乘法时要注意以下几点:

(1) 杆件应为等截面直杆,且 EI 为常数。

(2) $\overline{M}$ 图和 M_P 图中至少必须有一个是直线图,并且纵坐标 y_c 应只能在直线图中选取,如 M_K 图、M_P 图均为直线图,则 y_c 可取自任一直线图,而 A 则应为另一图的面积。

(3) 两弯矩图均画在杆件受拉一侧,图乘时同侧图相乘为正,异侧相乘为负值。

(4) 应用图乘法时,必须确定弯矩图面积及形心位置,需要掌握几种简单图形的面积及形心位置,如图 7-7 所示。

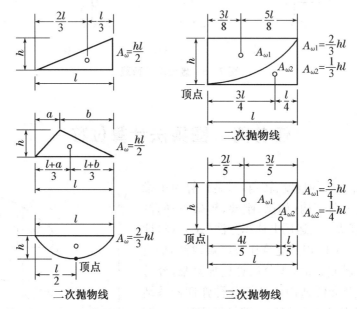

图 7-7　简单图形的面积及形心位置

(5) 当遇到面积和形心位置不易确定时,可将它分解为几个简单的图形,分别与另一图形相乘,然后把结果叠加。

例如图 7-8 所示两个梯形相乘时,梯形的形心不易定出,我们可以把它分解为两个三角形,形心对应竖标分别为 y_1 和 y_2,则

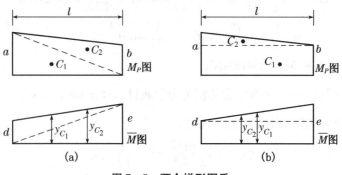

图 7-8　两个梯形图乘

$$\Delta = \frac{1}{EI}(A_{\omega_1} y_1 + A_{\omega_2} y_2) = \frac{al}{2}\left(\frac{2}{3}c + \frac{1}{3}d\right) + \frac{bl}{2}\left(\frac{1}{3}c + \frac{2}{3}d\right)$$

$$= \frac{1}{6}(2ac + 2bd + ad + bc)$$

（6）当 y_c 所在图形是折线时，或各杆段截面不相等时，均应分段图乘，再进行叠加，如图 7 - 9 所示。

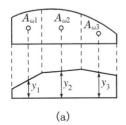 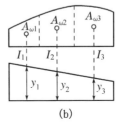

图 7 - 9　分段图乘

如图 7 - 9(a)所示应为：$\Delta = \frac{1}{EI}(A_{\omega_1} y_1 + A_{\omega_2} y_2 + A_{\omega_3} y_3)$。

图 7 - 9(b)应为：$\Delta = \frac{A_{\omega_1} y_1}{EI_1} + \frac{A_{\omega_2} y_2}{EI_2} + \frac{A_{\omega_3} y_3}{EI_3}$。

图乘法计算刚架在荷载作用下位移的计算步骤如下：

（1）在拟求位移方向加相应的虚设单位力；

（2）绘制荷载作用下 M_P 图；

（3）绘制单位力作用下的 $\overline{M}$ 图；

（4）代入图乘法公式计算位移。为此，要熟练掌握梁和刚架弯矩图的绘制以及图乘法公式中面积、纵坐标的计算。

【例 7 - 2】　试计算图 7 - 10(a)所示悬臂梁，在 A 点受集中力 P 作用，求 C 点的竖向位移，EI 为常数。

解：虚设单位荷载，作实际状态的 M_P 图和虚设单位荷载的 $\overline{M}$ 图［图 7 - 10（a）和(b)］。

应用图乘法，因为竖距必须取自直线图形，因此，$\overline{M}$ 图中计算面积，M_P 图中计算竖距：

$$\Delta_{Cy} = \frac{A_w y_C}{EI}$$

$$= \frac{1}{EI} \times \frac{1}{2} \times \frac{l}{2} \times \frac{l}{2} \times \frac{5Pl}{6}$$

$$= \frac{5Pl^3}{48EI}(\downarrow)$$

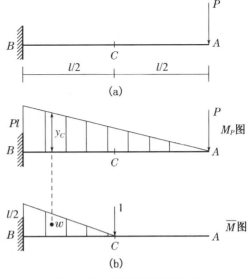

图 7 - 10　图乘法求梁的位移

【例 7 - 3】　求图 7 - 11 所示简支梁中点

的竖向线位移，EI＝常数。

解：在梁中点加一单位力，分别画出 P 与 P_K 作用下梁的弯矩图，如图 $7-11$(b)和(d)所示，M_P 与 M_K 图均是对称的，形心位置理应在跨中处，由于我们导出公式的前提条件是上下两边均必须为直线，而现在弯矩图跨中为折线，故应将弯矩图分成左右两部分，分别图乘，然后相加，利用对称关系，只需计算一半。

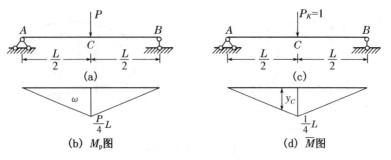

图 $7-11$ 图乘法求梁的位移

$$\Delta_{Cy} = \sum \frac{Ay_C}{EI} = \frac{2}{EI} \times \frac{1}{2} \times \frac{PL}{4} \times \frac{L}{2} \times \frac{2}{3} \times \frac{L}{4} = \frac{PL^3}{48EI}(\downarrow)$$

【例 $7-4$】 求图 $7-12$(a)刚架 D 点的竖向线位移。

解：在 D 点加竖向单位力 $P_K=1$，再分别画出 M_P、M_K 图，如图 $7-12$(b)和(c)所示，在计算时，因 $7-12$(c)图 CD 杆无弯矩，故只将 AB、BC 二杆的弯矩图进行图乘即可：

$$\Delta_{Dy} = \sum \frac{Ay_c}{EI} = \frac{1}{EI} \times 4 \times 6 \times 3 - \frac{1}{2EI} \times \frac{1}{2} \times 4 \times 4 \times 6 = \frac{48}{EI}(\uparrow)$$

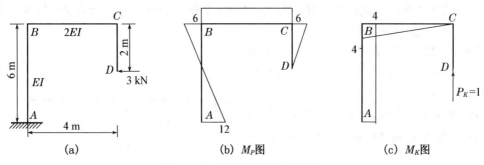

图 $7-12$ 图乘法求刚架的位移

小　结

　　本项目主要讨论应用虚功原理计算静定结构的位移。位移计算的目的是为了验算结构刚度，又是分析超静定结构的基础。因此，掌握好本章内容，有着重要意义。

　　1. 虚功与虚功原理是结构位移计算方法的理论依据。在虚功中，力与位移是两个彼此独立无关的因素。本章讨论的结构位移的计算，是虚设一个力，利用虚功方程求解位移状态中的未知位移。

2. 梁的位移计算

梁和刚架在弯曲时产生线位移和角位移,位移计算的基本方法是单位荷载法,需进行积分计算。

荷载作用下梁和刚架的位移时,可用图乘法代替积分计算。注意图乘法的适用条件,掌握好图乘法应用的分段和叠加技巧。

$$\Delta_{KP} = \frac{A_\omega y_c}{EI}$$

位移计算中遇到的符号及正负号确定较多。一方面是计算过程中确定正负号;另一方面是计算结果的正负来确定位移的方向,在学习中一定要弄懂弄透。

3. 梁的刚度计算

刚度校核是检查梁在荷载作用下产生的变形是否超过容许值。

$$f_{max} \leqslant [f] \quad \theta_{max} \leqslant [\theta]$$

思考题

7-1 写出荷载作用下的位移计算公式,并说明式中各项的意义。

7-2 在计算不同类型的位移时,如何虚设单位力状态? 举例说明。

7-3 图乘法的应用条件是什么?

7-4 如何确定图乘结果的正负号?

7-5 写出思考图 7-1 所示图形的图乘结果。

7-6 提高梁的刚度有何措施?

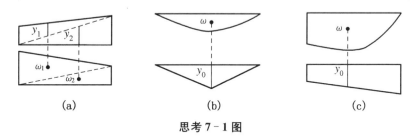

(a) (b) (c)

思考 7-1 图

习　题

7-1　用叠加法和图乘法求题 5-1(a)图中跨中截面挠度、A 截面的转角、(b)图中 B 截面挠度和转角。

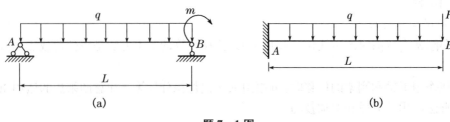

题 7-1 图

7-2　用图乘法求图示外伸梁 C 截面的竖向位移 Δ_{cv} 和 B 截面的转角 θ_B。EI 为常数。

7-3　用图乘法求图示刚架 C 截面的竖向位移 Δ_{cv} 和 B 截面的水平位移 Δ_{BH}，已知各杆 EI 为常数。

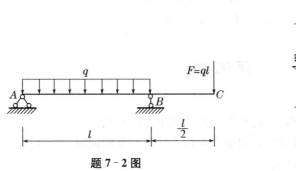

题 7-2 图

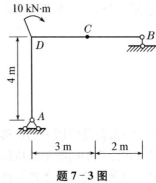

题 7-3 图

项目八　超静定结构内力计算

【学习目标】

　　1. 掌握超静定次数的确定；

　　2. 掌握力法的基本原理及基本结构的选取原则；理解力法方程及系数、自由项的物理意义；掌握在荷载作用下用力法计算简单超静定结构的方法和步骤；

　　3. 掌握位移法的基本原理及基本结构的确定，能利用位移法计算简单超静定结构；

　　4. 理解力矩分配法的基本原理；转动刚度、分配系数、传递系数、分配弯矩、传递弯矩的概论；熟练应用力矩分配法计算连续梁和无侧移刚架。

【学习重点】

　　1. 超静定次数的确定；

　　2. 荷载作用下用力法计算简单超静定结构的方法和步骤；

　　3. 位移法计算简单超静定结构；

　　4. 力矩分配法计算连续梁和无侧移刚架。

任务一　超静定结构概述

一、超静定结构的概念

　　具有多余约束、仅用静力平衡条件不能求出全部支座反力或内力的结构称为超静定结构。如图 8-1(a)所示的简支梁是静定的，当跨度增加时，其内力和变形都将迅速增加。为减少梁的内力和变形，在梁的中部增加一个支座，就成为具有一个多余约束的超静定结构，如图 8-1(b)所示，由于这个多余联系的存在，只用静力平衡方程就不能求出全部 4 个约束反力 F_{Ax}、F_{Ay}、F_{By}、F_{Cy} 和全部内力。

　　超静定结构具有以下一些重要特性：

　　(1) 静定结构的内力只用静力平衡条件即

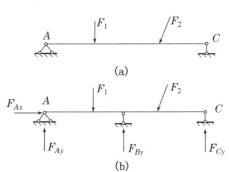

图 8-1　静定结构与超静定结构

可确定,其值与结构的材料性质以及杆件截面尺寸无关。超静定结构的内力与结构的材料性质以及杆件截面尺寸有关,其内力单由静力平衡条件不能全部确定,还需同时考虑位移条件。

(2)在静定结构中,除了荷载作用以外,其他因素,如支座移动、温度变化、制造误差等,都不会引起内力。在超静定结构中,任何上述因素作用,通常都会引起内力。这是由于上述因素都将引起结构变形,而此种变形由于受到结构的多余联系的限制,往往使结构中产生内力。

(3)静定结构在任一联系遭到破坏后,即丧失几何不变性,因而就不能再承受荷载。而超静定结构由于具有多余联系,在多余联系遭到破坏后,仍然维持其几何不变性,因而还具有一定的承载能力。

(4)局部荷载作用对超静定结构比对静定结构影响的范围大,从结构的内力分布情况看,超静定结构比静定结构要均匀些。

二、超静定次数的确定

超静定结构的多余联系的数目或多余未知力的数目称为**超静定次数**。如果一个超静定结构在去掉 n 个联系后变成静定结构,那么,这个结构就是 n 次超静定。因此,可用去掉多余联系使原来的超静定结构(以后称原结构)变成静定结构的方法来确定结构的超静定次数。

去掉多余联系的方式,通常有以下几种:

(1)去掉支座处的一根支杆或切断一根链杆,相当于去掉一个联系。如图 8-2 所示结构均为一次超静定结构。图中原结构的多余联系去掉后用未知力 X_1 代替。

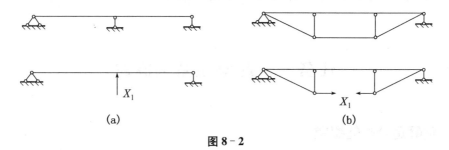

(a)   (b)

图 8-2

(2)去掉一个单铰,相当于去掉两个联系(图 8-3)。

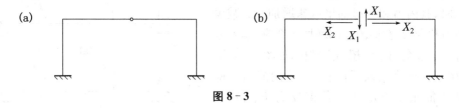

图 8-3

(3)把刚性联结改成单铰联结,或将固定支座改为固定铰支座,相当于去掉一个联系(图 8-4)。

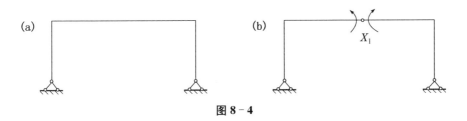

图 8-4

（4）在刚性联结处切断，或去掉一个固定支座，相当于去掉三个联系［图 8-5（b）和（c）］。

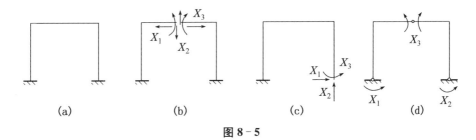

图 8-5

应用上述去掉多余联系的基本方式，可以确定结构的超静定次数。应该指出，去掉多余约束是以保证结构是几何不变体系为前提的，而且去掉多余约束的方式不是唯一的，同一个超静定结构，可以采用不同方式，如图 8-5（b）、（c）和（d）所示。但无论采用何种方式，原结构的超静定次数都是相同的。

任务二 力法计算超静定结构

一、力法基本原理

力法是计算超静定结构最基本的方法。下面通过一个简单的例子来说明力法的基本原理。

如图 8-6（a）所示为一单跨超静定梁，它是具有一个多余联系的超静定结构。如果把多余联系 B 支座去掉，在去掉 B 支座处加上多余未知力 X_1，原结构就变成静定结构，说明它是一次超静定结构。此时梁上［图 8-6（b）］作用有均布荷载 q 和集中力 X_1，这种在去掉多余联系后所得到的静定结构，称为原结构的**基本结构**，代替多余联系的未知力 X_1 称为**多余未知力**，如果能设法求出符合实际受力情况的 X_1，也就是支座 B 处的真实反力，则基本结构在荷载和多余力 X_1 共同作用下的内力和变形就与原结构在荷载作用下的情况完全一样，从而将超静定结构问题转化为静定结构问题。

如图 8-6（b）所示基本结构上 B 点的位移应与原结构相同，即 $\Delta_B=0$，这就是原结构与基本结构内力和位移相同的位移条件。基本结构上同时作用有荷载和多余未知力 X_1，称其为**基本体系**，基本体系可分解成分别由荷载和多余未知力单独作用在基本结构上的这两种情况的叠加［图 8-6（c）和（e）的叠加］。

用 Δ_{11} 表示基本结构在 X_1 单独作用下 B 点沿 X_1 方向的位移［图 8-6（c）］，用 δ_{11} 表示

当$\overline{X}_1=1$时，B点沿X_1方向的位移，所以有$\Delta_{11}=\delta_{11}X_1$。用$\Delta_{1P}$表示基本结构在荷载$q$作用下$B$点沿$X_1$方向的位移[图8-6(e)]。

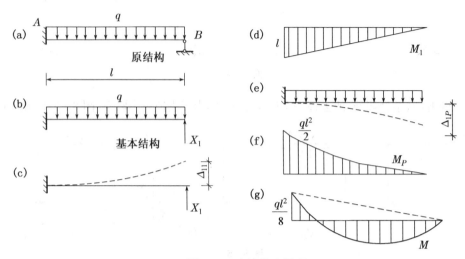

图8-6 力法基本原理

根据叠加原理，B点的位移可视为基本结构上前述两种位移之和，即
$$\Delta_B=\delta_{11}X_1+\Delta_{1P}=0$$

即：
$$\delta_{11}X_1+\Delta_{1P}=0 \tag{8-1}$$

式(8-1)是含有多余未知为X_1的位移方程，称为力法方程。式中，δ_{11}称作系数；Δ_{1P}称为自由项，它们都表示静定结构在已知荷载作用下的位移，可用项目七中的位移计算方法（如图乘法）计算。利用力法方程求出X_1后就完成了把超静定结构转换成静定结构来计算的过程。

上述计算超静定结构的方法称为力法。它的基本特点就是以多余未知力作为基本未知量，根据所去掉的多余联系处相应的位移条件，建立关于多余未知力的方程或方程组，称这样的方程（或方程组）为力法典型方程，简称**力法方程**。解此方程或方程组即可求出多余未知力。

下面计算系数δ_{11}和自由项Δ_{1P}。分别绘出$X_1=1$和q单独作用在基本结构上的弯矩图$\overline{M}_1$图和M_P图，如图8-6(d)、(f)所示，求得：
$$\delta_{11}=\frac{1}{EI}\times\frac{1}{2}\times l\times l\times\frac{2}{3}\times l=\frac{l^3}{3EI}$$
$$\Delta_{1P}=-\frac{1}{EI}\times\frac{1}{3}\times\frac{ql^2}{2}\times l\,\frac{3}{4}\times l=-\frac{ql^4}{8EI}$$

把δ_{11}和Δ_{1P}代入式(8-1)得：
$$X_1=-\frac{\Delta_{1P}}{\delta_{11}}=\frac{3}{8}ql(\uparrow)$$

计算结果X_1为正值，表示开始时假设的X_1方向是正确的（向上）。

多余未知力X_1求出后，其内力可按静定结构的方法进行分析，也可利用叠加法计算。即将$\overline{X}_1=1$单独作用下的弯矩图$\overline{M}_1$乘以X_1后与荷载单独作用下的弯矩图M_P选加。用公式可表示为：

$$M = \overline{M}_1 X_1 + M_P \qquad (8-2)$$

本例中，杆端弯矩是：

$$M_{AB} = X_1 l - \frac{ql^2}{2} = \frac{3ql}{8} \times l - \frac{ql^2}{2} = -\frac{ql^2}{8}（上部受拉）$$

杆端弯矩求出后，可利用叠加法绘制弯矩图[图8-6(g)]。

通过这个例子，可以看出力法的基本思路是：去掉多余约束，以多余未知力代替，再根据原结构的位移条件建立力法方程，并解出多余未知力，从而把超静定问题转化为静定问题。

应注意，根据去掉多余约束的方式不同，同一个超静定问题可能选择几个不同的基本结构。不论选用哪种基本结构，力法方程的形式都是不变的，但是力法方程中的系数和自由项的物理意义与数值的大小可能不同。

二、力法典型方程

上面以一次超静定梁为例，说明了力法原理，下面讨论多次超静定的情况。如图8-7(a)所示的刚架为二次超静定结构，下面以 B 点支座的水平和竖直方向反力 X_1、X_2 为多余未知力，确定基本结构，如图8-7(b)所示。

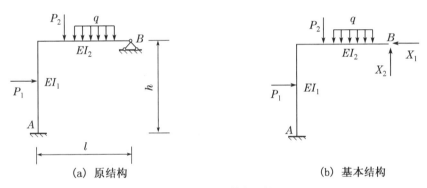

(a) 原结构　　　　　　　　　　　　(b) 基本结构

图8-7　力法基本结构

按上述力法原理，基本结构在给定荷载和多余未知力 X_1、X_2 共同作用下，其内力和变形应等同于原结构的内力和变形。原结构在铰支座 B 点处沿多余力 X_1 和 X_2 方向的位移（或称为基本结构上与 X_1 和 X_2 相应的位移）都应为零，即：

$$\Delta_1 = 0$$
$$\Delta_2 = 0$$

上式就是求解多余未知力 X_1 和 X_2 的位移条件。

如图8-8所示，Δ_{1P} 表示基本结构上多余未知力 X_1 的作用点沿其作用方向，由于荷载单独作用时所产生的位移；Δ_{2P} 表示基本结构上多余未知力 X_2 的作用点沿其作用方向，由于荷载单独作用时所产生的位移；δ_{ij} 表示基本结构上 X_i 的作用点沿其作用方向，由于 $\overline{X}_j = 1$ 单独作用时所产生的位移。根据叠加原理，上式可写成以下形式：

$$\begin{cases} \Delta_1 = \delta_{11} X_1 + \delta_{12} X_2 + \Delta_{1P} = 0 \\ \Delta_2 = \delta_{11} X_1 + \delta_{22} X_2 + \Delta_{2P} = 0 \end{cases} \qquad (8-3)$$

式(8-3)就是为求解多余未知力 X_1 和 X_2 所需要建立的力法方程。其物理意义是：在

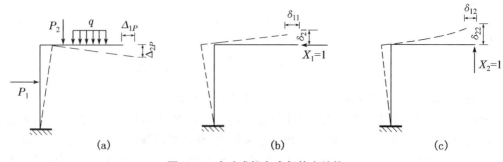

图 8-8 力法求解多次超静定结构

基本结构上,由于全部的多余未知力和已知荷载的共同作用,在去掉多余联系处的位移应与原结构中相应的位移相等。在本例中等于零。

在计算时,首先要求得式(8-3)中的系数和自由项,然后代入式(8-3),即可求出 X_1 和 X_2,剩下的问题就是静定结构的计算问题。

用同样的分析方法,可以建立力法的一般方程。对于 n 次超静定的结构,用力法计算时,可去掉 n 个多余联系,得到静定的基本结构,在去掉的多余联系处代以 n 个多余未知力。相应地也就有 n 个已知的位移条件 $\Delta_i(i=1,2,\cdots,n)$。据此可以建立 n 个关于多余未知力的方程,当与多余力相应的位移都等于零,即 $\Delta_i=0(i=1,2,\cdots,n)$ 时

$$\begin{cases} \delta_{11}X_1+\delta_{12}X_2+\delta_{13}X_3+\cdots+\delta_{1n}X_n+\Delta_{1P}=0 \\ \delta_{21}X_1+\delta_{22}X_2+\delta_{23}X_3+\cdots+\delta_{2n}X_n+\Delta_{2P}=0 \\ \qquad\qquad\cdots \\ \delta_{n1}X_1+\delta_{n2}X_2+\delta_{n3}X_3+\cdots+\delta_{nn}X_n+\Delta_{nP}=0 \end{cases} \qquad (8-4)$$

式(8-4)就是力法方程的一般形式,通常称为**力法典型方程**。

在以上的方程组中,位于从左上方至右下方的一条主对角线上的系数 $\delta_{ii}(i=j)$ 称为**主系数**,主对角线两侧的其他系数 $\delta_{ij}(i\neq j)$ 称为**副系数**,最后一项 Δ_{iP} 称为自由项。所有系数和自由项都是基本结构上与某一多余未知力相应的位移,并规定以与所设多余未知力方向一致为正。

力法方程在组成上具有一定的规律,其副系数具有互等的关系。无论是哪种 n 次超静定结构,也无论其静定的基本结构如何选取,只要超静定次数是一样的,则方程的形式和组成就完全相同。因为基本结构是静定结构,所以力法方程中的系数和自由项都可按静定结构求位移的方法求得。

从力法方程中解出多余力 $X_i(i=1,2,\cdots,n)$ 后,即可按照静定结构的分析方法求原结构的反力和内力。或按下述叠加公式求出弯矩:

$$M=X_1\overline{M}_1+X_2\overline{M}_2+\cdots+X_n\overline{M}_n+M_P \qquad (8-5)$$

根据以上所述,用力法计算超静定结构的步骤可归纳如下:

(1) 去掉结构的多余联系得静定的基本结构,并以多余未知力代替相应的多余联系的作用。在选取基本结构的形式时,以使计算尽可能简单为原则。

(2) 根据基本结构在多余力和荷载共同作用下,在去掉多余联系处的位移应与原结构相应的位移相同的条件,建立力法方程。

（3）作出基本结构的单位内力图和荷载内力图，按照求位移的方法计算方程中的系数和自由项。

（4）将计算所得的系数和自由项代入力法方程，求解各多余未知力。

（5）求出多余未知力后，按分析静定结构的方法，绘出原结构的内力图，即最后内力图。最后内力图也可以利用已作出的基本结构的单位内力图和荷载内力图按叠加法求得。

【例 8-1】 用力法计算如图 8-9(a)所示刚架。

解：（1）确定超静定次数，选取基本结构

刚架具有一个多余约束，是一次超静定结构，去掉 C 支座链杆并用 X_1 代替，得到基本结构如图 8-9(b)所示。

（2）建立力法方程

根据原结构 C 处位移条件，列方程如下：

$$\delta_{11}X_1 + \Delta_{1P} = 0$$

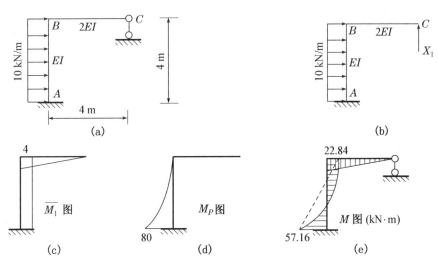

图 8-9　力法计算超静定刚架内力

（3）求系数和自由项

在 $\overline{X}_1 = 1$ 和荷载单独作用于基本结构的弯矩图 $\overline{M}_1$ 和 M_P 图，如图 8-9(c)和(d)所示。用图乘法求得系数和自由项如下：

$$\delta_{11} = \frac{1}{EI}(4 \times 4 \times 4) + \frac{1}{2EI}\left(4 \times 4 \times \frac{1}{2} \times 4 \times \frac{2}{3}\right) = \frac{224}{3EI}$$

$$\Delta_{1P} = -\frac{1}{EI}\left(\frac{1}{3} \times 80 \times 4 \times 4\right) = \frac{-1280}{3EI}$$

（4）求解多余未知力

将 δ_{11}，Δ_{1P} 代入力法方程，得

$$\frac{224}{3EI}X_1 - \frac{1280}{3EI} = 0$$

解得：$X_1 = 5.71$ kN(↑)。

（5）绘制最后弯矩图

多余未知力求出后，可在基本结构上按静力平衡条件计算出结构的最后弯矩：

$$M_{BC} = M_{BA} = 5.71 \text{ kN} \times 4 \text{ m} = 22.84 \text{ kN} \cdot \text{m}$$
$$M_{AB} = 5.71 \text{ kN} \times 4 \text{ m} - 10 \text{ kN/m} \times 4 \text{ m} \times 2 \text{ m} = -57.16 \text{ kN} \cdot \text{m}$$

绘出弯矩图如图 8-9(e)所示。同样,剪力图和轴力图也可按静力平衡条件绘出。

任务三　位移法计算超静定结构

位移法是在二十世纪初为解决高次超静定刚架的内力计算问题而建立的。与力法相比,二者在分析超静定结构的思路上截然不同,力法计算超静定结构是以多余未知力为基本未知量,当结构的超静定次数较高时,用力法计算比较麻烦。而位移法是以独立的结点位移为基本未知量,未知量个数与超静定次数无关,故一些高次超静定结构用位移法计算比较简便。位移法解题过程比较规范,便于编制计算程序。同时,位移法是力矩分配法、矩阵位移法等计算方法的基础。

一、等截面单跨超静定梁的杆端内力

在超静定结构的计算中,经常用到等截面单跨超静定梁在荷载和支座移动时的杆端内力。图 8-10 中给出单跨超静定梁的三种基本形式:两端固定梁;一端固定一端铰支梁;一端固定一端定向支座梁。

1. 杆端力和杆端位移的正负规定

为计算方便,规定了杆端力和杆端位移的正负。

杆端内力均采用两个下标来表示,如图 8-11 中所示 M_{AB},其中前一个下标表示该弯矩或剪力所作用的杆端,称为近端;后一个下标表示杆件的另一端,称为远端。**杆端弯矩对杆端以顺时针为正,对结点或支座以逆时针为正。剪力正负规定和以前相同,使分离体有顺时针转动趋势时为正,否则为负。**

对杆端位移,规定杆端转角以顺时针转动为正,反之为负;对相对线位移,**使两杆端连线发生顺时针方向转动时为正,反之为负。**

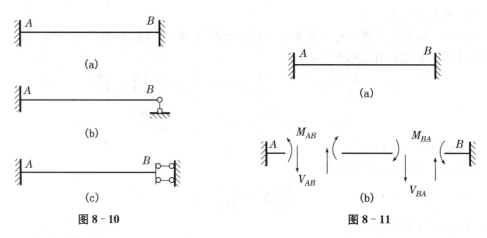

图 8-10　　　　　　　　　　　　　　　　图 8-11

2. 等截面直杆的杆端力

位移法将整体结构划分为若干单跨超静定梁进行计算。为简化计算,用力法算出了单跨超静定梁在常见荷载、温度改变及支座移动等因素作用下的杆端内力(杆端弯矩和杆端剪力),这些值在位移法中均视为已知量,列于表8-1中以备查用。

其中,由于单位杆端位移引起的等截面单跨超静定梁的杆端内力称为**形常数**;由于荷载、温度改变等作用引起的单跨超静定梁的杆端弯矩和杆端剪力称为**固端弯矩**(M_{AB}^G、M_{BA}^G)和**固端剪力**(Q_{AB}^G、Q_{BA}^G),因为它们是只与荷载形式(包括温度变化)有关的常数,所以又叫作**载常数**。各种情形的杆端力都可由力法求出。表8-1中,符号$i=\dfrac{EI}{l}$,称为杆件的**线刚度**。

由表8-1可知,等截面直杆在荷载、温度改变和杆端位移等因素单独作用下,都会引起杆端内力。根据叠加原理可知,其在各种因素共同作用下的杆端内力,等于各种因素单独作用时引起杆端内力的叠加。

表8-1　等截面单跨超静定梁的杆端弯矩和杆端剪力

编号	简图	弯矩图		杆端剪力	
		M_{AB}	M_{BA}	Q_{AB}	Q_{BA}
1		$4i$	$2i$	$\dfrac{-6i}{l}$	$\dfrac{-6i}{l}$
2			$\dfrac{6i}{l}$	$\dfrac{12i}{l^2}$	$\dfrac{12i}{l^2}$
3		$\dfrac{Pab^2}{l^2}$	$\dfrac{Pa^2b}{l^2}$	$\dfrac{Pb^2(l+2a)}{l^3}$	$\dfrac{Pa^2(1+2b)}{l^3}$
4		$\dfrac{ql^2}{12}$	$\dfrac{ql^2}{12}$	$\dfrac{ql}{2}$	$\dfrac{ql}{2}$
5				$\dfrac{6abM}{l^3}$	$\dfrac{6abM}{l^3}$
6		$3i$		$\dfrac{3i}{l}$	$\dfrac{3i}{l}$
7		$\dfrac{3i}{l}$		$\dfrac{3i}{l^2}$	$\dfrac{3i}{l^2}$
8				$\dfrac{Pb(3l^2-b^2)}{2l^3}$	$-\dfrac{Pa^2(2l+b)}{2l^3}$
9		$\dfrac{ql^2}{8}$		$\dfrac{5ql}{8}$	$-\dfrac{3ql}{8}$

（续表）

编号	简图	弯矩图		杆端剪力	
		M_{AB}	M_{BA}	Q_{AB}	Q_{BA}
10				$-\dfrac{3(l^2-b^2)}{2l^3}M$	$-\dfrac{3(l^2-b^2)}{2l^3}M$
11				0	0
12				P	0
13				ql	0

二、位移法的基本未知量和基本结构

1. 位移法的基本未知量

位移法以结点位移为基本未知量,结点位移有两种,即结点角位移和结点线位移,正确分析和选择这些基本未知量是位移法解题的关键。

（1）结点角位移

杆件的交点称为结点,一般结构上的结点分为刚结点和铰结点两类:对于同一个刚结点,各杆端转角是相等的,因而每一个刚结点只有一个独立的角位移,即一个基本未知量。对于铰结点或铰支座处,尽管各杆端的转角不同,但它们与杆件另一端的转角有关,本身是非独立的,与确定杆件内力无关,所以不作为基本未知量。在固定端支座处,其转角是已知且为零。因此,**结构的结点角位移数目等于该结构钢结点的数目**。

（2）结点线位移

严格地讲,刚架变形后各杆长度都将发生变化,因此,平面结构的各个结点都有两个线位移,通常表示为水平线位移和竖向线位移。但梁和刚架结构以弯曲变形为主,而忽略轴向变形和剪切变形,并假设弯曲变形是微小的。因此,可以假定各杆长度在变形前后不发生改变,这样有些刚架便无任何结点线位移产生。

在上述假定的前提下,有些刚架虽然有结点线位移的产生,但其中某些结点线位移是彼此相关而非独立的,需要确定**独立的结点线位移数目**。

对于一般的简单刚架,可用观察的方法直接确定独立结点线位移数目,对于比较复杂的结构,则常采用**铰化结点、增设链杆**的办法,即把结构中所有刚结点都改为铰结点,固定支座改为固定铰支座,由此得到一个相应的铰结图形。然后对铰化图形进行几何组成分析,若属几何不变体系,则原结构无结点线位移;若属几何可变体系,则增加链杆使结构变为几何不变体系,需增设链杆的最少数目即为结构的独立结点线位移数。

综上所述,位移法的基本未知量数目等于结点角位移数与独立结点线位移的总和。图

8-12 所示刚架,有一个刚结点 C 和一个铰结点 D,现在两个结点都发生了线位移,但在忽略杆件的轴向变形时,这两个线位移相等,即独立的结点线位移只有一个,因此,用位移法进行求解时的基本未知量是一个角位移 θ_C 和一个线位移 Δ。

2. 位移法基本结构

位移法是以一系列单跨超静定梁的组合体为基本体系。在确定了基本未知量后,就要附加约束限制所有结点位移,把原结构转化称为一系列相互独立的单跨超静定梁的组合体。由如图

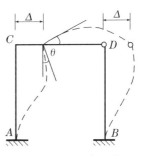

图 8-12　结点位移

8-13(a)所示刚架,只有一个基本未知量 θ_A,在刚结点 A 上加一限制转动(不限制线位移)的约束,称之为**附加刚臂**。因不计轴向变形,杆 AB 变成为两端固定梁,杆 AC 变成一端固定一端铰支梁,杆 AD 变成一端固定一端定向滑动梁,原刚架变成单跨超静定梁系,称为**位移法基本结构**,如图 8-13(b)所示。正确确定位移法基本结构是进行结构内力计算的基础。

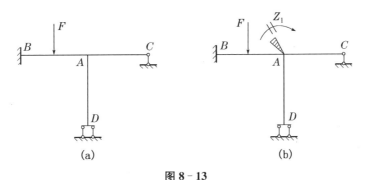

图 8-13

三、位移法基本原理

位移法是以独立的结点线位移和角位移为基本未知量,通过平衡方程和变形条件建立位移法方程求出未知量,再利用杆端内力与荷载及结点位移之间的关系,计算结构的内力,作出内力图。下面以图 8-14(a)所示刚架为例,说明位移法的基本思路。

在荷载 P 的作用下,刚架将发生虚线所示变形,在忽略轴线变形的情况下,A 点没有水平和竖向位移,即没有结点线位移,而结点 A 为刚结点,杆件 AB、AC 在结点 A 处发生相同的转角 Z_1,称为结点 A 的**角位移**。只要求出转角 Z_1,杆件 AB,AC 的内力和变形就完全确定。

在刚结点 A 上加一个限制转动(不限制线位移)的约束,称为**附加刚臂**,如图 8-14(b)所示。因为不计轴向变形,杆件 AB 相当于一端固定一端铰支的梁,杆件 AC 相当于一根两端固定的梁,原刚架变成单跨超静定梁系,称为**位移法基本结构**。

在基本结构上施加原结构的荷载,杆件 AC 发生如图 8-14(c)所示变形,但在杆端 A 截面被刚臂制约,不产生角位移,使得刚臂中出现了反力矩 R_{1F}(称为**自由项**),荷载引起的**刚臂反力矩规定以顺时针方向为正**。

为使基本结构与原结构一致,将刚臂带动刚结点转动角度 Z_1,使基本结构的结点 A 的转角与原结构的在自然状态下转角相同。刚臂转动角度 Z_1 引起的刚臂反力矩用 R_{11} 表示,

并规定以顺时针方向为正,如图 8-14(d)所示。

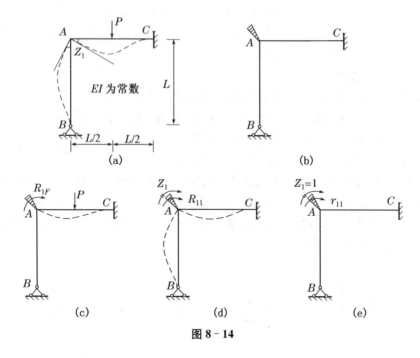

图 8-14

R_{11} 可以用未知量 Z_1 表示为:

$$R_{11}=r_{11} \cdot Z_1 \tag{8-6}$$

r_{11} 为刚臂产生单位转角($Z_1=1$)时所引起的刚臂反力矩,如图 8-14(e)所示。

荷载作用于基本结构,引起刚臂反力矩 R_{1F},结点转角 Z_1 引起的 R_{11},二者之和为总反力矩 R,即:

$$R=R_{11}+R_{1F}$$

在基本结构上施加原结构荷载,令基本结构的刚臂转动原结构的转角,这使得基本结构和原结构的受力状态及变形状态完全一致。这时,即使没有刚臂存在,刚结点也能自身处于平衡状态,即刚臂失去了约束作用。表明总反力矩:

$$R=R_{11}+R_{1F}=0$$

即

$$r_{11} \cdot Z_1+R_{1F}=0 \tag{8-7}$$

求出系数 r_{11} 和自由项 R_{1F} 后,式(8-7)可用于求解基本未知量,称为**位移法基本方程**,它的物理意义是:基本结构在结点转角及外荷载共同作用下,附加刚臂的总反力矩为零。

下面说明如何求解 r_{11} 和 R_{1F}。在基本结构中,杆件 AB 相当于一端固定另一端铰支的梁,杆件 AC 相当于一根两端固定的梁,如图 8-15 所示。根据结点的平衡方程,由表 8-1 可求得:

$$R_{1F}=-\frac{PL}{8}, r_{11}=\frac{7EI}{L}$$

解得角位移为:

$$Z_1=-\frac{PL/8}{7EI/L}=\frac{PL^2}{56EI}$$

求得 Z_1 值后,便可求得各杆的杆端弯矩,由杆端弯矩加上荷载作用产生的弯矩可得到原结构的弯矩图。

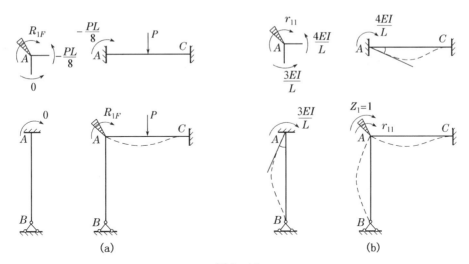

图 8-15

综上所述,位移法将整体结构划分为若干根单元杆件,以结构的结点位移为基本未知量,研究单根杆件的力学性质,根据结点位移,求得杆端弯矩并最终确定杆件的内力。

对于具有 n 个基本未知量的结构,则附加约束(附加刚臂或附加支杆)也有 n 个,由 n 个附加约束上的受力与原结构一致的平衡条件,可建立 n 个位移法方程为:

$$\left.\begin{array}{c} r_{11}Z_1+r_{12}Z_2+\cdots+r_{1n}Z_n+R_{1F}=0 \\ r_{21}Z_1+r_{22}Z_2+\cdots+r_{2n}Z_n+R_{2F}=0 \\ \cdots \\ r_{31}Z_1+r_{32}Z_2+\cdots+r_{3n}Z_n+R_{3F}=0 \end{array}\right\} \tag{8-8}$$

式(8-8)是关于位移法基本未知量的代数方程组,称为**位移法典型方程**。式中 r_{ii} 称为**主系数**,是指基本体系上当位移 $Z_i=1$ 时,附加约束 i 上引起的反力,恒为正值。r_{ij} 称为**副系数**,是指基本体系上当位移 $Z_j=1$ 时,附加约束 i 上引起的反力,可为正、为负或为零,有 $r_{ij}=r_{ji}$;R_{iF} 为**自由项**,是指荷载作用在基本体系上时,附加约束 i 上的反力,自由项可为正、为负和为零。

根据前面所述,用位移法解超静定刚架的步骤可以归纳如下:

(1) 确定基本未知量,形成基本结构;

(2) 建立位移法方程;

(3) 绘出基本结构上的单位弯矩图和荷载弯矩图,利用平衡条件求系数和自由项;

(4) 解方程求出基本未知量;

(5) 由 $M=\sum M_i Z_i+M_F$ 叠加绘出最后弯矩图,进而绘出剪力图和轴力图;

(6) 校核。

关于计算过程中的具体细节,详见下面例题。

四、位移法求解无侧移结构

当结构结点上只有角位移、没有线位移时,称为**无侧移结构**。连续梁和无侧移刚架的计算均属此类问题。

【例 8 - 2】 绘制图 8 - 16(a)所示连续梁的弯矩图。

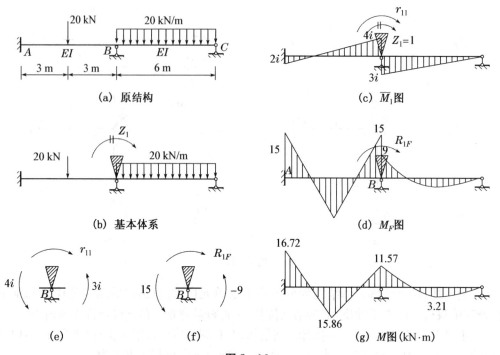

图 8 - 16

解：首先计算各杆的线刚度，取 $i_{AB}=i_{BC}=\dfrac{EI}{6}=i$

(1)确定位移法基本结构。

连续梁在荷载作用下，结点 B 只有角位移，没有线位移，因此只有一个基本未知量，即结点 B 的角位移 Z_1。在结点 B 上加附加刚臂得基本结构，如图 8 - 16(a)所示。

(2)绘制单位弯矩图 M_1，求 r_{11}。

查形常数表，绘出 M_1 图，如图 8 - 16(c)所示。根据结点平衡条件，如图 8 - 16(e)所示，得：

$$r_{11}=3i+4i=7i$$

(3)绘制荷载弯矩图 M_F，求 R_{1F}。

查载常数表，绘制 M_F 图，如图 8 - 16(d)所示。根据结点平衡条件[图 8 - 16(f)]，得：

$$R_{iF}=\frac{Pl}{8}-\frac{ql^2}{8}=\frac{20\times6}{8}-\frac{2\times6^2}{8}=15-9=6 \text{ kN}\cdot\text{m}$$

(4)列位移法方程，求解未知量

$$r_{11}Z_1+R_{1F}=0$$

求得：

$$Z_1=\frac{-R_{1F}}{r_{11}}=\frac{-6}{7i}$$

(5)叠加法绘制弯矩图。

由叠加原理，$M = \overline{M}_1 Z_1 + M_F$，得：

$$M_{AB} = 2i \cdot Z_1 - 15 = -16.72 \text{ kN} \cdot \text{m}$$
$$M_{BA} = 4i \cdot Z_1 + 15 = 11.57 \text{ kN} \cdot \text{m}$$
$$M_{BC} = 3i \cdot Z_1 - 9 = -11.57 \text{ kN} \cdot \text{m}$$
$$M_{CB} = 0$$

最后弯矩图如图 8-16(g) 所示。AB 杆跨中有集中力，绘制该段弯矩时，应先将杆端弯矩纵标联一虚线，以此虚线为基线叠加简支梁在集中力作用下的弯矩图；同理，BC 杆叠加简支梁在均布荷载作用下的弯矩图。

$$AB \text{ 跨中弯矩} = \frac{16.72 + 11.57}{2} - \frac{20 \times 6}{4} = 15.86 \text{ kN} \cdot \text{m};$$

$$BC \text{ 跨中弯矩} = \frac{11.57 + 0}{2} - \frac{2 \times 6^2}{8} = 3.21 \text{ kN} \cdot \text{m}。$$

五、力法与位移法的比较

欲求解超静定结构，先选取基本体系，然后让基本体系与原结构受力一致（或变形一致），由此建立求解基本未知量的基本方程。由于求解过程中所选的基本未知量和基本体系不同，超静定结构的计算有两大基本方法——力法和位移法。所以力法和位移法有相同之处也有不同之处，比较表 8-2。

表 8-2　力法与位移法的比较

	位移法	力法
求解依据	综合应用静力平衡、变形连续及物理关系这三方面的条件，使基本体系与原结构的变形和受力情况一致，从而利用基本体系建立典型方程求解原结构	
基本未知量	独立的结点位移，基本未知量与结构的超静定次数无关	多余未知力，基本未知量的数目等于结构的超静定次数
基本体系	加入附加约束后得到的一组单跨超静定梁作为基本体系。对同一结构，位移法基本体系是唯一的	去掉多余约束后得到的静定结构作为基本体系，同一结构可选取多个不同的基本体系
典型方程的物理意义	基本体系在荷载等外因和各结点位移共同作用下产生的附加约束中的反力（矩）等于零。实质上是原结构应满足的平衡条件。方程右端项总为零	基本体系在荷载等外因和多余未知力共同作用下产生多余未知力方向的位移等于原结构相应的位移。实质上是位移条件。方程右端项也可能不为零
系数的物理意义	r_{ij} 表示基本体系在 $Z_j = 1$ 作用下产生的第 i 个附加约束中的反力（矩）	δ_{ij} 表示基本体系在 $X_j = 1$ 作用下产生的第 i 个多余未知力方向的位移
自由项的物理意义	R_{iP} 表示基本体系在荷载作用下产生的第 i 个附加约束中的反力（矩）	Δ_{iP} 表示基本体系在荷载作用下产生的第 i 个多余未知力方向的位移
方法的应用范围	只要有结点位移，就有位移法基本未知量，所以位移法既可求解超静定结构，也可求解静定结构	只有超静定结构才有多余未知力，才有力法基本未知量，所以力法只适用于求解超静定结构

任务四　力矩分配法计算超静结构

力矩分配法是计算连续梁和无侧移刚架的一种实用计算方法,不需要建立和求解基本方程,以逐次渐近的方法来计算杆端弯矩,运算简单,便于掌握,适合手算。

一、力矩分配法的基本概念

1. 转动刚度 S

转动刚度表示**杆端对转动的抵抗能力**,在数值上等于使杆端(或称近端)发生单位转角时需在杆端施加的力矩。如图 8-17 所示,转动刚度 S_{AB} 与 AB 杆的线刚度 $i\left(i=\dfrac{EI}{l}\right)$ 及远端支承有关,而与近端支承无关(表 8-3)。

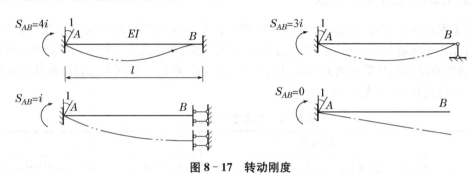

图 8-17　转动刚度

表 8-3　各种等截面直杆的转动刚度和传递系数

远端支承情况	转动刚度 S_{AB}	传递系数 C_{AB}	远端支承情况	转动刚度 S_{AB}	传递系数 C_{AB}
固　定	$4i$	0.5	滑　动	i	-1
铰　支	$3i$	0	自　由	0	

2. 分配系数与分配弯矩

图 8-18 所示三杆 AB、AC、AD 在刚结点 A 连接在一起。远端 B、C、D 端分别为固定端、铰支座和滑动支座。假设有外荷载 M 作用在 A 端,使结点 A 产生转角 θ_A,然后达到平衡。试求杆端弯矩 M_{AB}、M_{AC}、M_{AD}。由转动刚度的定义可知:

$$M_{AB}=S_{AB}\theta_A=4i_{AB}\theta_A$$
$$M_{AC}=S_{AC}\theta_A=3i_{AC}\theta_A$$
$$M_{AD}=S_{AD}\theta_A=i_{AD}\theta_A$$

取结点 A 作隔离体,由平衡方程 $\Sigma M=0$,得:

$$M=S_{AB}\theta_A+S_{AC}\theta_A+S_{AD}\theta_A$$

可得:

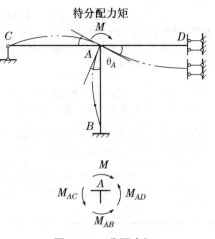

图 8-18　分配力矩

$$\theta_A = \frac{M}{S_{AB} + S_{AC} + S_{AD}} = \frac{M}{\sum\limits_A S}$$

式中 $\sum\limits_A S$ 表示各杆 A 端转动刚度之和。

将 θ_A 值代入上式,得:

$$M_{AB} = \frac{S_{AB}}{\sum\limits_A S} M = \mu_{AB} M$$

$$M_{AC} = \frac{S_{AC}}{\sum\limits_A S} M = \mu_{AC} M$$

$$M_{AD} = \frac{S_{AD}}{\sum\limits_A S} M = \mu_{AD} M$$

称 $\mu_{AB}, \mu_{AC}, \mu_{AD}$ 为分配系数。可表达为:

$$\mu_{Aj} = \frac{S_{Aj}}{\sum\limits_A S} \tag{8-9}$$

可知,杆件的分配系数等于该杆近端转动刚度与交于该点各杆近端转动刚度之和的比。同一结点各杆分配系数之和应等于1,即 $\sum\mu = \mu_{AB} + \mu_{AC} + \mu_{AD} = 1$。

分配系数和结点外力偶矩的乘积称分配弯矩,表示为:

$$M_{Aj}^r = \mu_{Aj} M \tag{8-10}$$

3. 传递系数与传递弯矩

当杆件 AB 在 A 端产生转角时,由此引起的远端弯矩与近端弯矩的比值称为传递系数,表示为:$C_{AB} = \dfrac{M_{BA}}{M_{AB}}$。传递系数由远端的支承情况决定,见表 8-2。

传递系数和近端弯矩的乘积称为传递弯矩,可表达为:

$$M_{BA} = C_{AB} \cdot M_{AB} \tag{8-11}$$

二、力矩分配法基本原理

下面举例说明力矩分配法的基本思路。图 8-19(a)所示为只有一个刚结点的两跨连续梁。设在荷载作用下梁的变形如图中虚线所示,刚结点 B 转动了一个转角 θ_B,在结点 B 处,AB 杆的 B 端产生弯矩 M_{BA},BC 杆的 B 端产生弯矩 M_{BC}。取结点 B 为分离体,如图 8-19(b)所示,可知杆端弯矩 M_{BA} 和 M_{BC} 组成平衡力系。

用力矩分配法计算时,可分为以下三步:

第一步:固定结点,求固端弯矩。

在结点 B 附加控制转动的刚臂将结点 B 固定起来,如图 8-19(c)所示。此时,连续梁变成了两个相互被隔离的单跨超静定梁,在荷载作用下,其固端弯矩 M_{BA}^F 和 M_{BC}^F 可由表 8-1 查得。此时,在刚臂中产生了约束刚结点转动的约束力矩,用 M_B^F 表示,如图 8-19(d)所示。注意,约束力矩顺时针转动为正。取结点 B 为分离体,由 $\Sigma M_B = 0$ 得:

$$M_B^F = M_{BA}^F + M_{BC}^F$$

此式表明,约束力矩等于汇交于该结点各杆端固端弯矩的代数和,即等于各固端弯矩所不能平衡的差额,又称为不平衡力矩。

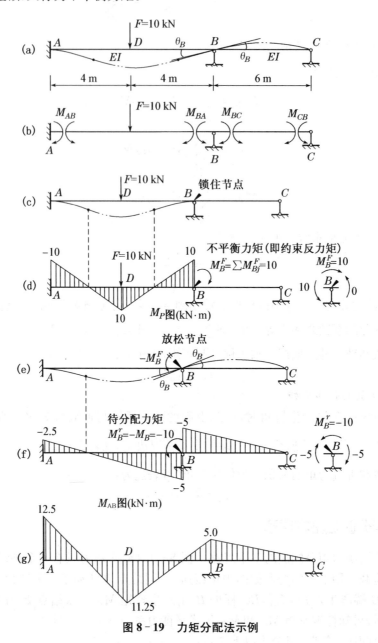

图 8-19　力矩分配法示例

第二步,放松结点,求分配弯矩和传递弯矩。

附加刚臂后结点被固定,这时各杆的固端弯矩并不等于原结构各杆的杆端弯矩。为了使结构还原为原结构,必须消除附加刚臂对刚结点的约束,即放松约束使刚结点 B 转动角度 θ_B,这相当于在刚结点 B 处施加了一个与 M_B^F 大小相等、方向相反的力矩,即 $-M_B^F$,于是不平衡力矩被消除而结点获得平衡。如图 8-19(e)所示。

可见,原结构正好等于用刚臂固定结点和放松结点两个过程的叠加。因此,要计算原连续梁的杆端弯矩只要计算出固定结点情况下的固端弯矩,再和放松结点时候产生的杆端弯矩叠加即可。

当刚结点在$(-M_B^F)$作用下产生转角θ_B时,杆BC和BA的近端弯矩即为前述分配弯矩。即:

$$M_{BA}^r = \mu_{BA}(-M_B^F)$$
$$M_{BC}^r = \mu_{BC}(-M_B^F)$$

求得各杆的近端的分配弯矩后,可按传递系数求出各杆远端的传递弯矩:

$$M_{AB}^C = C_{AB}M_{BA}^r$$
$$M_{CB}^C = C_{CB}M_{BC}^r$$

图8-19(f)即为分配和传递弯矩。

第三步,利用叠加原理,汇总杆端弯矩。

将结构在固定状态的固端弯矩与在放松状态下的分配弯矩和传递弯矩进行叠加,就得杆端的最后弯矩,绘制弯矩图如图8-19(g)所示。

由上述分析可知,力矩分配法计算步骤如下:

(1)求杆端的转动刚度、分配系数。

(2)固定结点,结构分解为若干个单跨超静定梁,查表求出固端弯矩,得到各结点的不平衡力矩。

(3)分配与传递:放松结点,将不平衡力矩反号乘分配系数,分配给汇交于该结点的各杆近端,再乘传递系数传至远端。多结点时,轮流放松各结点,重复以上步骤,直至各结点的传递弯矩小到可以忽略为止。

(4)叠加各杆端的固端弯矩、分配弯矩和传递弯矩,得出各杆端最后弯矩,表中以双横线表示,然后逐杆绘制弯矩图。

在力矩分配法中,为了使计算过程的表达更紧凑、直观,避免罗列大量计算式,整个计算可直接在图上书写(或列表计算)。

三、力矩分配法计算连续梁

【例8-3】 用力矩分配法计算图8-20所示连续梁,作弯矩图。EI为常数。

解:(1)计算各杆端分配系数。为了计算方便,令

$$i_{BC} = \frac{EI}{8} = i$$

则

$$i_{BA} = \frac{2EI}{12} = \frac{4}{3}i$$

所以

$$\sum S_{Bj} = 3i_{BA} + 4i_{CA} = 3 \times \frac{4}{3}i + 4 \times i = 8i$$

由式(8-9)得

$$\mu_{BA} = \frac{3i_{BA}}{\sum S} = 0.5, \mu_{BC} = \frac{4i_{BC}}{\sum S} = 0.5$$

（2）固定结点，计算固端弯矩。

$$M_{BA}^F = \frac{10 \times 12^2}{8} = 180(\text{kN} \cdot \text{m})$$

$$M_{AB}^F = 0$$

$$M_{BC}^F = -\frac{100 \times 8}{8} = -100(\text{kN} \cdot \text{m})$$

$$M_{CB}^F = 100(\text{kN} \cdot \text{m})$$

（3）放松结点，进行力矩的分配和传递。

结点 B 的不平衡力矩为

$$M_B^F = M_{BA}^F + M_{BC}^F = 180 - 100 = 80(\text{kN} \cdot \text{m})$$

将其反号并乘以分配系数即得各近端的分配弯矩，再乘以传递系数即得各远端的传递弯矩。

两杆端的分配弯矩为：

$$M_{BA}^r = \mu_{BA}(-M_B^F) = 0.5 \times (-80) = -40(\text{kN} \cdot \text{m})$$

$$M_{BC}^r = \mu_{BC}(-M_B^F) = 0.5 \times (-80) = -40(\text{kN} \cdot \text{m})$$

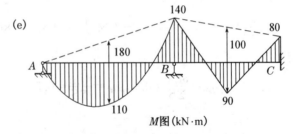

图 8-20　力矩分配法示例

分配弯矩应向各杆的远端传递，传递弯矩为：
$$M_{AB}^C = 0$$
$$M_{CB}^C = 0.5 \times (-40) = 20(\text{kN} \cdot \text{m})$$

（4）计算杆端最后弯矩。将固端弯矩和分配弯矩、传递弯矩叠加，便得到各杆端的最后弯矩。在最后弯矩的数值下画上双横线，表示最终结果。

根据所得杆端弯矩，可作出连续梁的弯矩图。如图 8-20(e) 所示。

小　结

超静定结构是具有多余约束的几何不变体系，仅凭静力平衡条件不能确定全部反力和内力，必须建立补充方程才能求解。本章介绍了求解超静定结构的三种常用方法：力法、位移法和力矩分配法。

1. 超静定次数的确定

超静定结构的多余联系的数目或多余未知力的数目称为**超静定次数**。可用去掉多余联系使原来的超静定结构（以后称原结构）变成静定结构的方法来确定结构的超静定次数。

2. 力法计算超静定结构

力法是以多余未知力为基本未知量，解决超静定结构的最基本的方法。掌握这一方法要把握好三个环节：超静定次数的确定、基本体系的选取、建立力法方程。用力法计算超静定结构的步骤可归纳如下：

（1）去掉结构的多余联系得静定的基本结构，并以多余未知力代替相应的多余联系的作用。

（2）根据基本结构在多余力和荷载共同作用下，在去掉多余联系处的位移应与原结构相应的位移相同的条件，建立力法方程。

（3）作出基本结构的单位内力图和荷载内力图，按照求位移的方法计算方程中的系数和自由项。

（4）将计算所得的系数和自由项代入力法方程，求解各多余未知力。

（5）求出多余未知力后，绘出原结构的内力图。

3. 位移法计算超静定结构

位移法的基本结构是通过在原结构上施加附加约束的方法得到的一组超静定梁系。在刚结点和组合结点上加刚臂约束，依据结构的铰接体系为几何不变体系的原则加支杆约束，这是形成基本体系的关键。

对于超静定结构，只要能求出其结点位移，就可以确定杆件的杆端力，用位移法求解超静定结构的关键是求出结点位移。在位移法解题中，必须熟练掌握各种形式的单跨超静定梁在各种杆端位移情况下的转角位移方程，熟记常用的形常数和载常数。

4. 力矩分配法计算超静定结构

力矩分配法是一种建立在位移法基础上的渐进解法，是计算连续梁和无侧移刚架的一种实用计算方法，不需要建立和求解基本方程，运算简单，便于掌握。在深刻理解固端弯矩到约束力矩的转化、固定状态和放松状态的叠加原理的基础上，掌握转动刚度、分配系数、传递系数、分配弯矩、传递弯矩的意义、计算及应用。

思考题

8-1　什么是力法的基本未知量？什么是力法的基本结构？一个超静定结构是否只有唯一形式的基本结构？

8-2　力法典型方程的物理意义是什么？是根据什么条件建立的？有什么规律？

8-3　为什么静定结构的内力与EI无关？而超静定结构的内力与各杆EI的相对比值有关？

8-4　杆端弯矩的正负号如何确定？请绘图说明。

8-5　什么是形常数？什么是载常数？

8-6　位移法能否用来计算静定刚架？

8-7　从基本未知量、基本体系和基本方程三个方面比较力法和位移法的区别。

8-8　比较力矩分配法和位移法。力矩分配法的优点是什么？

8-9　什么是转动刚度？什么是分配系数？什么是传递系数？三者有何关系？

8-10　为什么同一结点各杆端分配系数之和为1？

习　题

8-1　用力法计算图示结构，绘弯矩图。各杆$EI=$常数。

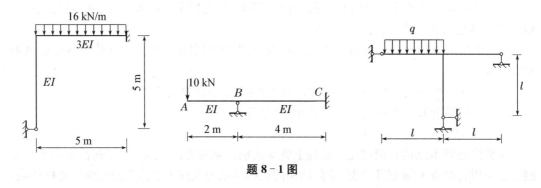

题8-1图

8-2　分别用位移法和力矩分配法计算图示连续梁和刚架，并绘出弯矩图（EI为常数）。

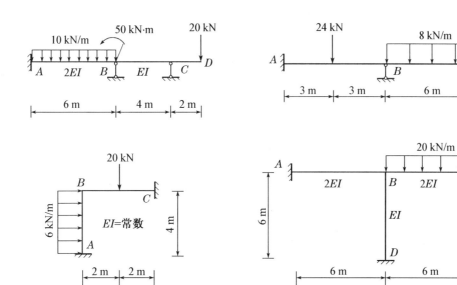

题 8 - 2 图

项目九　建筑结构设计原理简介

【学习目标】

1. 了解建筑结构的功能要求,结构的极限状态和概率极限状态设计方法的基本概念;

2. 理解结构上的荷载分类、代表值和荷载效应;

3. 理解材料的力学性质、材料强度及结构抗力;

4. 掌握承载能力极限状态实用设计表达式,并理解表达式中各个符号所代表的意义;

5. 了解建筑结构耐久性规定。

【学习重点】

1. 荷载代表值和荷载效应;

2. 承载能力极限状态实用设计表达式的应用。

钢筋混凝土结构是由钢筋和混凝土两种材料组成的共同受力结构。混凝土是建筑工程中应用非常广泛的一种材料,具有较高的抗压强度和良好的耐久性能,而钢筋具有较高的抗拉强度和良好的塑性。为了充分利用两种材料的性能,把混凝土和钢筋结合在一起,使混凝土主要承受压力,钢筋主要承受拉力,从而提高构件的承载力,满足工程结构的使用要求。

任务一　钢筋混凝土结构的材料

一、混凝土

1. 混凝土的强度

混凝土是由水泥、砂、石、水按一定配合比组成的人工石材。混凝土的强度指标主要有立方体抗压强度、轴心抗压强度和轴心抗拉强度。

(1) 立方体抗压强度

立方体抗压强度标准值是指按标准方法制作、养护的边长为 150 mm 的立方体试件,在 28 d 龄期以标准试验方法测得的具有 95%保证率的抗压强度值,用 $f_{cu,k}$ 表示。

《混凝土结构设计规范》(GB50010—2010)(下文称规范)规定,混凝土强度等级按立方体抗压强度标准值划分为 14 级:C15、C20、C25、C30、C35、C40、C45、C50、C55、C60、C65、

C70、C75、C80。其中 C 表示混凝土，数字 15～80 表示立方体抗压强度标准值(N/mm^2)。

素混凝土结构的混凝土强度等级不应低于 C15；钢筋混凝土结构的混凝土强度等级不应低于 C20；采用强度级别 400 N/mm^2 及以上的钢筋时，混凝土强度等级不应低于 C25。承受重复荷载的钢筋混凝土构件，混凝土强度等级不应低于 C30。预应力混凝土结构的混凝土强度等级不宜低于 C40，且不应低于 C30。

（2）轴心抗压强度

实际工程中的构件大多数不是立方体而是棱柱体，用立方体抗压强度并不能反映实际构件的强度。我国采用 150 mm×150 mm×300 mm 的棱柱体试件为标准试件，用标准试验方法测得的混凝土棱柱体抗压强度即为轴心抗压强度，用 f_{ck} 表示。

（3）轴心抗拉强度

对构件进行抗裂验算、裂缝宽度验算需要混凝土轴心抗拉强度值。常用轴心抗拉试验或劈裂试验来测得混凝土的轴心抗拉强度，其值远小于混凝土的抗压强度，用 f_{tk} 表示，一般为抗压强度的 1/9～1/18。

（4）混凝土的强度设计值

混凝土的强度设计值包括轴心抗压强度设计值和轴心抗拉强度设计值，是由强度标准值除混凝土材料分项系数 γ_c 确定，$\gamma_c=1.40$。混凝土的轴心抗压强度标准值 f_{ck} 及设计值 f_c、轴心抗拉强度标准值 f_{tk} 及设计值 f_t 参见附表 A-1。

2. 混凝土的变形

（1）混凝土在一次短期加载时的应力应变曲线

一次短期加载是指荷载从零开始单调增加至试件破坏，也称单调加载。 混凝土一次短期加载受压时的应力—应变关系是混凝土最基本的力学性能，其形状和特征是混凝土内部结构发生变化的力学标志。

我国采用棱柱体试件测定一次短期加载下混凝土受压应力—应变曲线，如图 9-1 所示。可以看到，这条曲线包括上升段和下降段两个部分。

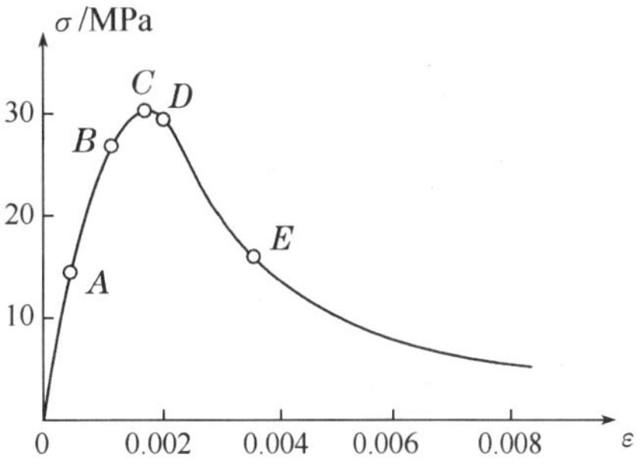

上升段：又可分为三段，从加载至 A 点为第 1 阶段，由于这时应力较小，混凝土的变形主要是骨料和水泥结晶体受力产生的弹性变形，应力—应变关系接近直线，称 A 点为弹性极限。超过 A 点，进入裂缝稳定扩展的第 2 阶段，至临界点 B，临界点

图 9-1 混凝土一次加载应力—应变曲线

的应力可以作为长期抗压强度的依据。此后，进入裂缝快速发展的不稳定状态直至峰点 C，这一阶段为第 3 阶段，这时的峰值应力 σ_0 通常作为混凝土棱柱体的抗压强度，相应的应变称为峰值应变 ε_0，其值通常取为 0.002。

下降段：混凝土到达峰值应力后裂缝继续扩展、贯通，应力—应变曲线相继出现拐点（D 点）和收敛点（E 点），内部结构受到愈来愈严重的破坏，直至失去结构意义。

混凝土受拉时的应力应变曲线与一次短期受压时应力和应变曲线相似，但应力、应变值小得多，计算时，混凝土受拉极限应变 ε_{tu} 取 0.000 1。

（2）混凝土的弹性模量

混凝土的弹性模量是一次短期加载应力—应变曲线的原点切线斜率。工程中，采用重复加载卸载,使应力—应变曲线渐趋稳定并接近直线,该直线的斜率即为混凝土的**弹性模量**,用 E_c 表示。混凝土受拉弹性模量与受压弹性模量基本相同,计算时取相同的值。见附表 A - 2。

(3) 混凝土在长期荷载作用下的变形

混凝土在长期荷载作用下,应力不变,应变随时间增长而增长,这种现象称为混凝土的**徐变**。

徐变对钢筋混凝土构件受力性能有重要影响。有利方面是:结构局部的应力集中因徐变得到缓和,支座沉陷引起的应力及温度应力因徐变得到松弛;不利方面是:徐变会使结构的变形增大,在预应力混凝土结构中,会造成较大的预应力损失。

(4) 混凝土的体积变形

混凝土具有热胀冷缩的性质,混凝土因温度变化引起体积变化,称**温度变形**。当温度变形受到约束时,产生温度应力,当温度应力超过混凝土抗拉强度时,混凝土产生裂缝。

混凝土凝结硬化时,在空气中体积收缩,在水中体积膨胀。混凝土在空气中硬化时体积缩小的现象,称**干缩变形**。干缩变形会引起混凝土产生表面裂缝。混凝土的干缩变形与养护条件密切相关,还与水泥用量、水灰比等因素有关,水泥用量越多,水灰比越大,干缩变形越大。

对于遭受剧烈气温或湿度变化作用的混凝土结构,面层常配置钢筋网,使裂缝分散,从而限制裂缝的宽度,减轻危害。为了减轻温度变形、干缩变形的危害,措施之一是建筑物间隔一定距离设置伸缩缝。

二、钢筋

1. 钢筋的力学性能

普通热轧钢筋,受力后有明显的流幅,称之为**软钢**。钢筋应力有三个特征值:比例极限、屈服极限、极限抗拉强度。对软钢进行质量检验,主要测定钢筋的屈服极限、极限抗拉强度、伸长率和冷弯性能。钢筋级别越高,屈服极限、抗拉强度越高,伸长率越小,流幅也相应缩短,塑性越差。

钢丝、钢绞线等高强钢材,受力后无明显的流幅,称之为**硬钢**。硬钢强度高,但塑性差,脆性大,没有屈服阶段(流幅),破坏前没有明显预兆。结构计算以"条件屈服强度 $\sigma_{0.2}$"作为强度标准。对硬钢进行质量检验,主要测定极限抗拉强度、伸长率、冷弯性能。钢筋的力学性能详见本书项目三任务五。

2. 混凝土中的钢筋的分类

钢筋按化学成分不同分为碳素钢和普通低合金钢两大类。碳素钢分为低碳钢(含碳量低于 0.25%)、中碳钢(含碳量为 0.25%~0.6%)、高碳钢(含碳量为 0.6%~1.4%)。含碳量增加,能使钢材强度提高,性质变硬,但塑性和韧性降低,焊接性能也会变差。炼钢过程中,在碳素钢中加入少量硅、锰、钒、钛等合金元素,就形成**普通低合金钢**。普通低合金钢强度高、塑性好、可焊性好,因而应用较为广泛。

根据规范,混凝土结构中的钢筋选择不再限制钢筋材料的化学成分和制作工艺,而按性能确定钢筋的牌号和强度级别。

（1）普通钢筋

用于钢筋混凝土结构的普通钢筋可使用热轧钢筋，即钢材在高温状态下轧制而成的钢筋。其中，纵向受力普通钢筋宜采用 HRB400、HRB500、HRBF400、HRBF500 钢筋，也可采用 HRB335、HRBF335、HPB300、RRB400 钢筋；箍筋宜采用 HRB400、HRBF400、HPB300、HRB500、HRBF500 钢筋，也可采用 HRB335、HRBF335 钢筋；其中，RRB400 钢筋不宜用作重要部位的受力钢筋，不应用于直接承受疲劳荷载的构件。

① HPB 普通热轧光圆钢筋

HPB 普通热轧光圆钢筋包括 HPB300 和 HPB235，如 HPB300 是指强度级别为 $300\ N/mm^2$ 的热轧光圆钢筋。目前发展趋势是逐步用 HPB300 光圆钢筋取代 HPB235 光圆钢筋。

② HRB 系列普通热轧带肋钢筋

推广 400 MPa、500 MPa 级高强热轧带肋钢筋作为纵向受力的主导钢筋；限制并逐步淘汰 335 MPa 级热轧带肋钢筋的应用；具有较好的延性、可焊性、机械连接性能及施工适用性。如 HRB500 是强度级别为 $500\ N/mm^2$ 的普通热轧带肋钢筋；HRB400E 是强度级别为 $400\ N/mm^2$ 且有较高抗震性能要求的普通热轧带肋钢筋。

③ HRBF 系列细晶粒带肋钢筋

采用控温轧制工艺生产。如 HRBF400 是强度级别为 $400\ N/mm^2$ 的细晶粒热轧带肋钢筋。

④ RRB 系列余热处理钢筋

由轧制钢筋经高温淬水、余热处理后提高强度，其延性、可焊性、机械连接性能及施工适应性降低，一般可用于对变形性能及加工性能要求不高的构件中，如基础、大体积混凝土、楼板、墙体以及次要的中小结构构件等。如 RRB400 是强度级别为 $400\ N/mm^2$ 的余热处理带肋钢筋。

（2）预应力筋

用于预应力混凝土结构的预应力筋宜采用预应力钢丝（包括中等预应力钢丝、消除应力钢丝）、钢绞线和预应力螺纹钢筋。推荐采用高强、大直径的钢绞线；大直径预应力螺纹钢筋（精轧螺纹钢筋）；中强度预应力钢丝，用于中小跨度的预应力构件；淘汰锚固性能很差的刻痕钢丝。

（3）钢筋的强度设计值

钢筋的强度设计值由强度标准值除以材料分项系数 γ_s 确定，延性较好的热轧钢筋 $\gamma_s =$ 1.10；高强度 500 MPa 级钢筋适当提高安全储备，$\gamma_s = 1.15$，对预应力钢筋，取条件屈服强度除以材料分项系数 γ_s，由于延性稍差，γ_s 一般取不小于 1.20。

钢筋的抗压强度设计值取与抗拉强度相同，而预应力筋较小。这是由于构件中钢筋受到混凝土极限压应变的控制，受压强度受到制约的缘故。

普通钢筋强度标准值和设计值见附表 A－3。

（4）钢筋弹性模量

钢筋在弹性阶段应力与应变的比值，称为弹性模量，用符号 E_s 表示，钢筋弹性模量大小根据拉伸试验测定，同一种钢筋受压弹性模量与受拉弹性模量相同。普通钢筋的弹性模量见附表 A－4。

三、钢筋与混凝土之间的黏结

钢筋与混凝土能组合在一起共同受力,前提条件是两者之间存在黏结力。黏结力分布在钢筋与混凝土的接触面上,能阻止钢筋与混凝土之间的相对滑移,使钢筋在混凝土中充分发挥作用。

黏结力主要由三部分组成:一是因为混凝土收缩将钢筋紧紧握固而产生的**摩擦力**;二是因为混凝土颗粒与钢筋表面产生的**化学胶结力**;三是由于钢筋表面凹凸不平与混凝土之间产生的**机械咬合力**。其中机械咬合力作用最大,因此,带肋钢筋比光面钢筋与混凝土的黏结力大。

黏结力通过拔出试验确定。混凝土强度越高,黏结应力也越高;埋入长度越大,需要的拔出力越大;钢筋表面越粗糙,黏结力越大。

任务二　建筑结构的功能要求和极限状态

一、结构的功能要求

任何结构都是为了完成所要求的某些预定功能而设计的,结构在规定的设计使用年限内应满足下列功能要求:

(1) 安全性

结构在正常施工和正常使用时,能承受可能出现的各种作用;在设计规定的偶然事件发生时及发生后,仍能保持必需的整体稳定性,即建筑结构仅产生局部的损坏而不致发生连续倒塌。

(2) 适用性

结构在正常使用时具有良好的工作性能,如不出现过大的变形和过宽的裂缝。

(3) 耐久性

结构在正常维护下具有足够的耐久性,即结构在正常维护条件下能够正常使用到规定的设计使用年限。

上述三者可概括为结构的可靠性。结构在规定的时间内、规定的条件(指正常设计、正常施工、正常使用、正常维护)下完成预定功能的能力,称为结构的可靠性。科学的设计方法就是能在结构的可靠和经济之间选择一种最佳的方案,使其既经济合理,又具有适当的可靠性。

二、结构的极限状态

结构的极限状态是指结构或结构的一部分超过某一特定状态就不能满足设计规定的某一功能要求,此特定状态称为该功能的极限状态。一旦超过这种状态,结构就将丧失某一功能,既结构失效。结构极限状态分承载能力极限状态和正常使用极限状态两大类。

1. 承载能力极限状态

结构或结构构件达到最大承载力、出现疲劳破坏或不适于继续承载的变形,或结构的连续倒塌,即认为超过了承载能力极限状态。

2. 正常使用极限状态

结构或构件达到正常使用或耐久性能的某项规定限值,称为正常使用极限状态。当结构或构件出现下列状态之一时,即认为超过了正常使用极限状态:

(1)影响正常使用或外观的变形;

(2)影响正常使用或耐久性能的局部损坏(包括裂缝);

(3)影响正常使用的振动;

(4)影响正常使用的其他特定状态。

结构设计时,通常先按照承载能力极限状态进行计算,然后根据使用上的要求进行正常使用极限状态验算,如抗裂验算、裂缝宽度验算、变形验算等。

任务三　结构上的荷载和荷载效应

一、结构上的荷载

结构在使用过程中,除承受自重外,还承受人群荷载、设备重量、风荷载、雪荷载等荷载作用,这些荷载直接施加在结构上并使结构变形,称直接作用。结构在使用过程中,由于地基不均匀沉降、温度变化、地震使结构产生外加变形或约束变形,称间接作用。

直接作用习惯上称荷载。荷载按随时间的变异性和出现的可能性分为以下三类:

(1)永久荷载,指在结构使用期间其值不随时间变化,或其变化与平均值相比可以忽略不计的荷载,如结构自重,土压力等。

(2)可变荷载,指在结构使用期间其值随时间变化,且变化与平均值相比不能忽略的荷载,如楼面活荷载、风荷载、吊车荷载等。

(3)偶然荷载,指在结构使用期间不一定出现,一旦出现,则量值很大,且持续时间很短的荷载,如爆炸力、撞击力等。

二、荷载代表值

荷载代表值是指结构设计时,用以验算极限状态所采用的荷载量值,对不同荷载应采用不同的代表值。一般而言,对永久荷载应采用标准值作为代表值;对可变荷载应根据设计要求采用标准值、组合值等作为代表值。

1. 荷载标准值

荷载标准值是荷载的基本代表值,是设计基准期内最大荷载统计分布的特征值。作用于结构上的荷载大小具有变异性,例如结构自重等永久荷载,虽可事先根据结构的设计尺寸和材料单位重量计算出来,但施工时的尺寸偏差、材料重量的变异性等原因,使结构的实际自重并不完全与计算结果吻合。至于可变荷载的大小,其不定因素更多。

2. 组合值

当结构同时承受两种或两种以上可变荷载时,由于各种荷载同时达到其最大值的可能性极小,因此需要考虑组合问题。可变荷载组合值,是可变荷载标准值乘以荷载组合值系数

ψ_c,即 $\psi_c Q_k$。

三、荷载效应

作用在结构上的各种荷载使结构产生内力、变形和裂缝等,统称**荷载效应**,用 S 表示。荷载效应根据结构上的荷载由力学计算求得。如一根受均布荷载 q 作用的简支梁,支座处剪力为 $V=ql/2$,跨中弯矩 $M=ql^2/8$,则 V,M 就是荷载效应。

任务四　结构极限状态设计表达式

在结构设计中,应根据使用过程中结构上可能出现的荷载,按承载能力极限状态和正常使用极限状态分别进行荷载(效应)组合,采用以概率理论为基础的极限状态设计方法,以可靠指标度量结构构件的可靠度,采用分项系数的设计表达式进行设计。

一、结构的功能函数

结构的极限状态可以用功能函数(也称为极限状态方程)来表达:

$$Z=R-S \tag{9-1}$$

式中,S——荷载效应,代表由各种荷载分别产生的荷载效应的总和;

R——结构构件抗力,是结构或构件抵抗作用效应的能力。

根据概率统计理论,设 S、R 都是随机变量,则 Z 也是随机变量,Z 值可能出现三种情况:

当 $Z=R-S>0$ 时,结构处于可靠状态;

当 $Z=R-S=0$ 时,结构达到极限状态;

当 $Z=R-S<0$ 时,结构处于失效状态。

由于抗力和荷载效应的随机性,应当用结构完成其预定功能的概率的大小来衡量,而不是用一个定值来衡量。结构的可靠度是结构可靠性的概率度量,由于概率计算较麻烦,故规范中改用可靠指标 β 来度量。

二、承载能力极限状态设计表达式

规范规定,对承载能力极限状态,应按荷载效应的基本组合或偶然组合进行荷载效应组合,并采用下列设计表达式进行设计:

$$\gamma_0 S \leqslant R \tag{9-2}$$

式中,γ_0——结构重要性系数。

1. 结构重要性系数

建筑结构根据破坏可能产生的后果的严重性,采用不同的安全等级。结构重要性系数 γ_0 考虑到结构安全等级的差异,其目标可靠指标应作相应提高或降低。其取值见表 9-1。

表 9-1　房屋建筑结构的安全等级和结构重要性系数

安全等级	结构重要性系数	破坏后果	示例
一级	1.1	很严重:对人的生命、经济、社会或环境影响很大	大型公共建筑等
二级	1.0	严重:对人的生命、经济、社会或环境影响较大	普通的住宅和办公楼
三级	0.9	不严重:对人的生命、经济、社会或环境影响较小	小型或临时性贮存建筑等

2. 荷载组合效应的设计值

荷载效应有基本组合和偶然组合。按承载能力极限状态设计时,一般考虑作用效应的基本组合,必要时尚应考虑作用效应的偶然组合。

《建筑结构荷载规范》规定:对基本组合,荷载效应组合设计值应从由可变荷载效应控制的组合和由永久荷载效应控制的两组组合中取最不利值确定。

(1) 由可变荷载效应控制的组合

$$S = \gamma_G S_{GK} + \gamma_{Q1} S_{Q1K} + \sum_{i=2}^{n} \gamma_{Qi} \psi_{ci} S_{QiK} \tag{9-3}$$

(2) 由永久荷载效应控制的组合

$$S = \gamma_G S_{GK} + \sum_{i=1}^{n} \gamma_{Qi} \psi_{ci} S_{QiK} \tag{9-4}$$

式中,γ_G——永久荷载分项系数,按表 9-2 取值;

　　S_{GK}——按永久荷载标准值 G_K 计算的荷载效应值;

　　γ_{Qi}——第 i 个可变荷载的分项系数,其中 γ_{Q1} 为可变荷载 Q_1 的分项系数,按表 9-2 取值;

　　S_{QiK}——按可变荷载标准值 Q_{iK} 计算的荷载效应值,其中 S_{Q1K} 是可变荷载效应中起控制作用者;

　　ψ_{ci}——可变荷载 Q_i 的组合值系数,按《建筑结构荷载规范》取值;

　　n——参与组合的可变荷载数。

表 9-2　荷载分项系数

荷载类别	荷载特征	荷载分项系数
永久荷载	当其效应对结构不利时: 　由可变荷载效应控制的组合 　由永久荷载效应控制的组合	1.2 1.35
	当其效应对结构有利时: 　一般情况下 　对结构的倾覆、滑移或漂浮验算	1.0 0.9
可变荷载	一般情况 对标准值大于 4 kN/m² 的工业房屋楼面结构的活荷载	1.4 1.3

3. 结构抗力设计值

结构或构件抵抗作用效应的能力,称为抗力,用 R 表示,抗力包括承载能力和抗变形能力等。结构的抗力取决于材料的性能、结构的几何参数、施工质量等因素。结构构件的抗力函数为：

$$R=R(f_c,f_s,\alpha_k,\dots)/\gamma_{Rd} \tag{9-5}$$

式中，f_c，f_s——混凝土、钢筋的强度设计值；

α_k——几何参数的标准值；

γ_{Rd}——结构构件的抗力模型不定性系数。

三、正常使用极限状态设计表达式

构件根据使用功能和外观要求，需进行如下正常使用极限状态验算：

(1) 对需要控制变形的构件，应进行变形验算；

(2) 对于有不允许裂缝出现要求的构件应进行混凝土拉应力验算；

(3) 对允许出现裂缝的构件，应进行受力裂缝宽度的验算；

(4) 对舒适度有要求的楼盖结构，应进行竖向自振频率验算。

在正常使用极限状态验算时，因其危害程度不及承载力引起的结构破坏造成的损失那么大，所以，适当降低对可靠度的要求，只取荷载标准值，不需乘分项系数，也不考虑结构重要性系数。

根据不同设计要求，采用荷载的标准组合、频遇组合或准永久组合，并按下列设计表达式进行设计：

$$S \leqslant C \tag{9-6}$$

式中，S——正常使用极限状态的荷载组合效应值；

C——结构构件达到正常使用要求的规定限值，如变形、应力、裂缝宽度、自振频率等的限值。

【例 9-1】 某办公楼钢筋混凝土简支梁，安全等级为二级，截面尺寸 $b\times h=200\text{ mm}\times500\text{ mm}$，计算跨度 $l_0=6.0\text{ m}$。永久荷载(不包括梁自重)标准值 $G_k=10\text{ kN/m}$，可变荷载标准值 $Q_k=12\text{ kN/m}$，可变荷载组合系数 $\psi_c=0.7$。按承载能力计算梁跨中截面弯矩设计值 M。

解：安全等级为二级，由表 9-1 可知，$\gamma_0=1.0$。

(1) 梁的自重计算(混凝土的重度取 25 kN/m^3)

$$G_{k1}=25\times0.2\times0.5=2.5\text{ kN/m}$$

(2) 跨中截面弯矩标准值

永久荷载效应标准值 $M_{GK}=\dfrac{(G_k+G_{k1})}{8}l_0^2=\dfrac{(10+2.5)}{8}\times6^2=56.25\text{ kN}\cdot\text{m}$

可变荷载效应标准值 $M_{Q1K}=\dfrac{Q_k}{8}l_0^2=\dfrac{12}{8}\times6^2=54\text{ kN}\cdot\text{m}$

(3) 跨中截面弯矩设计值

按可变荷载效应控制组合计算，查表 9-2，荷载分项系数 $\gamma_G=1.2$，$\gamma_Q=1.4$

$$\begin{aligned}M&=\gamma_0(\gamma_G M_{GK}+\gamma_{Q1} M_{Q1K})\\&=1.0\times(1.2\times56.25+1.4\times54)=143.1\text{ kN}\cdot\text{m}\end{aligned}$$

按永久荷载效应控制组合计算，查表 9-2，荷载分项系数 $\gamma_G=1.35$，$\gamma_Q=1.4$

$$M = \gamma_0(\gamma_G M_{GK} + \gamma_{Q1}\psi_c M_{Q1K})$$
$$= 1.0 \times (1.35 \times 56.25 + 1.4 \times 0.7 \times 54) = 128.86 \text{ kN} \cdot \text{m}$$

故梁中最大弯矩设计值取较大者为 $M = 143.1 \text{ kN} \cdot \text{m}$。

任务五　耐久性规定

一、结构的耐久性设计

材料的耐久性是指暴露在使用环境中的材料，抵抗各种物理和化学作用的能力。对钢筋混凝土结构，耐久性问题表现为构件表面锈渍或锈胀裂缝；预应力筋开始锈蚀；结构表面混凝土出现酥裂、粉化等，它可能引起构件承载力破坏，甚至结构倒塌。规范规定，耐久性设计按正常使用极限状态控制，房屋建筑结构应根据设计使用年限和环境类别进行耐久性设计，包括下列内容：

（1）确定结构所处的环境类别；
（2）提出对混凝土材料的耐久性基本要求；
（3）确定构件中钢筋的混凝土保护层厚度；
（4）不同条件下的耐久性技术措施；
（5）提出结构使用阶段检测与维护的要求。

二、环境类别

环境类别的划分和相应的设计、施工、使用及维护的要求等，应遵守国家现行有关标准的规定。混凝土结构的环境类别共分为五类，详见附表 B-1。

三、耐久性规定

混凝土结构的耐久性主要与环境类别、使用年限、混凝土强度等级、水灰比、水泥用量、碱-骨料反应、钢筋锈蚀、抗渗、抗冻等因素有关。

结构设计时应对环境影响进行评估，当结构所处的环境对其耐久性有较大影响时，应根据不同的环境类别采用相应的结构材料、设计构造、防护措施、施工质量要求等，并应制定结构在使用期间的定期检修和维护制度，使结构在设计使用年限内不至于因材料的劣化而影响其安全或正常使用。

小　结

本章介绍钢筋混凝土结构设计的基本原理，包括结构设计的基本概念、基本原理，重点是概率极限状态设计法实用设计表达式。

1. 混凝土和钢筋
混凝土的力学性能主要表现在强度和变形两个方面，重点是混凝土的三种强度：立方体抗压强度、轴心抗压强度和轴心抗拉强度。

钢筋混凝土结构中的普通钢筋包括:HPB普通热轧光圆钢筋、HRB系列普通热轧带肋钢筋、HRBF系列细晶粒带肋钢筋和RRB系列余热处理钢筋。

2. 结构的功能要求和极限状态

结构的功能要求包括安全性、适用性和耐久性三个方面,统称为结构的可靠性。

整个结构或结构的一部分超过某一特定状态就不能满足安全性、适用性或耐久性等功能要求时,这一特定状态称为结构已达到该功能的极限状态,结构的极限状态分为承载能力极限状态和正常使用极限状态两种。

3. 荷载和荷载效应

荷载按随时间的变异性和出现的可能性分为永久荷载、可变荷载和偶然荷载。荷载代表值包括标准值、组合值等。

荷载标准值乘以荷载分项系数是荷载设计值。

作用在结构上的各种荷载使结构产生内力、变形和裂缝等,统称荷载效应。

4. 结构极限状态实用设计表达式

在结构设计中,应根据使用过程中结构上可能出现的荷载,按承载能力极限状态和正常使用极限状态分别进行荷载(效应)组合,采用以概率理论为基础的极限状态设计方法,以可靠指标度量结构构件的可靠度,采用分项系数的设计表达式进行设计。由于承载能力极限状态所考察的是结构构件的破坏阶段,而正常使用极限状态考察的是结构构件的使用阶段,同时,承载力问题一般比变形、裂缝问题更重要,因此,按承载能力极限状态计算和按正常使用极限状态计算二者在各系数的取值上有所不同。

思考题

9-1 混凝土的三种强度及其意义。

9-2 阐述混凝土结构中常用钢筋有哪些类型以及各自的使用范围。

9-3 试绘制混凝土和软钢的应力-应变曲线,并说明各自的特点?

9-4 对于基本组合,写出承载能力极限状态设计表示式,并写出各符号分别代表的含义?

习 题

9-1 某住宅钢筋混凝土简支梁,其净跨 $l_n = 6.7$ m,计算跨度 $l_0 = 7.0$ m。承受永久荷载(包括梁自重)标准值为 $G_k = 8$ kN/m,可变荷载标准值 $Q_k = 12$ kN/m,可变荷载组合值系数取0.7。求梁跨中截面弯矩设计值、支座边缘截面的剪力设计值。

9-2 现浇钢筋混凝土简支平板,厚度 $h = 80$ mm,计算跨度 $l_0 = 3.0$ m,受到外加的均布荷载标准值 $Q_k = 2$ kN/m² 和30 cm厚的细石混凝土面层自重(钢筋混凝土容重25 kN/m³,细石混凝土容重22 kN/m³),试求其最大弯矩设计值。

项目十　钢筋混凝土受弯构件承载力计算

【学习目标】

　　1. 掌握梁、板的构造要求；

　　2. 理解受弯构件正截面的三种破坏形式，理解适筋梁从加载到破坏的三个阶段；

　　3. 掌握单筋矩形、双筋矩形和 T 形截面受弯构件的正截面设计和复核的方法；

　　4. 掌握斜截面受剪承载力计算方法。

【学习重点】

　　1. 受弯构件正截面受弯承载力计算；

　　2. 受弯构件斜截面受剪承载力计算。

　　受弯构件是指截面上承受弯矩和剪力作用的构件。民用建筑中的楼盖和屋盖、梁、板以及楼梯、门窗过梁，工业厂房中屋面大梁、吊车梁等均为受弯构件。受弯构件的破坏有两种形式：一是由弯矩引起的破坏，弯矩产生正应力，破坏截面垂直于梁纵轴线，称为**正截面破坏**，如图 10 - 1(a)所示；二是由弯矩和剪力共同作用引起的破坏，破坏截面是倾斜的，称为**斜截面破坏**，如图 10 - 1(b)所示。

　　　(a) 沿正截面破坏　　　　　　　　　　(b) 沿斜截面破坏

图 10 - 1　钢筋混凝土受弯构件的破坏形式

任务一　钢筋混凝土构件的基本构造规定

一、梁的一般构造要求

1. 截面形状和尺寸

梁、板是典型的受弯构件，是工程中用量最大的一类构件。

钢筋混凝土受弯构件的截面尺寸、钢筋面积是由结构计算确定的，但为了施工便利及计算中无法考虑的因素，同时还应满足相应的构造规定。梁的截面形式，常见的有矩形、T 形、

工字形,如图 10-2(a)、(b)、(c)所示,有时为了降低层高,还可设计为十字形、花篮形、倒 T
形,如图 10-2(d)、(e)、(f)所示。

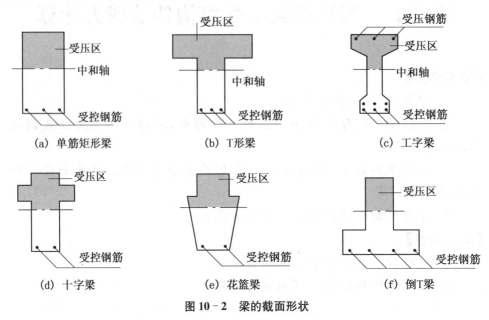

图 10-2　梁的截面形状

梁的截面高度 h 与跨度及荷载大小有关。从刚度要求出发,简支梁的高跨比一般为
1/8～1/12。梁的截面宽度 b,一般根据梁的高宽比 h/b 确定,矩形截面不宜超过 3.5,T 形
截面不宜超过 4.0。

为了使构件截面尺寸统一,便于施工,对矩形和 T 形截面现浇钢筋混凝土构件,一般采用:

(1) 截面宽度一般为 100 mm、120 mm、150 mm、180 mm、200 mm、220 mm、250 mm 和
300 mm;300 mm 以上每级级差 50 mm;

(2) 截面高度一般为 250 mm、300 mm、…、800 mm,每级级差 50 mm,800 mm 以上每
级级差 100 mm。

2. 梁的配筋

梁中通常配有纵向受力钢筋、弯起钢筋、箍筋和架立钢筋等。如图 10-3 所示。

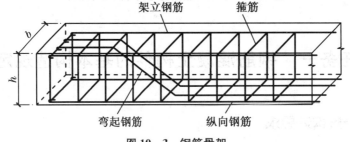

图 10-3　钢筋骨架

(1) 纵向受力钢筋

纵向受力钢筋直径常采用 10～28 mm。

伸入梁支座范围内的钢筋不应少于两根。梁高不小于 300 mm 时,钢筋直径不应小于

10 mm;梁高小于 300 mm 时钢筋直径不应小于 8 mm。

为了便于浇筑混凝土以保证钢筋周围混凝土的密实性,纵筋的净间距应满足图 10-4 所示要求。若钢筋必须排成两排时,上、下两排钢筋应对齐。梁上部钢筋水平方向的净间距不应小于 30 mm 和 1.5d;梁下部钢筋水平方向的净间距不应小于 25 mm 和 d;各层钢筋之间的净间距不应小于 25 mm 和 d,d 为钢筋的最大直径。

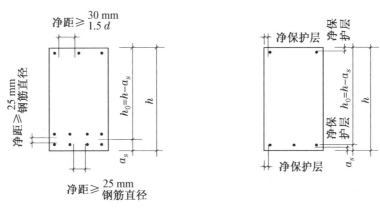

图 10-4　净距、保护层及有效高度

由于截面限制,在梁的配筋密集区域可采用并筋的配筋形式,将两根或两根以上受力筋绑扎在一起(图 10-5)。并筋适用于直径不大于 22 mm 的单根受力钢筋配筋布置困难的情况。

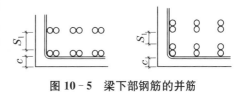

图 10-5　梁下部钢筋的并筋

(2)纵向构造钢筋

① 上部纵向构造钢筋

当梁端实际受到部分约束但按简支计算时,应在支座区上部设置纵向构造钢筋。其截面面积不应小于梁跨中下部纵向受力钢筋计算所需截面面积的 1/4,且不应少于 2 根。该纵向构造钢筋自支座边缘向跨内伸出的长度不应小于 $l_0/5$,l_0 为计算跨度。

当梁内配置箍筋且在梁顶面箍筋角点处无纵向受力钢筋时,应在梁受压区设置和纵向受力钢筋平行的架立钢筋,用以固定箍筋的正确位置,并能承受梁因收缩和温度变化所产生的内应力。对架立钢筋,当梁的跨度小于 4 m 时,直径不宜小于 8 mm;当梁的跨度为 4~6 m 时,直径不应小于 10 mm;当梁的跨度大于 6 m 时,直径不宜小于 12 mm。

② 梁侧纵向构造钢筋

梁的腹板高度 h_w 不小于 450 mm 时,在梁的两个侧面应沿高度配置纵向构造钢筋。每侧纵向构造钢筋(不包括梁上、下部受力钢筋及架立钢筋)的间距不宜大于 200 mm,截面面积不应小于腹板截面面积(bh_w)的 0.1%,但当梁宽较大时可以适当放松。

(3)箍筋和弯起钢筋

梁宜采用箍筋作为抗剪钢筋,箍筋的配置应符合斜截面承载力计算要求及构造规定。

当采用弯起钢筋时,弯起角宜取 45°或 60°;在弯终点外应留有平行于梁轴线方向的锚固长度,且在受拉区不应小于 20d,在受压区不应小于 10d,d 为弯起钢筋的直径;梁底层钢筋中的角部钢筋不应弯起,顶层钢筋中的角部钢筋不应弯下。

（4）表层钢筋网片

当梁的混凝土保护层厚度不小于 50 mm 时,可配置表层钢筋网片,应符合下列规定:表层钢筋宜采用焊接网片;应配置在梁底和梁侧的混凝土保护层中。其直径不宜大于 8 mm、间距不应大于 150 mm;梁侧的网片钢筋还应延伸到梁下部受拉区之外,并按受拉钢筋要求进行锚固;两个方向上表层网片钢筋的截面积均不应小于相应混凝土保护层(图 10-6 阴影部分)面积的 1%。

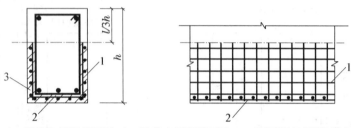

1—梁侧表层钢筋网片;2—梁底表层钢筋网片;3—配置网片钢筋区域

图 10-6　表层钢筋配置筋构造要求

二、板的一般构造要求

1. 截面形状和尺寸

板的截面形式,常见的有矩形实心板、空心板、槽形板等,如图 10-7 所示。

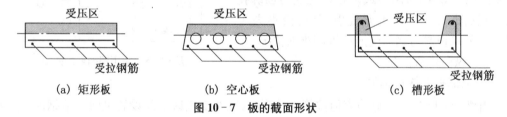

（a）矩形板　　　　（b）空心板　　　　（c）槽形板

图 10-7　板的截面形状

板的厚度应满足承载力、刚度和抗裂的要求。对现浇单向板的最小厚度:屋面板、民用建筑楼板为 60 mm;工业建筑楼板为 70 mm;行车道下的楼板为 80 mm。现浇双向板的最小厚度为 80 mm。板厚度以 10 mm 为模数。

2. 板的配筋

板中通常配有纵向受力钢筋和构造钢筋,如图 10-8 所示。板中钢筋直径通常采用 6 cm、8 cm 和 10 mm。为了便于施工,选用钢筋直径的种类愈少愈好。

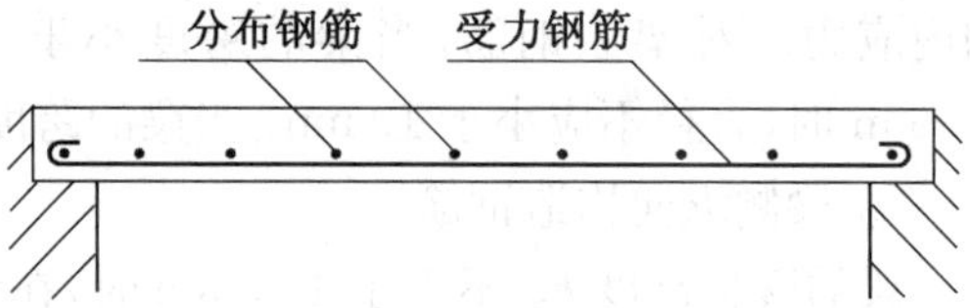

（1）受力钢筋

图 10-8　板的配筋

为了使板内钢筋能够正常地分担内力和便于浇筑混凝土,钢筋间距不宜过大或过小。板中受力钢筋的间距,当板厚不大于 150 mm 时不宜大于 200 mm;当板厚大于 150 mm 时不宜大于板厚的 1.5 倍,且不宜大于 250 mm。

（2）构造配筋

① 板面构造钢筋

按简支边或非受力边设计的现浇混凝土板,当与混凝土梁、墙整体浇筑或嵌固在砌体墙内时,应设置垂直于板边的板面构造钢筋。

② 分布钢筋

当按单向板设计时,应在垂直于受力的方向布置分布钢筋,分布钢筋布置与受力钢筋垂直,其作用是将板面上的荷载更均匀地传给受力钢筋,同时在施工中可固定受力钢筋的位置,并用来抵抗温度应力和混凝土收缩应力。其配筋率不宜小于受力钢筋的 15%,且不宜小于 0.15%;分布钢筋直径不宜小于 6 mm,间距不宜大于 250 mm;当集中荷载较大时,分布钢筋的配筋面积尚应增加,且间距不宜大于 200 mm。

③ 防裂构造钢筋

在温度、收缩应力较大的现浇板区域,应在板的表面双向配置防裂构造钢筋。配筋率均不宜小于 0.10%,间距不宜大于 200 mm。

三、混凝土保护层厚度与截面有效高度

1. 混凝土保护层厚度

混凝土保护层是指钢筋外边缘至构件表面范围用于保护钢筋的混凝土。构件中普通钢筋及预应力筋的混凝土保护层厚度应满足下列要求:

(1) 构件中受力钢筋的保护层厚度不应小于钢筋的直径 d。

(2) 设计使用年限为 50 年的混凝土结构,最外层钢筋的保护层厚度应符合附表 B-2 的规定;设计使用年限为 100 年的混凝土结构,最外层钢筋的保护层厚度不应小于附表 B-2 中数值的 1.4 倍。

2. 截面有效高度

截面有效高度 h_0 为截面受压边缘至纵向受拉钢筋合力点的距离,$h_0 = h - a_s$,式中,a_s 为受拉钢筋合力点至受拉区边缘的距离。对于梁,纵筋为一排钢筋时,$a_s = c + d/2$;纵筋为两排钢筋时,$a_s = c + d + e/2$,此处 c 为混凝土保护层厚度,e 为上下两排钢筋的净距。截面设计计算 a_s 时,对于梁,一般取 $d = 20$ mm,$e = 25$ mm;对于板,一般取 $d = 10$ mm。

四、纵向受力钢筋的最小配筋率

钢筋混凝土结构构件中纵向受力钢筋的最小配筋率 ρ_{min} 按附表 B-3 取用。

五、钢筋的锚固

为了避免纵筋在受力过程中产生滑移,甚至从混凝土中拔出而造成锚固破坏,纵向受力钢筋必须伸过其受力截面一定长度,这个长度称为**锚固长度**。

1. 钢筋基本锚固长度

当计算中充分利用钢筋的抗拉强度时,基本锚固长度应按下列公式计算:

$$l_{ab} = \alpha \frac{f_y}{f_t} d \tag{10-1}$$

式中:l_{ab}——受拉钢筋的基本锚固长度;

　　　f_y——普通钢筋、预应力筋的抗拉强度设计值;

　　　f_t——混凝土轴心抗拉强度设计值,当混凝土强度高于 C60 时,按 C60 取值;

　　　d——锚固钢筋的直径;

α——锚固钢筋的外形系数,光面钢筋为 0.16;带肋钢筋为 0.14。光面钢筋末端应做 $180°$ 弯钩,弯后平直段长度不应小于 $3d$,但作受压钢筋时可不做弯钩。

2. 受拉钢筋的锚固长度

对受拉钢筋的锚固长度,规范根据具体锚固条件,引入锚固长度修正系数对式(10-1)计算结果进行修正,其值不小于 $200\ mm$。

当纵向受拉普通钢筋末端采用钢筋弯钩或机械锚固措施时,包括弯钩或锚固端头在内的锚固长度(投影长度)可取为基本锚固长度 l_{ab} 的 0.6 倍。钢筋弯钩和机械锚固的形式和技术要求如图 10-9 所示。

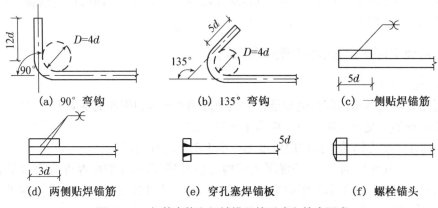

图 10-9　钢筋弯钩和机械锚固的形式和技术要求

3. 纵向受压钢筋的锚固长度

计算中充分利用钢筋的抗压强度时,受压钢筋的锚固长度应不小于相应受拉锚固长度的 0.7 倍。受压钢筋不应采用末端弯钩和一侧贴焊锚筋的锚固措施。

六、钢筋连接

钢筋连接可采用绑扎搭接、机械连接或焊接。混凝土结构中受力钢筋的连接接头宜设置在受力较小处,在同一根受力钢筋上宜少设接头。在结构的重要构件和关键传力部位,纵向受力钢筋不宜设置连接接头。

1. 绑扎搭接

轴心受拉及小偏心受拉杆件的纵向受力钢筋不得采用绑扎搭接;其他构件中的钢筋采用绑扎搭接时,受拉钢筋直径不宜大于 $25\ mm$,受压钢筋直径不宜大于 $28\ mm$。同一构件中相邻纵向受力钢筋的绑扎搭接接头宜互相错开。

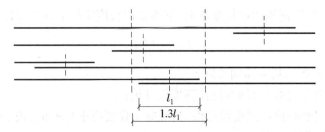

图 10-10　同一连接区段内纵向受拉钢筋的绑扎搭接接头

钢筋绑扎搭接接头连接区段的长度为 1.3 倍搭接长度,凡搭接接头中点位于该连接区段长度内的搭接接头均属于同一连接区段。同一连接区段内纵向受力钢筋搭接接头面积百分率为该区段内有搭接接头的纵向受力钢筋与全部纵向受力钢筋截面面积的比值。当直径不同的钢筋搭接时,按直径较小的钢筋计算。

位于同一连接区段内的受拉钢筋搭接接头面积百分率:对梁类、板类及墙类构件,不宜大于 25%;对柱类构件,不宜大于 50%。当工程中确有必要增大受拉钢筋搭接接头面积百分率时,对梁类构件,不宜大于 50%;对板、墙、柱及预制构件的拼接处,可根据实际情况放宽。

纵向受拉钢筋绑扎搭接接头的搭接长度,应根据位于同一连接区段内的钢筋搭接接头面积百分率按式(10-2)计算,且不应小于 300 mm。

$$l_1 = \zeta_1 l_a \tag{10-2}$$

式中:l_1——纵向受拉钢筋的搭接长度;

ζ_1——纵向受拉钢筋搭接长度的修正系数,按表 10-1 取用。当纵向搭接钢筋接头面积百分率为表的中间值时,修正系数可按内插取值。

表 10-1　纵向受拉钢筋搭接长度修正系数

纵向搭接钢筋接头面积百分率(%)	≤25	50	100
ζ_1	1.2	1.4	1.6

构件中的纵向受压钢筋当采用搭接连接时,其受压搭接长度不应小于纵向受拉钢筋搭接长度的 0.7 倍,且不应小于 200 mm。

在梁、柱类构件的纵向受力钢筋搭接长度范围内的构造钢筋应符合规范要求。当受压钢筋直径大于 25 mm 时,尚应在搭接接头两个端面外 100 mm 的范围内各设置两道箍筋。

2. 机械连接

纵向受力钢筋的机械连接接头宜相互错开。钢筋机械连接区段的长度为 35d,d 为连接钢筋的较小直径。凡接头中点位于该连接区段长度内的机械连接接头均属于同一连接区段。

位于同一连接区段内的纵向受拉钢筋接头面积百分率不宜大于 50%;但对板、墙、柱及预制构件的拼接处,可根据实际情况放宽。纵向受压钢筋的接头百分率可不受限制。

机械连接套筒的保护层厚度宜满足有关钢筋最小保护层厚度的规定。机械连接套筒的横向净间距不宜小于 25 mm;套筒处箍筋的间距仍应满足构造要求。直接承受动力荷载结构构件中的机械连接接头,除应满足设计要求的抗疲劳性能外,位于同一连接区段内的纵向受力钢筋接头面积百分率不应大于 50%。

3. 焊接

纵向受力钢筋的焊接接头应相互错开。钢筋焊接接头连接区段的长度为 35d 且不小于 500 mm,d 为连接钢筋的较小直径,凡接头中点位于该连接区段长度内的焊接接头均属于同一连接区段。

纵向受拉钢筋的接头面积百分率不宜大于 50%,但对预制构件的拼接处,可根据实际情况放宽。纵向受压钢筋的接头百分率可不受限制。

细晶粒热轧带肋钢筋以及直径大于 28 mm 的带肋钢筋,其焊接应经试验确定;余热处理钢筋不宜焊接。

任务二 受弯构件的正截面承载力计算

一、受弯构件正截面承载力试验研究

钢筋混凝土材料非理想的力学材料,在建立受弯构件正截面承载力的计算公式过程中,必须通过试验了解构件受力过程中截面的应力分布及破坏过程。

1. 正截面工作的三个阶段

受拉钢筋配置适当的梁称为适筋梁。为研究正截面受力和变形的变化规律,通常采用适筋梁的两点加载,布置如图 10-11 所示。这样,在两个对称集中荷载间形成"纯弯段",只承受弯矩没有剪力(忽略自重),同时布置测试仪表以观察试验梁受荷后变形和裂缝出现与开展的情况。

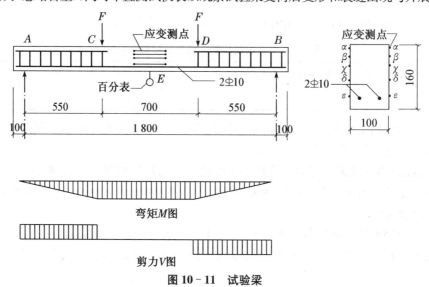

图 10-11 试验梁

适筋梁的工作过程划分为三个阶段,应力一应变关系如图 10-12 所示。

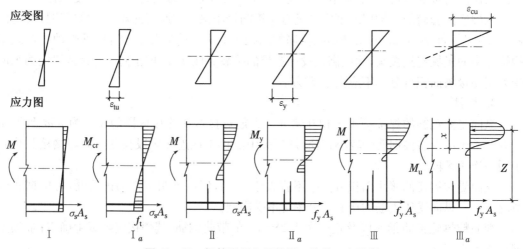

图 10-12 钢筋混凝土适筋梁工作的三个阶段

（1）第Ⅰ阶段

从开始加载到受拉区混凝土即将开裂是第Ⅰ阶段。开始加载时,由于弯矩很小,梁截面上应力和应变也很小,且变形的变化规律符合平截面假定,混凝土基本上处于弹性工作阶段,未出现裂缝,应力与应变成正比。混凝土即将开裂时,受拉区边缘纤维应变恰好到达混凝土的极限拉应变,此即第Ⅰ阶段末,以Ⅰ$_a$表示。Ⅰ$_a$可作为受弯构件抗裂度的计算依据。

（2）第Ⅱ阶段

从受拉区混凝土开裂到受拉钢筋屈服是第Ⅱ阶段。荷载继续增加,在抗拉能力最薄弱的截面处将首先出现第一条裂缝,且随着荷载的增加将不断出现新的裂缝。开裂后截面中性轴上移,受拉区混凝土退出工作,拉力全部由钢筋承担。随着弯矩继续增加,受压区混凝土塑性性质将表现得越来越明显,压应力图形将呈曲线变化。当弯矩继续增加使得受拉钢筋应力到达屈服强度（f_y）时,即为第Ⅱ阶段末,以Ⅱ$_a$表示。Ⅱ$_a$阶段可作为变形和裂缝宽度计算时的依据。

（3）第Ⅲ阶段

从受拉钢筋开始屈服到受压区混凝土达到极限压应变被压碎是第Ⅲ阶段。钢筋屈服后,应力维持不变,当弯矩再稍有增加,钢筋应变骤增,裂缝宽度随之扩展并沿梁高向上延伸,中和轴继续上移,受压区高度进一步减小。为了平衡钢筋的总拉力,受压区混凝土的总压力也将始终保持不变,这时受压区混凝土塑性特征将表现得更为充分,受压区应力图形将更趋丰满。当边缘纤维压应变达到（或接近）混凝土受弯时的极限压应变,标志着梁已开始破坏。弯矩增加直至梁承受极限弯矩 M_u 时,称为第Ⅲ阶段末,以Ⅲ$_a$表示。Ⅲ$_a$阶段可作为极限状态承载力计算时的依据。

2. 正截面的破坏形式

根据试验研究,梁正截面的破坏形式与配筋率、钢筋和混凝土的强度等级等因素有关。配筋率 ρ 按式（10-3）计算：

$$\rho = \frac{A_s}{bh_0} \tag{10-3}$$

式中,A_s 为受拉钢筋截面面积。根据梁的配筋率 ρ 的不同,梁的破坏形式可分为以下三种类型：

（1）适筋梁

适筋梁的破坏始于受拉钢筋的屈服,随着荷载增加,最后受压区混凝土压碎而破坏。破坏以前,钢筋要经历较大的塑性变形,并引起裂缝急剧开展和梁挠度的激增,破坏有明显的预兆,属塑性破坏[图 10-13(a)]。适筋梁受力合理,材料性能充分发挥,工程中广泛应用。

（2）超筋梁

若梁截面配筋率很大时称为超筋梁。此

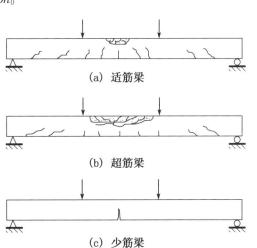

(a) 适筋梁

(b) 超筋梁

(c) 少筋梁

图 10-13　钢筋混凝土梁的破坏形态

类梁的破坏始于受压区混凝土的压碎,而钢筋由于配置过多应力尚小于屈服强度,裂缝宽度很小,梁的挠度不大,但此时梁已破坏。因其没有明显预兆,属于脆性破坏[图10-13(b)]。超筋梁虽配置大量的钢筋,但由于其应力低于屈服强度,不能充分发挥作用,造成钢材的浪费,且破坏前毫无预兆,故设计中不允许采用。

(3)少筋梁

当梁的配筋率很小时称为少筋梁。由于配筋过少,混凝土一旦开裂,受拉钢筋立即到达屈服强度并迅速经历整个流幅而进入强化阶段工作。此类梁破坏时,梁破坏时的弯矩小于在正常情况下的开裂弯矩,裂缝往往集中出现一条,不仅开展宽度较大,且沿梁高延伸很高,标志着梁的破坏[图10-13(c)]。少筋梁也属于脆性破坏,设计中不允许使用。

上述三种破坏形式若以配筋率表示,则 $\rho_{min} \leqslant \rho \leqslant \rho_{max}$ 为适筋梁,$\rho < \rho_{min}$ 为少筋梁,$\rho > \rho_{max}$ 为超筋梁。适筋梁与超筋梁的界限是 ρ_{max},少筋梁和适筋梁的界限是 ρ_{min}。

比较适筋梁和超筋梁的破坏,可以发现:前者破坏始于受拉钢筋屈服;后者则始于受压区混凝土压碎。显然,当钢筋级别和混凝土强度等级确定之后,一根梁总会有一个特定的配筋率,使钢筋应力到达屈服强度的同时,受压区边缘纤维应变也恰好到达混凝土受弯时极限压应变值,这种梁的破坏称之为**界限破坏**,即适筋梁与超筋梁的界限。由于在实际工程中不允许采用超筋梁,这个特定配筋率实质上就称为适筋梁的最大配筋率 ρ_{max}。

3. 基本假设

受弯构件正截面承载力计算是基于适筋梁第 III_a 阶段的破坏特征为依据,按下列基本假定进行:

(1)截面应变保持平面;

(2)不考虑混凝土的抗拉强度;

(3)混凝土受压的应力—应变关系曲线按图10-14取用:

当 $\varepsilon_c \leqslant \varepsilon_0$ 时,为曲线;

当 $\varepsilon_0 < \varepsilon_c \leqslant \varepsilon_{cu}$ 时

$$\sigma_c = f_c \tag{10-4}$$

式中,ε_c——受压区混凝土压应变;

ε_0——混凝土压应力刚达到 f_c 时的混凝土压应变,即峰值应变;

σ_c——混凝土压应变为 ε_c 时的压应力;

f_c——混凝土轴心抗压强度设计值。

(4)纵向受拉钢筋的极限拉应变取为0.01。纵向钢筋的应力取等于钢筋应变与其弹性模量的乘积,但其值不应大于其相应的强度设计值。钢筋的应力—应变曲线如图10-15所示。

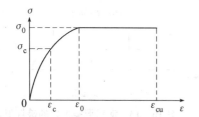

图10-14 混凝土应力—应变计算曲线

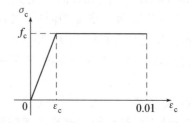

图10-15 钢筋应力—应变计算曲线

二、单筋矩形截面的承载力计算

单筋矩形截面梁是指仅在截面的受拉区配置纵向受力钢筋的矩形截面梁。

1. 等效矩形应力图形

以单筋矩形截面为例,根据上述基本假定,受弯构件正截面受压区的曲线应力图形可简化为等效矩形应力图形,如图 10-16 所示。

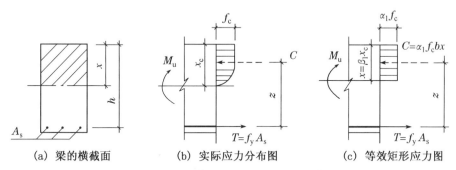

（a）梁的横截面　　　（b）实际应力分布图　　　（c）等效矩形应力图

图 10-16　等效矩形应力图形的换算

用等效矩形应力图形代替实际曲线应力图形时,应满足以下条件:(1) 保持原来受压区合力 C 的作用点不变;(2) 保持原来受压区合力 C 的大小不变。

矩形应力图的受压区高度可取 $\beta_1 x_c$,此处 x_c 为截面应变保持平面的假定所确定的中和轴高度。当混凝土强度等级不超过 C50 时,取 $\beta_1 = 0.8$,当混凝土强度等级为 C80 时,取 $\beta_1 = 0.74$,其间按线性内插法确定。矩形应力图的应力值取为混凝土轴心抗压强度设计值 f_c 乘以系数 α_1 确定,即 $\alpha_1 f_c$。

当梁的配筋率处于适筋范围时,受拉钢筋应力已经达到屈服强度,钢筋的拉力为:

$$T = f_y A_s \tag{10-5}$$

2. 基本公式

单筋矩形截面受弯构件正截面承载力计算简图如图 10-17 所示。

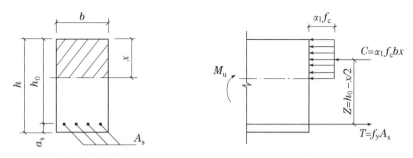

图 10-17　单筋矩形截面受弯构件正截面承载力计算简图

根据平衡条件,可列出其基本方程:

$$\sum F_x = 0 \quad \alpha_1 f_c b x = f_y A_s \tag{10-6}$$

$$\sum_M = 0 \quad M \leqslant M_u = \alpha_1 f_c b x \left(h_0 - \frac{x}{2} \right) \tag{10-7}$$

式中,α_1——系数,当混凝土强度等级不超过 C50 时,取 $\alpha_1 = 1.0$,当混凝土强度等级为 C80 时,取 $\alpha_1 = 0.94$,其间按线性内插法确定。

3. 适用条件

上述基本公式是针对适筋梁建立的,因此必须满足如下条件:

(1) 为了防止超筋破坏,保证构件破坏时纵向受拉钢筋首先屈服,应满足

$$\xi \leqslant \xi_b(\text{或 } x \leqslant \xi_b h_0 \text{ 或 } \rho \leqslant \rho_{max}) \qquad (10-8)$$

其中:

$$\xi = \frac{x}{h_0} \qquad (10-9)$$

式中,ξ 为相对受压区高度;ξ_b 为界限相对受压区高度,$\xi_b = x_b/h_0$,其中 x_b 为界限破坏时的受压区实际高度。ξ_b 是界限破坏时适筋和超筋的界限,也即纵向受拉钢筋屈服与受压区混凝土同时发生受压破坏的相对受压区高度,相应的配筋率即为适筋梁的最大配筋率。当 $\xi \leqslant \xi_b$ 时,属于适筋梁;当 $\xi > \xi_b$ 时,属于超筋梁。

对不同的钢筋级别和不同混凝土强度等级有不同的 ξ_b 值,见表 10-2。

表 10-2 界限相对受压区高度 ξ_b 的值(混凝土等级 $\leqslant$ C50)

钢筋级别	屈服强度 f_y(N/mm²)	ξ_b	说明
HPB300	270	0.576	截面受拉区内配置不同种类钢筋的受弯构件,其 ξ_b 值应选用相应于各种钢筋的较小者
HRB335、HRBF335	300	0.550	
HRB400、HRBF400、RRB400	360	0.518	
HRB500、HRBF500	435	0.482	

(2) 为了防止少筋破坏,应满足

$$A_s \geqslant \rho_{min} bh \qquad (10-10-a)$$

$$\text{或 } \rho = \frac{As}{bh} \geqslant \rho_{min} \qquad (10-10-b)$$

最小配筋率是少筋梁与适筋梁的界限。《混凝土结构设计规范》(GB50010—2010)规定最小配筋率取 0.20% 和 $0.45f_t/f_y$ 中的较大值。即:

$$\rho_{min} = \max(0.20\%, 0.45f_t/f_y) \qquad (10-11)$$

4. 计算方法

受弯构件正截面承载力计算包括截面设计和截面复核两类问题。

(1) 截面设计

根据截面弯矩设计值 M 确定混凝土强度等级、钢筋级别、构件截面尺寸 $b \times h$,计算受拉钢筋截面面积 A_s 并选配钢筋。

截面设计可采用基本公式进行直接计算,但运算较为烦琐,一般采用系数法,引入系数后,可避免解联立方程组,使计算简化。

取

$$\alpha_s = \xi(1 - 0.5\xi) \qquad (10-12)$$

式中,α_s 称为截面抵抗矩系数。式(10-12)表明,ξ 与 α_s 之间存在一一对应的关系:

$$\xi = 1 - \sqrt{1 - 2\alpha_s} \qquad (10-13)$$

将 $\xi = x/h_0$ 代入式 (10-7)，得

$$M \leqslant M_u = \alpha_s \alpha_1 f_c b h_0^2 \tag{10-14}$$

同理，由 $x = \xi h_0$，式 (10-6) 可变化为以下形式：

$$\alpha_1 f_c b \xi h_0 = f_y A_s \tag{10-15}$$

设计步骤：

(1) 选择材料，确定钢筋和混凝土的强度设计值。

(2) 根据构造要求选择截面尺寸。一般，根据高跨比求梁高 h，根据高宽比求梁宽 b，注意尺寸要符合模数要求。

(3) 计算弯矩设计值 M。

(4) 采用系数法计算钢筋截面面积，基本步骤为：

① 由式 (10-14) 可得

$$\alpha_s = \frac{M}{\alpha_1 f_c b h_0^2} \tag{10-16}$$

② 计算相对受压区高度[式 (10-13)]：$\xi = 1 - \sqrt{1 - 2\alpha_s}$。

③ 验算适用条件，若 $\xi \leqslant \xi_b$，则不超筋，由式 (10-15) 可求出受拉钢筋面积为：

$$A_s = \frac{\alpha_1 f_c b \xi h_0}{f_y} \tag{10-17}$$

若 $\xi > \xi_b$，属于超筋梁，应重新设计，可加大截面尺寸、提高混凝土强度等级或改用双筋截面。

④ 验算最小配筋率 $A_s \geqslant \rho_{\min} b h$，若不满足，取 $A_s = \rho_{\min} b h$。

⑤ 根据计算结果和构造要求选择钢筋。

(2) 截面复核

已知截面设计弯矩 M、截面尺寸 $b \times h$、受拉钢筋截面面积 A_s、混凝土强度等级及钢筋级别，求正截面承载力 M_u，或验算结构在指定荷载下是否安全。

截面复核采用基本公式即可，步骤如下：

(1) 验算是否满足适用条件 $A_s \geqslant \rho_{\min} b h$；若不满足，按素混凝土计算 M_u。

(2) 由式 (10-6) 求截面受压区高度：$x = \dfrac{f_y A_s}{\alpha_1 f_c b}$。

(3) 验算适用条件 $x \leqslant \xi_b h_0$；若不满足，说明超筋，取 $x = \xi_b h_0$ 计算。

(4) 求 M_u，由式 (10-7) 得 $M_u = \alpha_1 f_c b x \left(h_0 - \dfrac{x}{2}\right)$。

当 $M_u \geqslant M$ 时，认为截面受弯承载力满足要求，否则认为不安全。但若 M_u 大于 M 过多，则认为该截面设计不经济。

【例 10-1】 已知某钢筋混凝土矩形截面梁，截面尺寸 $b \times h = 250 \text{ mm} \times 500 \text{ mm}$，弯矩设计值为 $M = 150 \text{ kN} \cdot \text{m}$，混凝土强度等级为 C30，钢筋采用 HRB335 级钢筋，$a_s = 35 \text{ mm}$。求：所需的受拉钢筋截面面积。

解：本题属于截面设计。

(1) 设计参数

查附表 A-1、A-3 和表 10-2，$f_c = 14.3 \text{ N/mm}^2$，$f_t = 1.43 \text{ N/mm}^2$，$f_y = 300 \text{ N/mm}^2$，$\xi_b = 0.55$。

（2）配筋计算

截面有效高度

$$h_0 = 500 - 35 = 465 \text{ mm}$$

由式（10-16）可得

$$\alpha_s = \frac{M}{\alpha_1 f_c b h_0^2} = \frac{150 \times 10^6}{1.0 \times 14.3 \times 250 \times 465^2} = 0.194$$

则 $\xi = 1 - \sqrt{1 - 2\alpha_s} = 0.218 < \xi_b = 0.55$，可以。

根据式（10-17）可得钢筋截面面积：

$$A_s = \frac{f_c b \xi h_0}{f_y} = \frac{14.3 \times 250 \times 0.218 \times 465}{300} = 1207 \text{ mm}^2$$

$$\rho_{min} = 0.45 \frac{f_t}{f_y} = 0.45 \times \frac{1.43}{300} = 0.215\% > 0.2\%$$

所以，$A_s = 1207 \text{ mm}^2 \geqslant \rho_{min} bh = 0.215\% \times 250 \times 500 = 269 \text{ mm}^2$，符合适用条件。

（3）选配钢筋及绘配筋图，如图10-18所示

查附表C-1，选用 4$\oplus$20（$A_s = 1256 \text{ mm}^2$）。

【例10-3】 某矩形钢筋混凝土梁，安全等级为二级，处于一类环境，截面尺寸为 $b \times h = 200 \text{ mm} \times 500 \text{ mm}$，选用 C35 混凝土和 HRB400 级钢筋，截面配筋如图10-19所示。该梁承受的最大弯矩设计值 $M = 210 \text{ kN} \cdot \text{m}$，复核该截面是否安全？

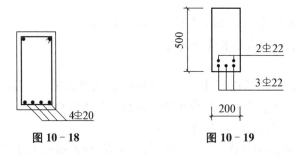

图10-18　　　　　　　图10-19

解：本题属于截面复核类。

（1）设计参数

查附表 A-1 和附表 A-3 可知，C35 混凝土 $f_c = 16.7 \text{ N/mm}^2$，$f_t = 1.57 \text{ N/mm}^2$；HRB400 级钢筋 $f_y = 360 \text{ N/mm}^2$；$\alpha_1 = 1.0$，查表 10-2，$\xi_b = 0.518$。

查附表 B-2，一类环境，$c = 25 \text{ mm}$，则 $a_s = c + d + e/2 = 25 + 22 + 25/2 = 59.5 \text{ mm}$，取值 60 mm，$h_0 = h - 60 = 440 \text{ mm}$。

钢筋净间距 $s_n = \frac{200 - 2 \times 25 - 3 \times 22}{2} = 42 \text{ mm} > d$，且 $s_n > 25 \text{ mm}$，符合要求。

（2）判断结构是否少筋

$$\rho_{min} = 0.2\% > 0.45 \frac{f_t}{f_y} = 0.45 \times \frac{1.57}{360} = 0.196\%。$$

$$A_s = 1900 \text{ mm}^2 > \rho_{min} bh = 0.2\% \times 200 \times 500 = 200 \text{ mm}^2$$

因此，截面不会产生少筋破坏。

（3）计算受压区高度，判断是否超筋

由式(10-6)可得:

$$x = \frac{f_y A_s}{\alpha_1 f_c b} = \frac{360 \times 1900}{1.0 \times 16.7 \times 200} = 204.8 \text{ mm} < \xi_b h_0 = 0.518 \times 440 = 228 \text{ mm}$$

因此,截面不会产生超筋破坏。

(4) 计算截面所能承受的最大弯矩并复核截面

$$M_u = \alpha_1 f_c b x \left(h_0 - \frac{x}{2} \right) = 1.0 \times 16.7 \times 200 \times 204.8 \times \left(440 - \frac{204.8}{2} \right)$$

$$= 2.3093 \times 10^8 \text{ N} \cdot \text{mm} = 230.93 \text{ kN} \cdot \text{m} > M = 210 \text{ kN} \cdot \text{m}$$

因此,该截面安全。

三、双筋矩形截面的承载力计算

1. 基本公式

双筋矩形截面受弯构件是指在截面的受拉区和受压区都配有纵向受力钢筋的矩形截面梁。一般来说,利用受压钢筋来帮助混凝土承受压力是不经济的,但双筋矩形截面受弯构件中的受压钢筋对截面的延性、抗裂和变形等是有利的。一般在以下情况下采用:

(1) 弯矩很大,按单筋矩形截面计算所得的 $\xi > \xi_b$,而梁的截面尺寸和混凝土强度等级受到限制时;

(2) 梁在不同荷载组合下(如地震)承受变号弯矩作用时。

试验表明,双筋矩形截面梁破坏时的受力特点与单筋矩形截面类似,区别在于受压区配有纵向受压钢筋,因此,只要掌握梁破坏时纵向受压钢筋的受力情况,就可与单筋矩形截面类似建立计算公式。

双筋矩形截面受弯构件正截面承载力计算简图如图 10-20 所示。

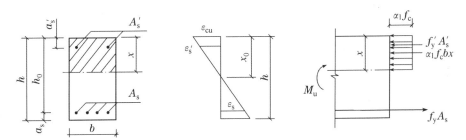

图 10-20 双筋矩形截面受弯构件正截面承载力计算简图

根据力的平衡条件,列出基本公式:

$$\sum F_x = 0 \quad \alpha_1 f_c b x + f'_y A'_s = f_y A_s \tag{10-18}$$

$$\sum M = 0 \quad M \leqslant \alpha_1 f_c b x \left(h_0 - \frac{x}{2} \right) + f'_y A'_s (h_0 - a'_s) \tag{10-19}$$

2. 适用条件

应用上述计算公式时,必须满足以下条件:

(1) 为了防止超筋破坏,保证构件破坏时纵向受拉钢筋首先屈服,应满足:

$$\xi \leqslant \xi_b \text{ 或 } x \leqslant \xi_b h_0 \text{ 或 } \rho \leqslant \rho_{max}$$

(2) 为了保证受压钢筋在构件破坏时达到屈服强度,应满足:

$$x \geqslant 2a'_s$$

式中，a'_s——截面受压区边缘到纵向受拉钢筋合力作用点之间的距离。

当条件(2)不满足时，受压钢筋应力 σ'_s 还未达到 f'_y，因应力值未知，可近似地取 $x=2a'_s$，并对受压钢筋的合力作用点取矩(图 10-21)，则正截面承载力可直接根据式(10-20)确定：

$$M \leqslant f_y A_s (h_0 - a'_s) \qquad (10-20)$$

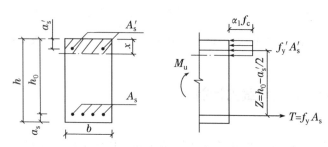

图 10-21　$x<2a'_s$ 时双筋矩形截面受弯构件正截面承载力计算简图

3. 计算方法

双筋矩形受弯构件正截面承载力计算包括截面设计和截面复核两类问题。

(1) 截面设计

双筋矩形截面受弯构件的截面设计，一般是受拉、受压钢筋 A_s 和 A'_s 均未知，都需要确定。有时由于构造等原因，受压钢筋截面面积 A'_s 已知，只要求确定受拉钢筋截面面积 A_s。

(2) 截面复核

已知截面弯矩设计值 M，截面尺寸 $b \times h$、混凝土强度等级和钢筋级别，受拉钢筋 A_s 和受压钢筋 A'_s，求正截面受弯承载力 M_u 是否足够。

这两类问题的求解需要利用基本公式和适用条件解方程进行计算。

四、T 形截面的承载力计算

1. T 形截面计算的特点

T 形截面受弯构件广泛应用于工程中。例如现浇肋梁楼盖的梁与楼板浇筑在一起形成 T 形梁；预制构件中的独立 T 形梁等。一些其他截面形式的预制构件，如槽形板、I 形吊车梁、预制空心板等(图 10-22)，也按 T 形截面受弯构件考虑。

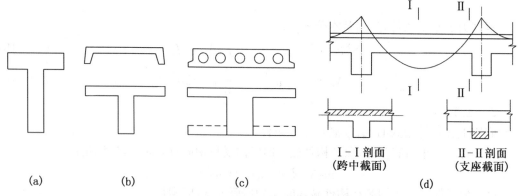

图 10-22　工程结构中的 T 形和矩形截面

　　T 形截面可视为将一部分受拉区混凝土去掉的矩形截面,与矩形截面相比,T 形截面的极限承载能力不受影响,同时还能节省混凝土,减轻构件自重。

　　2. 计算公式及适用条件

　　(1) T 形截面的两种类型及判别条件

　　如图 10 - 23 所示,对 T 形截面,伸出部分称为翼缘 $b_f' \times h_f'$,中间部分称为梁肋 $b \times h$。T 形截面受弯构件正截面承载力计算需要考虑受压翼缘的作用。根据中和轴是否在翼缘中,将 T 形截面分为以下两种类型:

　　① 第 I 类 T 形截面:中和轴在翼缘内,即 $x \leqslant h_f'$;

　　② 第 II 类 T 形截面:中和轴在梁肋内,即 $x > h_f'$。

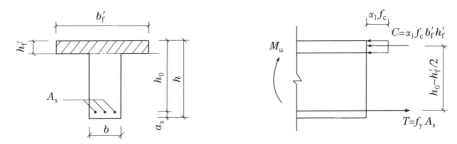

图 10 - 23　$x = h_f'$ 时的 T 形截面

　　要判断中和轴是否在翼缘中,首先应对界限位置进行分析,界限位置为中和轴在翼缘与梁肋交界处,即 $x = h_f'$ 处(图 10 - 23)。根据力的平衡条件

$$\sum F_x = 0 \quad \alpha_1 f_c b_f' h_f' = f_y A_s \tag{10-21}$$

$$\sum M = 0 \quad M_u = \alpha_1 f_c b_f' h_f' \left(h_0 - \frac{h_f'}{2} \right) \tag{10-22}$$

　　对于第 I 类 T 形截面,有 $x \leqslant h_f'$,则

$$f_y A_s \leqslant \alpha_1 f_c b_f' h_f' \tag{10-23}$$

$$M \leqslant \alpha_1 f_c b_f' h_f' \left(h_0 - \frac{h_f'}{2} \right) \tag{10-24}$$

　　对于第 II 类 T 形截面,有 $x > h_f'$,则

$$f_y A_s > \alpha_1 f_c b_f' h_f' \tag{10-25}$$

$$M > \alpha_1 f_c b_f' h_f' \left(h_0 - \frac{h_f'}{2} \right) \tag{10-26}$$

　　以上即为 T 形截面受弯构件类型判别条件。应注意不同设计阶段采用不同的判别条件。

　　(2) 第 I 类 T 形截面承载力的计算公式

　　如图 10 - 24 所示,由于不考虑受拉区混凝土的作用,计算第 I 类 T 形截面承载力时,与梁宽为 b_f' 矩形截面的计算公式相同,即

$$\alpha_1 f_c b_f' x = f_y A_s \tag{10-27}$$

$$M \leqslant \alpha_1 f_c b_f' x \left(h_0 - \frac{x}{2} \right) \tag{10-28}$$

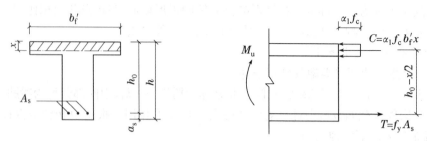

图 10-24 第 I 类 T 形截面

公式的适用条件:

① $x \leqslant \xi_b h_0$,该条件一般可满足,不必验算;

② $A_s \geqslant \rho_{min} bh$,应该注意,最小配筋面积是按梁肋面积 bh 计算的。

(3)第 II 类 T 形截面承载力的计算公式

第 II 类 T 形截面的中和轴在梁肋中,可将该截面分为伸出翼缘和矩形梁肋两部分,如图 10-25 所示,则计算公式根据平衡条件得

$$\alpha_1 f_c (b'_f - b) h'_f + \alpha_1 f_c bx = f_y A_s \tag{10-29}$$

$$M \leqslant \alpha_1 f_c (b'_f - b) h'_f \left(h_0 - \frac{h'_f}{2} \right) + \alpha_1 f_c bx \left(h_0 - \frac{x}{2} \right) \tag{10-30}$$

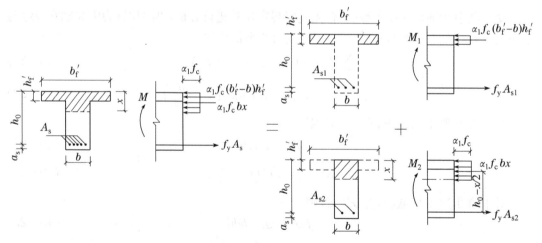

图 10-25 第 II 类 T 形截面

公式的适用条件:

① $x \leqslant \xi_b h_0$;

② $A_s \geqslant \rho_{min} [bh + (b_f - b) h_f]$,该条件一般都可满足,不必验算。

3. 计算方法

T 形截面受弯构件正截面承载力计算包括截面设计和截面复核两类问题。

(1)截面设计

已知:截面弯矩设计值 M、截面尺寸、混凝土强度等级和钢筋级别,求受拉钢筋截面面积 A_s。

设计中需首先判别截面类型,按相应的公式计算,最后验算适用条件。

（2）截面复核

已知:截面弯矩设计值M,截面尺寸、受拉钢筋截面面积A_s、混凝土强度等级及钢筋级别,求正截面受弯承载力M_u是否足够。

计算时需首先判别截面类型,根据类型的不同,选择相应的公式计算,最后验算适用条件。

任务三　钢筋混凝土受弯构件斜截面承载力计算

在荷载作用下,梁截面上除了作用有弯矩M以外,往往同时作用有剪力V,弯矩和剪力的共同作用的区段称为**弯剪段**。当梁内配有足够的纵向钢筋保证不致引起纯弯段的正截面受弯破坏时,则构件还可能在弯剪段发生斜截面破坏。

由于混凝土的抗拉强度很低,当主拉应力σ_{tp}超过混凝土的抗拉强度时,梁的弯剪段就将出现垂直于主拉应力轨迹线的裂缝,称为**斜裂缝**。若荷载继续增加,斜裂缝将不断伸长和加宽,上方指向荷载加载点,如10-26所示。斜裂缝的出现和发展最终导致在弯剪段内沿某一主要斜裂缝截面发生破坏。

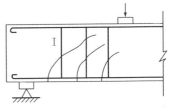

图10-26　斜裂缝

为了防止梁沿斜截面破坏,就需要在梁内设置足够的抗剪钢筋,通常由与梁轴线垂直的箍筋和与主拉应力方向平行的斜筋共同组成。斜筋常利用正截面承载力多余的纵向钢筋弯起而成,所以又称**弯起钢筋**。箍筋与弯起钢筋通称**腹筋**。

一、试验研究

根据试验研究,影响斜截面受剪承载力的因素很多,如腹筋用量、剪跨比、混凝土的强度和纵向钢筋用量等。其中,剪跨比λ是集中荷载至支座的距离a与截面有效高度的比值,即$\lambda = a/h_0$。

根据剪跨比和箍筋用量不同,斜截面受剪破坏有以下三种主要破坏形式:

（1）斜拉破坏

若腹筋数量配置很少,且剪跨比$\lambda > 3$时,斜裂缝一旦出现,便迅速向集中荷载作用点延伸,并很快形成临界斜裂缝,梁随即破坏。整个破坏过程急速而突然。如图10-27(a)所示。

（2）剪压破坏

若腹筋数量配置适当,且剪跨比$1 < \lambda \leq 3$时,当荷载增加到一定程度时,多条斜裂缝中的一条形成主要斜裂缝,该主要斜裂缝向斜上方伸展,使受压区高度逐渐减小,由于腹筋的存在,限制了斜

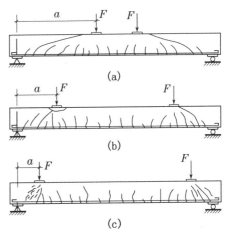

图10-27　斜截面破坏形态

裂缝的开展，直到斜裂缝顶端的混凝土在剪应力和压应力共同作用下被压碎而破坏，如图 10 - 27(b)所示。破坏有一定预兆，破坏荷载较出现斜裂缝时的荷载为高。

(3) 斜压破坏

当腹筋数量配置很多时，或剪跨比很小时($\lambda < 1$)，斜裂缝间的混凝土形成斜向受压短柱，这些短柱由于混凝土达到抗压强度而破坏，破坏时腹筋应力达不到屈服，腹筋强度得不到充分利用，如图 10 - 27(c)所示。它的特点是斜裂缝细而密，破坏时的荷载也明显高于斜裂缝出现时的荷载。

上述三种主要破坏形态中，就斜截面承载力而言，斜拉破坏最低，剪压破坏较高，斜压破坏最高。就其破坏性质而言，均属脆性破坏，其中斜拉破坏的脆性更突出。

二、计算公式

斜截面受剪承载力计算时，以剪压破坏特征为基础建立计算公式，配置一定的腹筋来防止斜拉破坏，采用截面限制条件的方法来防止斜压破坏。

取剪压破坏时斜截面左侧为隔离体，如图 10 - 28 所示，可知斜截面受剪承载力由三部分组成：

$$V_u = V_c + V_{sv} + V_{sb} \qquad (10 - 31)$$

$$V_{cs} = V_c + V_{sv}$$

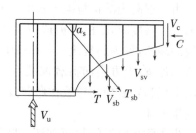

图 10 - 28 斜截面受剪承载力计算图

式中，V_u——构件斜截面受剪承载力设计值；

V_c——混凝土的受剪承载力；

V_{sv}——箍筋的受剪承载力；

V_{sb}——与斜裂缝相交的弯起钢筋受剪承载力设计值；

V_{cs}——混凝土和箍筋的受剪承载力。

1. 不配置箍筋和弯起钢筋的一般板类构件

不配置箍筋和弯起钢筋的一般板类受弯构件，其斜截面受剪承载力应符合下列规定：

$$V = 0.7\beta_h f_t b h_0$$

$$\beta_h = \left(\frac{800}{h_0}\right)^{\frac{1}{4}}$$

式中：β_h——截面高度影响系数，当 h_0 小于 800 mm 时，取 800 mm；当 h_0 大于 2 000 mm 时，取 2 000 mm。

2. 仅配箍筋的矩形、T 形和工形截面的受弯构件

根据试验分析，梁的斜截面受剪承载力随箍筋数量的增加而提高，《规范》给出 V_{cs} 计算公式如下：

$$V \leqslant V_{cs} = \alpha_{cv} f_t b h_0 + f_{yv} \frac{A_{sv}}{s} h_0 \qquad (10 - 32)$$

式中：V_{cs}——构件斜截面上混凝土和箍筋的受剪承载力设计值；

f_t——混凝土轴心抗拉强度设计值；

b——矩形截面的宽度或 T 形、工形截面的腹板宽度；

h_0——截面有效高度；

α_{cv}——截面混凝土受剪承载力系数,对于一般受弯构件取 0.7;对集中荷载作用下(包括作用有多种荷载,其中集中荷载对支座截面或节点边缘所产生的剪力值占总剪力的 75% 以上的情况)的独立梁,取 $\alpha_{cv}=\dfrac{1.75}{\lambda+1}$,$\lambda$ 为计算截面的剪跨比 $\lambda=a/h_0$,当 $\lambda<1.5$ 时,取 1.5,当 $\lambda>3$ 时,取 3,a 取集中荷载作用点至支座截面或节点边缘的距离;

A_{sv}——配置在同一截面内箍筋各肢的全部截面面积,即 $A_{sv}=nA_{sv1}$,此处,n 为在同一个截面内箍筋的肢数,A_{sv1} 为单肢箍筋的截面面积;

s——沿构件长度方向的箍筋间距;

f_{yv}——箍筋的抗拉强度设计值,按钢筋的抗拉强度 f_y 采用。

箍筋用量以配箍率 ρ_{sv} 来表示,它反映了梁沿纵向单位水平截面含有的箍筋截面面积,如图 10 - 29 所示。

$$\rho_{sv}=\frac{A_{sv}}{bs} \qquad (10-33)$$

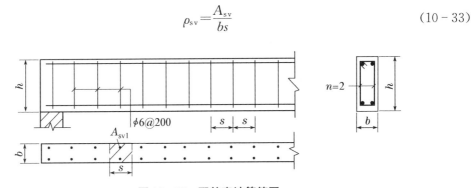

图 10 - 29　配箍率计算简图

3. 同时配箍筋和弯起钢筋的矩形、T 形和 I 形截面受弯构件

既配箍筋又配弯起钢筋的梁,其斜截面承载力是由混凝土和箍筋的受剪承载力设计值 V_{cs} 和与斜裂缝相交的弯起钢筋的抗剪 V_{sb} 组成。若在同一弯起平面内弯起钢筋截面面积为 A_{sb},并考虑到靠近剪压区的弯起钢筋的应力可能达不到抗拉强度设计值,取 $V_{sb}=0.8f_yA_{sb}\sin\alpha_s$。

由此,矩形、T 形和工形截面的受弯构件,当同时配有箍筋和弯起钢筋时的斜截面受剪承载力计算公式

$$V\leqslant V_{cs}+V_{sb}=V_{cs}+0.8f_yA_{sb}\sin\alpha_s \qquad (10-34)$$

式中:V——配置弯起钢筋处的剪力设计值;

A_{sb}——同一平面内的弯起钢筋的截面面积;

α_s——斜截面上弯起钢筋与构件纵向轴线的夹角。

4. 斜截面剪力设计值计算截面

计算截面应按下列规定采用:

(1) 支座边缘处的截面,如图 10 - 30(a)、(b)中的截面 1 - 1;

(2) 受拉区弯起钢筋弯起点处的截面,如图 10 - 30(a)中的截面 2 - 2、3 - 3;

(3) 箍筋截面面积或间距改变处的截面,如图 10 - 30(b)中的截面 4 - 4;

(4) 截面尺寸改变处的截面。

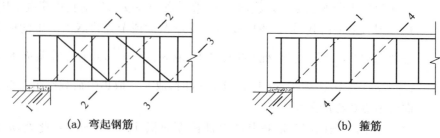

(a) 弯起钢筋　　　　　　　　　　　(b) 箍筋

图 10-30　剪力设计值计算截面

三、适用条件

梁的斜截面受剪承载力计算公式仅适用于剪压破坏情况,为防止斜压和斜拉破坏,还必须满足计算公式的适用条件。

1. 防止斜压破坏的条件

为防止发生斜压破坏和避免构件在使用阶段过早地出现斜裂缝及斜裂缝开展过大,矩形、T 形和 I 形截面受弯构件的受剪截面应符合下列要求:

(1) 当 $h_w/b \leqslant 4$ 时,对一般梁

$$V \leqslant 0.25\beta_c f_c b h_0 \tag{10-35}$$

对 T 形或 I 形截面简支梁,当有实践经验时

$$V \leqslant 0.3\beta_c f_c b h_0 \tag{10-36}$$

(2) 当 $h_w/b \geqslant 6$(薄腹梁)时

$$V \leqslant 0.2\beta_c f_c b h_0 \tag{10-37}$$

(3) 当 $4 < h_w/b < 6$ 时,按线性内插法取用。

式中,V——构件斜截面上的最大剪力设计值;

β_c——混凝土强度影响系数:当混凝土强度等级不超过 C50 时,取 $\beta_c = 1.0$;当混凝土强度等级为 C80 时,取 $\beta_c = 0.8$;其间按线性内插法取用;

f_c——混凝土轴心抗压强度设计值;

b——矩形截面的宽度,T 形或工形截面的腹板宽度;

h_w——截面的腹板高度:矩形截面取有效高度 h_0。

2. 防止斜拉破坏的条件

箍筋配置过少,一旦斜裂缝出现,由于箍筋的抗剪作用不足以替代斜裂缝发生前混凝土原有的作用,就会发生斜拉破坏,当 $V > 0.7 f_t b h_0$ 时,应满足:

$$\rho_{sv} \geqslant \rho_{sv,min} = 0.24 \frac{f_t}{f_{yv}} \tag{10-38}$$

式中,$\rho_{sv,min}$——箍筋的最小配筋率。

四、计算方法

钢筋混凝土梁一般先进行正截面承载力设计,初步确定截面尺寸和纵向钢筋后,再进行斜截面受剪承载力计算,确定腹筋用量。下面以仅配箍筋梁为例,介绍斜截面计算中的截面设计和截面复核两类问题。

1. 截面设计

(1) 作梁的剪力图,确定剪力设计值 V。确定剪力设计值时的计算跨度取构件的净跨度,即 $l_0 = ln$。

(2) 以式(10-35)或式(10-37)验算构件截面尺寸。若不符合,需加大截面尺寸或提高混凝土强度等级。

(3) 确定是否需要按计算配置腹筋。

对于矩形、T形及工形截面的受弯构件,如能符合

$$V \leqslant \alpha_{cv} f_t b h_0 \tag{10-39}$$

则不需进行斜截面抗剪配筋计算,仅按构造要求设置腹筋。否则,需按计算配置腹筋。

(4) 箍筋用量计算。

当剪力完全由箍筋和混凝土承担时,由式(10-32)可得

$$\frac{A_{sv}}{s} \geqslant \frac{V - \alpha_{cv} f_t b h_0}{f_{yv} h_0} \tag{10-40}$$

计算出 A_{sv}/s 值后,根据 $A_{sv} = n A_{sv1}$ 可选定箍筋肢数 n,单肢箍筋截面积 A_{sv1},然后求出箍筋的间距 s。注意,选用箍筋的直径和间距应满足构造要求。

(5) 由式(10-38)验算箍筋的最小配筋率。

2. 截面复核

(1) 验算配箍率,检查腹筋配置是否满足构造要求。若配箍率 $\rho_{sv} < \rho_{svmin}$,或腹筋间距 $s > s_{max}$,则 $V_u = \alpha_{cv} f_t b h_0$。

(2) 若 $\rho_{sv} \geqslant \rho_{svmin}$,且 $s \leqslant s_{max}$,则 $V_u = V_{cs} = \alpha_{cv} f_t b h_0 + f_{yv} \dfrac{A_{sv}}{s} h_0$。

(3) 用上面计算的 V_u 替代式(10-35)~式(10-37)中的 V,验算构件截面尺寸。

若 $V > 0.25\beta_c f_c b h_0$(或 $0.2\beta_c f_c b h_0$),说明构件箍筋配置过多,按 $V_u = 0.25\beta_c f_c b h_0$(或 $0.2\beta_c f_c b h_0$)确定构件斜截面承载力。

【例 10-1】 某矩形截面简支梁,截面尺寸为 250 mm×500 mm,混凝土强度等级为 C20,箍筋为 HPB235 级,双肢箍 $\phi 8$,纵筋为 $3 \oplus 25$ 的 HRB335 级钢筋,$a_s = 40$ mm,支座处截面的剪力最大值为 180 kN。若仅配箍筋,求箍筋用量。

解:本题为截面设计。

(1) 查表确定材料强度值

C20 混凝土,$f_t = 1.1$ N/mm²,$f_c = 9.6$ N/mm²;箍筋为 HPB235 级,双肢箍 $\phi 8 f_{yv} = 210$ N/mm²;纵筋为 HRB335 级,$f_y = 300$ N/mm²。

(2) 复核梁的截面尺寸

$$h_0 = 500 - 40 = 460 \text{ mm}$$

$h_w/b = 460/250 = 1.84 < 4$,C20 混凝土,$\beta_c = 1$。

$$V = 180 \text{ kN} < 0.25\beta_c f_c b h_0 = 0.25 \times 1 \times 9.6 \times 250 \times 460 = 276 \text{ kN}$$

截面尺寸符合要求。

(3) 验算是否计算配箍

$$\alpha_{cv} = 0.7$$

$$\alpha_{cv} f_t b h_0 = 0.7 \times 1.1 \times 250 \times 460 = 88.55 \text{ kN} < V = 180 \text{ kN}$$

需按照计算配置箍筋。

（4）计算箍筋用量

$$\frac{A_{sv}}{s}=\frac{V-\alpha_{cv}f_{t}bh_{0}}{f_{yv}h_{0}}=\frac{180\times10^{3}-88.55\times10^{3}}{210\times460}=0.947 \text{ mm}^{2}/\text{mm}$$

箍筋双肢 $\phi8$，$A_{sv1}=50.3 \text{ mm}^{2}$，$n=2$，查表得 $s_{max}=200 \text{ mm}$，所以

$$s=\frac{A_{sv}}{0.947}=\frac{nA_{sv1}}{0.947}=\frac{2\times50.3}{0.947}=106 \text{ mm}<s_{max}$$

取 $s=100 \text{ mm}$。

（5）验算最小配箍率

$$\rho_{svmin}=0.24\frac{f_{t}}{f_{yv}}=0.24\times\frac{1.1}{210}=0.126\%$$

验算：$\rho_{sv}=\frac{A_{sv}}{bs}=\frac{2\times50.3}{250\times100}=0.40\%>\rho_{svmin}=0.126\%$，满足。

所以，梁配置箍筋为双肢 $\phi8@100$。

【例 10-2】 钢筋混凝土矩形截面简支梁，承受均布荷载，截面尺寸为 $b\times h=250 \text{ mm}\times600 \text{ mm}$，$a_{s}=60 \text{ mm}$，采用 C30 级混凝土，纵向受拉钢筋采用 HRB335 级，箍筋采用 HPB235 级双肢箍 $\phi8@200$，试计算该梁能承受的最大剪力设计值。

解：本题为截面复核。

（1）查表确定材料强度值

C30 混凝土，$f_{t}=1.43 \text{ N/mm}^{2}$，$f_{c}=14.3 \text{ N/mm}^{2}$；箍筋 HPB235 级，$f_{yv}=210 \text{ N/mm}^{2}$；纵筋为 HRB335 级，$f_{y}=300 \text{ N/mm}^{2}$。

（2）验算最小配箍率

$$A_{sv1}=50.3 \text{ mm}^{2}$$

验算：$\rho_{sv}=\frac{A_{sv}}{bs}=\frac{2\times50.3}{250\times200}=0.20\%>0.24\frac{f_{t}}{f_{yv}}=0.163\%$，满足。

（3）斜截面承载力计算

$$h_{0}=600-60=540 \text{ mm}$$

$$V_{u}=\alpha_{cv}f_{t}bh_{0}+f_{yv}\frac{A_{sv}}{s}h_{0}=0.7\times1.43\times250\times540+210\times\frac{2\times50.3}{200}\times540=192.18 \text{ kN}$$

（4）复核截面尺寸

$$h_{w}/b=5400/250=2.16<4$$

$$V=192.18 \text{ kN}<0.25\beta_{c}f_{c}bh_{0}=0.25\times1\times14.3\times250\times540=482.63 \text{ kN}$$

所以，梁能承受的最大剪力设计值为 192.18 kN。

五、斜截面受弯承载力

对受弯构件，在设计中除了保证正截面受弯承载力和斜截面受剪承载力外，在考虑纵向钢筋弯起、截断及钢筋锚固时，还需在构造上采取措施，保证梁的斜截面受弯承载力及钢筋的可靠锚固。

1. 抵抗弯矩图

抵抗弯矩图，也称材料图，是指按实际纵向受力钢筋布置情况画出的各截面弯矩，即受

弯承载力 M_u 沿构件轴线方向的分布图形,以下称为 M_u 图。M_u 图中竖标表示的正截面受弯承载力设计值,称为抵抗弯矩,是截面的抗力。

在设计中,为了节约钢材,可根据设计弯矩图的变化将一部分纵筋在正截面受弯不需要的地方截断或弯起作受剪钢筋。纵筋沿梁通长布置时,M_u 图是矩形;钢筋截断时,在 M_u 图上就产生抵抗弯矩的突然减小,形成矩形,如图 10-31 所示;钢筋弯起时,其受弯承载力逐渐减小,形成斜线,如图 10-32 所示。**只要钢筋弯起或截断后的 M_u 图能包住 M 图,就能满足受弯承载力的要求。**

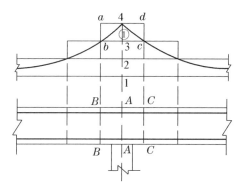

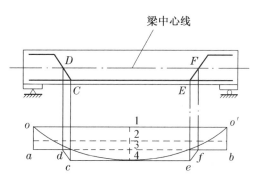

图 10-31　纵筋截断时的抵抗弯矩图　　　　图 10-32　纵筋弯起时的抵抗弯矩图

截断和弯起纵向受拉钢筋所得到的 M_u 图愈贴近 M 图,说明纵向受拉钢筋利用愈充分。当然,也应考虑施工的方便,不宜使配筋构造过于复杂。

2. 保证斜截面受弯承载力的措施

(1) 纵向受拉钢筋弯起的构造措施

弯起钢筋的弯起角度 α 一般为 $45°\sim60°$。

钢筋弯起点位置与按计算充分利用该钢筋的截面之间的距离 $a \geqslant 0.5h_0$;同时弯起钢筋与梁中心线的交点位于不需要该钢筋的截面之外。

(2) 纵向受拉钢筋截断的构造措施

纵向受拉钢筋不宜在受拉区截断。对于梁底部的纵向受拉钢筋,通常将计算上不需要的钢筋弯起作为抗剪钢筋或支座截面承受负弯矩的钢筋。

规范规定,对于连续梁、框架,支座截面的负弯矩钢筋不宜在受拉区截断。当必须截断时,应保证截断钢筋强度的充分利用和斜截面受弯承载力。

任务四　钢筋骨架的构造要求

一、箍筋的构造要求

1. 箍筋形式和肢数

箍筋的形式有封闭式和开口式两种,如图 10-33 所示。通常采用封闭式箍筋。当梁中配有按计算需要的纵向受压钢筋时,箍筋应作成封闭式,箍筋端部弯钩通常用 $135°$,弯钩端部水平直段长度不应小于 $5d$(d 为箍筋直径)和 50 mm。

箍筋的肢数分单肢、双肢及复合箍,一般采用双肢箍,当梁宽 $b>400$ mm 且一层内的纵向受压钢筋多于 3 根时,或当梁宽 $b<400$ mm 但一层内的纵向受压钢筋多于 4 根时,应设置复合箍筋;梁截面高度减小时,也可采用单肢箍。

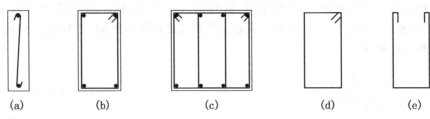

图 10 - 33 箍筋形式和肢数

2. 箍筋的直径和间距

对截面高度 $h\leqslant800$ mm 的梁,其箍筋直径不宜小于 6 mm;对截面高度 $h>800$ mm 的梁,其箍筋直径不宜小于 8 mm。当梁中配有计算需要的纵向受压钢筋时,箍筋直径尚不应小于纵向受压钢筋最大直径的 0.25 倍。

箍筋的间距一般应由计算确定,同时,为控制使用荷载下的斜裂缝宽度,梁中箍筋的最大间距宜符合表 10 - 3 的规定。

表 10 - 3 梁中箍筋的最大间距(mm)

梁高(h)	$V>0.7f_tbh_0$	$V\leqslant0.7f_tbh_0$
$150<h\leqslant300$	150	200
$300<h\leqslant500$	200	300
$500<h\leqslant800$	250	350
$h>800$	300	400

当梁中配有按计算需要的纵向受压钢筋时,箍筋的间距不应大于 $15d$(d 为纵向受压钢筋的最小直径)同时不应大于 400 mm;当一层内的纵向受压钢筋多于 5 根且直径大于 18 mm 时,箍筋间距不应大于 $10d$。

3. 箍筋的布置

对按计算不需要配箍筋的梁:

① 当截面高度 $h>300$ mm 时,应沿梁全长设置箍筋;

② 当截面高度 $h=150\sim300$ mm 时,可仅在构件端部各四分之一跨度范围内设置箍筋;但当在构件中部二分之一跨度范围内有集中荷载作用时,则应沿梁全长设置箍筋;

③ 当截面高度 $h<150$ mm 时,可不设箍筋。

二、纵向受力钢筋的锚固

1. 简支支座

当梁端剪力 $V\leqslant0.7f_tbh_0$ 时,钢筋受力较小,支座附近不会出现斜裂缝,纵筋适当伸入支座即可。当剪力 $V>0.7f_tbh_0$ 时,可能出现斜裂缝,这时支座处的纵筋拉力由斜裂缝截面的弯矩确定,若无足够的锚固长度,纵筋会从支座内拔出,发生斜截面弯曲破坏。为此,钢筋混凝土简支梁和连续梁简支端的下部纵向受力钢筋,其伸入支座范围内的锚固长度 las 应符合下列规定:

当 $V \leqslant 0.7 f_t b h_0$ 时: $las \geqslant 5d$;当 $V > 0.7 f_t b h_0$ 时:对带肋钢筋,$las \geqslant 12d$;对光面钢筋,$las \geqslant 15d$。

如不符合上述要求,应采取在钢筋上加焊锚固钢板或将钢筋端部焊接在梁端预埋件上等有效锚固措施,如图 10-34 所示。

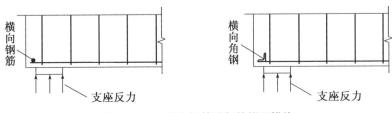

图 10-34　纵向钢筋端部的锚固措施

2. 中间支座

连续梁在中间交座处,一般上部纵向钢筋受拉,应贯穿中间支座节点或中间支座范围。下部钢筋受压,其伸入支座的锚固长度视具体情况考虑。

三、弯起钢筋的构造

1. 弯起钢筋的间距

当设置抗剪弯起钢筋时,为防止弯起钢筋的间距过大,出现不与弯起钢筋相交的斜裂缝,使弯起钢筋不能发挥作用,当按计算需要设置弯起钢筋时前一排(对支座而言)弯起钢筋的弯起点到次一排弯起钢筋弯终点的距离不得大于表 10-3 中 $V > 0.7 f_t b h_0$ 栏规定的箍筋最大间距,且第一排弯起钢筋距支座边缘的距离也不应大于箍筋的最大间距 S_{max}。

2. 弯起钢筋的锚固长度

在弯起钢筋的弯终点外应留有平行于梁轴线方向的锚固长度,其长度在受拉区不应小于 $20d$,在受压区不应小于 $10d$,此处,d 为弯起钢筋的直径,光面弯起钢筋末端应设弯钩(图 10-35)。

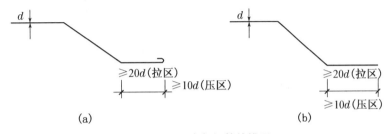

图 10-35　弯起钢筋的锚固

3. 弯起钢筋的弯起角度

梁中弯起钢筋的弯起角度一般可取 45°。当梁截面高度大于 700 mm 时,也可为 60°。底层钢筋中的角部钢筋不应弯起,顶层钢筋中的角部钢筋不应弯下。

4. 弯起钢筋的形式

当为了满足抵抗弯矩图的需要,不能弯起纵向受拉钢筋时,可设置单独的受剪弯起钢筋。单独的受剪弯起钢筋应采用"鸭筋",而不应采用锚固性能差的"浮筋"(图 10 - 36)。

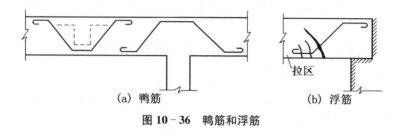

(a) 鸭筋   (b) 浮筋

图 10 - 36 鸭筋和浮筋

小 结

1. 根据配筋率不同,受弯构件正截面破坏形态有三种:适筋破坏、超筋破坏和少筋破坏。建筑结构中不允许发生超筋和少筋破坏,必须通过限制条件加以避免。

适筋梁破坏经历了三个阶段,受拉区混凝土开裂和受拉钢筋屈服是划分三个受力阶段的界限。根据适筋梁第Ⅲ$_a$阶段的实际应力图形,用等效矩形应力图形代替实际的曲线应力图形,并经计算简化,可得到受弯构件正截面承载力计算的应力图形。

2. 单筋矩形截面计算应力图形中,纵筋承担的拉力为 $f_y A_s$,受压区混凝土承担的压力为 $\alpha_1 f_c bx$;在双筋截面中,受压区再加上受压钢筋承担的压力 $f_y' A_s'$。正截面受弯承载力的基本计算公式,就是根据这个应力图的平衡条件 $\sum X = 0$ 和 $\sum m = 0$ 列出的。T 形截面分为第一类和第二类截面,也是按照上述方法确定基本公式。各类截面中,基本公式均具有适用条件。

3. 受弯构件的正截面承载力计算分为截面设计和截面复核两类问题,截面设计时一般有两个未知数 x 和 A_s,通过联立公式或引入系数 α_s 求解。截面复核时一般有两个未知数 x 和 M_u,可用基本公式联立方程求解。

4. 根据剪跨比和箍筋用量的不同,斜截面受剪的破坏形态有三种:斜压破坏、剪压破坏和斜拉破坏。通过限制截面尺寸和控制箍筋的最小配筋率来防止斜压破坏和斜拉破坏,剪压破坏则需要通过配筋计算来防止。

5. 斜截面受剪承载力计算公式是以剪压破坏为依据的。其受剪承载力由三部分组成,$V_u = V_c + V_{sv} + V_{sb}$,分别为混凝土、箍筋和弯起钢筋承受的部分。斜截面承载力计算包括斜截面受剪承载力和受弯承载力两个方面,斜截面受剪承载力是通过计算配置足够的腹筋来保证的,斜截面受弯承载力是通过纵筋弯起和截断等构造措施来保证的。

思 考 题

10 - 1 适筋梁、超筋梁和少筋梁的破坏特征有何不同?

10-2　什么是界限破坏？界限破坏时的界限相对受压区高度 ξ_b 与什么有关？ξ_b 与最大配筋率 ρ_{max} 有何关系？

10-3　单筋矩形截面承载力公式是如何建立的？为什么要规定其适用条件？

10-4　为何一般情况下采用双筋截面受弯构件不经济？在什么条件下可采用双筋截面梁？

10-5　为什么在双筋矩形截面承载力计算中必须满足 $x \geq 2a_s'$ 的条件？

10-6　根据中和轴位置不同，T 形截面的承载力计算有哪几种情况？

10-7　有腹筋梁斜截面破坏形态有哪几种？各在什么情况下产生？

10-8　什么是抵抗弯矩图？它与设计弯矩图有什么关系？

10-9　为什么会发生斜截面受弯破坏？钢筋切断或弯起时，如何保证斜截面受弯承载力？

习　题

10-1　已知钢筋混凝土矩形梁，处于一类环境，其截面尺寸 $b \times h = 250\ \text{mm} \times 500\ \text{mm}$，承受弯矩设计值 $M = 220\ \text{kN·m}$，采用 C30 混凝土和 HRB400 级钢筋。试配置截面钢筋。

10-2　已知某单跨简支板，处于一类环境，计算跨度 $l = 2.18\ \text{m}$，承受均布荷载设计值 $g + q = 6\ \text{kN/m}^2$（包括板自重），采用 C30 混凝土和 HPB300 级钢筋，求现浇板的厚度 h 以及所需受拉钢筋截面面积 A_s。

10-3　已知钢筋混凝土矩形梁，处于一类环境，其截面尺寸 $b \times h = 250\ \text{mm} \times 550\ \text{mm}$，采用 C25 混凝土，配有 HRB335 级钢筋 $3 \oplus 22$（$A_s = 1140\ \text{mm}^2$）。试验算此梁承受弯矩设计值 $M = 180\ \text{kN·m}$ 时，是否安全？

10-4　某矩形截面简支梁，安全等级为二级，处于一类环境，承受剪力设计值 150 kN，截面尺寸 $b \times h = 250\ \text{mm} \times 550\ \text{mm}$。混凝土为 C20 级，纵向钢筋采用 HRB335 级钢筋，箍筋采用 HPB300 级钢筋。根据正截面受弯承载力计算已配有 $6 \oplus 22$ 的纵向受拉钢筋，按两排布置。若仅配箍筋，计算箍筋用量。

10-5　承受均布荷载设计值 p 作用下的矩形截面简支梁，安全等级为二级，处于一类环境，截面尺寸 $b \times h = 200\ \text{mm} \times 500\ \text{mm}$，梁净跨度 $l_n = 4.5\ \text{m}$，混凝土为 C25 级，箍筋采用 HPB300 级钢筋。梁中已配有双肢 $\phi 8@200$ 箍筋，试求该梁按斜截面承载力要求所能承担的荷载设计值 p。

项目十一　钢筋混凝土受压构件承载力计算

【学习目标】

1. 了解受压构件的基本构造要求；
2. 掌握普通轴心受压构件的正截面承载力计算；
3. 能分析偏心受压构件的破坏特征，判别大、小偏心受压构件；
4. 理解大小偏心受压构件正截面承载力基本公式；
5. 能正确计算对称配筋偏心受压构件。

【学习重点】

1. 普通轴心受压构件的正截面承载力计算；
2. 对称配筋偏心受压构件正截面承载力计算。

任务一　受压构件的基本构造要求

一、受压构件的分类

受压构件是钢筋混凝土结构中最常见的构件之一，如框架柱、墙、桁架压杆等。受压构件截面上一般作用有轴力、弯矩和剪力。当仅作用轴力且轴向力作用线与构件截面形心轴重合时，称为**轴心受压构件**；当同时作用有轴力和弯矩或轴向力作用线与构件截面形心轴不重合时，称为**偏心受压构件**。当轴向力作用线与截面的形心轴平行且沿某一主轴偏离形心时，称为**单向偏心受压构件**；当轴向力作用线与截面的形心轴平行且偏离两个主轴时，称为**双向偏心受压构件**，如图 11-1 所示。

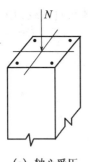
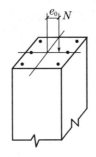
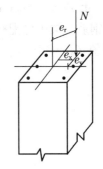

(a) 轴心受压　　　　(b) 单向偏心受压　　　　(c) 双向偏心受压

图 11-1　轴心受压与偏心受压

在实际工程中,由于混凝土材料的非均质性,钢筋实际布置的不对称性以及制作安装的误差等原因,理想的轴心受压构件是不存在的。在实际设计中,屋架的受压腹杆、承受恒载为主的等跨框架的中柱等因弯矩很小而忽略不计,可近似地当作轴心受压构件,如图 11－2 所示。单层厂房柱、一般框架柱、屋架上弦杆、拱等都属于偏心受压构件,如图 11－3 所示。框架结构的角柱则属于双向偏心受压构件。

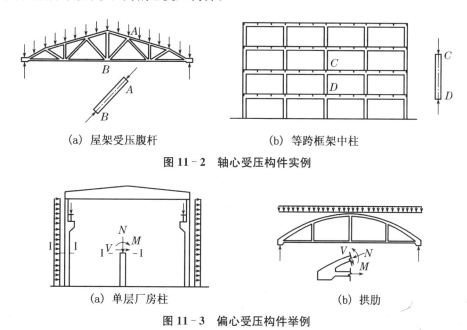

(a) 屋架受压腹杆　　　　　　(b) 等跨框架中柱

图 11－2　轴心受压构件实例

(a) 单层厂房柱　　　　　　　　　(b) 拱肋

图 11－3　偏心受压构件举例

二、截面形式及尺寸

受压构件截面形式的选择要考虑受力合理和模板制作方便。轴心受压构件的截面形式一般为正方形或边长接近的矩形;建筑上有特殊要求时,可选择圆形或多边形。偏心受压构件的截面形式一般多采用长宽比不超过 1.5 的矩形截面;承受较大荷载的装配式受压构件可采用工字形截面。为避免房间内柱子突出墙面而影响美观与使用,常采用 T 形、L 形、十字形等异形截面柱。

对于方形和矩形独立柱的截面尺寸,不宜小于 250 mm×250 mm,框架柱不宜小于 300 mm×400 mm。对于工字形截面,翼缘厚度不宜小于 120 mm,腹板厚度不宜小于 100 mm。

同时,柱截面尺寸还受到长细比的控制。因为柱子过于细长时,其承载力受稳定控制,材料强度得不到充分发挥。一般情况下,对方形、矩形截面,$l_0/b \leqslant 30$,$l_0/h \leqslant 25$;对圆形截面,$l_0/d \leqslant 25$。此处 l_0 为柱的计算长度,b、h 分别为矩形截面短边及长边尺寸,d 为圆形截面直径。

为施工制作方便,柱截面尺寸还应符合模数化的要求,柱截面边长在 800 mm 以下时,以 50 mm 为模数,在 800 mm 以上时,以 100 mm 为模数。

三、材料强度等级

混凝土强度等级对受压构件的抗压承载力影响很大,特别对于轴心受压构件。为了充分利用混凝土承压,节约钢材,减小构件截面尺寸,受压构件宜采用较高强度等级的混凝土,一般设计中常用的混凝土强度等级为 C25～C50。

在受压构件中,钢筋与混凝土共同承压,两者变形保持一致,受混凝土峰值应变的控制,钢筋的压应力最高只能达到 400 N/mm^2,采用高强度钢材不能充分发挥其作用。因此,一般设计中纵向受力普通钢筋宜采用 HRB400、HRB500、HRBF400、HRBF500 钢筋,也可采用 HRB335、HRBF335、HPB300、RRB400 钢筋;箍筋宜采用 HRB400、HRBF400、HPB300、HRB500、HRBF500 钢筋,也可采用 HRB335、HRBF335 钢筋。

四、纵向钢筋

钢筋混凝土受压构件最常见的配筋形式是沿周边配置纵向受力钢筋及横向箍筋,如图 11-4 所示。

纵向受力钢筋的作用是与混凝土共同承担由外荷载引起的纵向压力,防止构件突然脆裂破坏及增强构件的延性,减小混凝土不匀质引起的不利影响;同时,纵向钢筋还可以承担构件失稳破坏时凸出面出现的拉力以及由于荷载的初始偏心、混凝土收缩、徐变、温度应变等因素引起的拉力等。

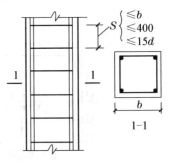

图 11-4 受压构件的钢筋骨架

为了增强钢筋骨架的刚度,减小钢筋在施工时的纵向弯曲及减少箍筋用量,受压构件中宜采用较粗直径的纵筋,以便形成刚性较好的骨架。纵向受力钢筋的直径不宜小于 12 mm,一般在 16～32 mm 范围内选用。

矩形截面受压构件中,纵向受力钢筋根数不得少于 4 根,以便与箍筋形成钢筋骨架。轴心受压构件中,纵向钢筋应沿构件截面周边均匀布置,偏心受压构件中的纵向受力钢筋应布置在垂直于弯矩作用方向的两个对边。纵向受力钢筋的配置需满足最小配筋率的要求(附表 B-3),同时为了施工方便和经济考虑,按全截面面积计算的全部纵向钢筋的配筋率不宜超过 5%。

当矩形截面偏心受压构件的截面高度 $h \geqslant 600$ mm 时,为防止构件因混凝土收缩和温度变化产生裂缝,应沿长边设置直径为 10～16 mm 的纵向构造钢筋,且间距不应超过 500 mm,并相应地配置复合箍筋或拉筋。

为便于浇筑混凝土,纵向钢筋的净间距不应小于 50 mm,对水平放置浇筑的预制受压构件,其纵向钢筋的间距要求与梁相同。

偏心受压构件中,垂直于弯矩作用平面的侧面上的纵向受力钢筋以及轴心受压构件中各边的纵向受力钢筋中距不宜大于 300 mm。

五、箍筋

受压构件中,一般箍筋沿构件纵向等距离放置,并与纵向钢筋构成空间骨架,如图 11-5 所示。箍筋除了在施工时对纵向钢筋起固定作用外,还给纵向钢筋提供侧向支点,防止纵向钢筋受压弯曲而降低承压能力。此外,箍筋在柱中也起到抵抗水平剪力的作用。密布箍筋还起约束核心混凝土,改善混凝土变形性能的作用。

为有效地阻止纵向钢筋的压屈破坏和提高构件斜截面抗剪能力,箍筋应做成封闭式;箍筋间距不应大于 400 mm 及构件截面短边尺寸,且不应大于纵向钢筋的最小直径的 15 倍;箍筋直径不应小于纵向钢筋的最大直径的 1/4,且不应小于 6 mm;当柱中全部纵向受力钢筋配筋率大于 3%时,箍筋直径不应小于 8 mm,间距不应大于纵向钢筋的最小直径的 10 倍,且不应大于 200 mm;箍筋末端应做成 135°弯钩且弯钩末端平直段长度不应小于箍筋直径的 10 倍;箍筋也可焊接成封闭环式;当柱截面短边尺寸大于 400 mm 且各边纵向钢筋多于 3 根时,或当柱截面短边尺寸不大于 400 mm 但各边纵向钢筋多于 4 根时,应设置复合箍筋,如图 11 - 5(a)、(b)所示。

对于截面形状复杂的柱,为了避免产生向外的拉力致使折角处的混凝土破损,不可采用具有内折角的箍筋,而应采用分离式箍筋,见图 11 - 5(c)所示。

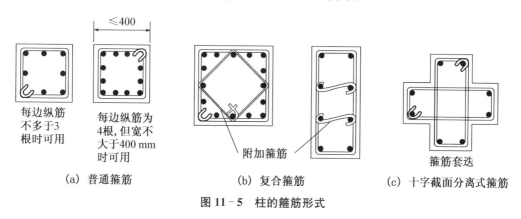

(a) 普通箍筋　　　　　　　(b) 复合箍筋　　　　　(c) 十字截面分离式箍筋

图 11 - 5　柱的箍筋形式

任务二　轴心受压构件的正截面承载力

柱是工程中最具有代表性的受压构件。柱中所配置箍筋有普通箍筋、间接钢筋(螺旋箍筋或焊接环式箍筋)之分。配置不同箍筋的轴心受压柱,其受力性能及计算方法不同。

一、普通箍筋轴心受压柱的受力性能与承载力计算

1. 柱的计算长度

(1)刚性屋盖的单层房屋排架柱、露天吊车柱和栈桥柱,其计算长度按表 11 - 1 规定采用。

(2)一般多层房屋中的梁柱为刚接的框架结构,各层柱的计算长度按表 11 - 2 规定采用。

(3)当水平荷载产生的弯矩设计值占总弯矩设计值的 75%以上时,框架柱的计算长度根据结点处相交梁、柱的线刚度确定。

表 11 - 1　刚性屋盖单层房屋排架柱、露天吊车柱和栈桥柱的计算长度

柱的类别		计算长度 l_0		
		排架方向	垂直排架方向	
			有柱间支撑	无柱间支撑
无吊车房屋柱	单跨	$1.5H$	$1.0H$	$1.2H$
	两跨及多跨	$1.25H$	$1.0H$	$1.2H$
有吊车房屋柱	上柱	$2.0H_u$	$1.25H_u$	$1.5H_u$
	下柱	$1.0H_l$	$0.8H_l$	$1.0H_l$
露天吊车柱和栈桥柱		$2.0H_l$	$1.0H_l$	

注:① 表中 H 为从基础顶面算起的柱子全高;H_l 为从基础顶面至装配式吊车梁底面或现浇式吊车梁顶面的柱子下部高度;H_u 为从装配式吊车梁底面或现浇式吊车梁顶面算起的柱子上部高度;② 表中有吊车房屋排架柱的计算长度,当计算中不考虑吊车荷载时,可按无吊车房屋柱的计算长度采用,但上柱的计算长度仍可按有吊车房屋采用;③ 表中有吊车房屋排架柱的上柱在排架方向的计算长度,仅适用于 $H_u/H_l \geqslant 0.3$ 的情况;当 $H_u/H_l < 0.3$ 时,计算长度宜采用 $2.5H_u$。

表 11 - 2　框架结构各层柱的计算长度

楼盖类型	柱的类别	计算长度 l_0
现浇楼盖	底层柱	H
	其余各层柱	$1.25H$
装配式楼盖	底层柱	$1.25H$
	其余各层柱	$1.5H$

注:表中 H 对底层柱为从基础顶面到一层楼盖顶面的高度;对其余各层柱为上、下两层楼盖顶面之间的高度。

2. 柱的受力性能分析

根据长细比不同,受压柱可分为短柱和长柱。短柱指长细比 $l_0/b \leqslant 8$(矩形截面,b 为截面较小边长)或 $l_0/d \leqslant 7$(圆形截面,d 为直径)或 $l_0/i \leqslant 28$(其他截面,i 为截面回转半径)的柱,l_0 为柱的计算长度。

从配有纵向钢筋和普通箍筋的轴心受压短柱的大量试验结果可以看出,轴心压力作用下,整个截面的应变基本上是均匀分布的。当荷载较小时,变形的增加与外力的增长成正比;当荷载较大时,变形增加的速度快于外力增加的速度,纵筋配筋量越少,这种现象就越明显。随着压力的继续增加,柱中开始出现细微裂缝,当达到极限荷载时,细微裂缝发展成明显的纵向裂缝,随着应变的增长,这些裂缝将相互贯通,箍筋间的纵筋发生压屈,混凝

图 11 - 6　轴心受压破坏

土被压碎而整个柱子破坏。在这个过程中,混凝土的侧向膨胀将向外挤推纵筋,使纵筋在箍筋之间呈灯笼状向外受压屈服,如图 11 - 6 所示。

实际工程中轴心受压构件是不存在的,荷载的微小初始偏心不可避免,这对轴心受压短柱的承载能力无明显影响,但对于长柱则不容忽视。试验表明,**对长细比较大的长柱,由于纵向弯曲的影响,其承载力低于条件完全相同的短柱**。当长细比过大时还会发生失稳破坏。长柱的破坏荷载低于其他条件相同的短柱的破坏荷载,**采用稳定系数 φ 来表示长柱承载力降低的程度**。稳定系数取值与长细比有关,详见表 11-3。

表 11-3 钢筋混凝土轴心受压构件的稳定系数 φ

l_0/b	$\leqslant 8$	10	12	14	16	18	20	22	24	26	28
l_0/d	$\leqslant 7$	8.5	10.5	12	14	15.5	17	19	21	22.5	24
l_0/i	$\leqslant 28$	35	42	48	55	62	69	76	83	90	97
φ	1.00	0.98	0.95	0.92	0.87	0.81	0.75	0.70	0.65	0.60	0.56
l_0/b	30	32	34	36	38	40	42	44	46	48	50
l_0/d	26	28	29.5	31	33	34.5	36.5	38	40	41.5	43
l_0/i	104	111	118	125	132	139	146	153	160	167	174
φ	0.52	0.48	0.44	0.40	0.36	0.32	0.29	0.26	0.23	0.21	0.19

注:l_0—构件计算长度;b—矩形截面短边尺寸;d—圆形截面的直径;i—截面最小回转半径。

2. 轴心受压构件正截面承载力基本公式

根据以上分析,轴心受压构件承载力计算简图如图 11-7 所示,考虑稳定及可靠度因素后,得轴心受压构件的正截面承载力计算公式:

$$N \leqslant 0.9(f_c A + f_y' A_s') \qquad (11-1)$$

式中,N——轴心压力设计值;

φ——稳定系数,按表 11-4 取值;

f_c——混凝土轴心抗压强度设计值,按附表 A-1 取值;

f_y'——钢筋抗压强度设计值,按附表 A-3 取值;

A——构件截面面积,当纵筋配筋率 $\rho' > 3\%$ 时,A 用 $A - A_s'$ 代替;

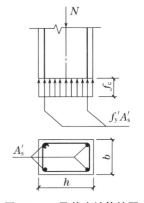

图 11-7 承载力计算简图

A_s'——截面全部受压纵筋截面面积,应满足附表 B-3 规定的最小配筋率要求。

式(11-1)中等号右边乘以系数 0.9 是为了保持与偏心受压构件正截面承载力计算的可靠度相近。

3. 轴心受压构件正截面承载力计算

轴心受压构件的承载力计算可以分为截面设计和截面复核两类问题。

(1)截面设计

截面设计时一般先选定材料的强度等级,确定柱的截面形状及尺寸。也可通过假定合理的配筋率,由式(11-1)估算截面面积后确定截面尺寸。材料和截面确定后,利用表 11-3 确定稳定系数 φ,再由公式(11-1)求出所需的纵筋数量,并验算其配筋率。截面纵筋按计算用量选配,箍筋按构造要求配置。

应当指出的是，工程中轴心受压构件沿截面 x、y 两个主轴方向的杆端约束条件可能不同，因此计算长度 l_0 也就可能不同。再按公式(11-2)中进行承载力计算时，稳定系数 φ 应分别按两个方向的长细比(l_0/b、l_0/h)确定，并取其中的较小者。

(2) 截面复核

截面复核时，将已知的截面尺寸、材料强度、配筋量及构件计算长度等相关参数代入公式(11-1)便可。若该式成立，说明截面安全；否则，为不安全。

【例 11-1】 某多层现浇钢筋混凝土框架结构房屋，现浇楼盖，二层层高 $H=3.6$ m，其中柱承受轴向压力设计值 $N=2420$ kN(含柱自重)。采用 C25 混凝土和 HRB335 级钢筋。求该柱截面尺寸及纵筋面积。

解：本例题属于截面设计类

(1) 初步确定截面形式和尺寸

由于是轴心受压构件，选用正方形截面。

查附表 A-1 和附表 A-3，C25 混凝土，$f_c=11.9$ N/mm²；HRB335 级钢筋，$f_y'=300$ N/mm²。假定 $\rho'=3\%$，$\varphi=0.9$，代入公式(11-2)估算截面面积：

$$A \geqslant \frac{N}{0.9\varphi(f_c+f_y'\rho')} = \frac{2420\times10^3}{0.9\times0.9\times(11.9+0.03\times300)} = 142950.0 \text{ mm}^2$$

$$b=h=\sqrt{A} \geqslant 378.1 \text{ mm}$$

选截面尺寸为 400 mm×400 mm。

(2) 计算受压纵筋面积

查表 11-2 可知，$l_0=1.25H$，$l_0/b=1.25\times3.6/0.4=11.25$；查表 11-3 可知，$\varphi=0.961$。

由公式(11-1)得

$$A_s' = \frac{\dfrac{N}{0.9\varphi}-f_cA}{f_y} = \frac{\dfrac{2420\times10^3}{0.9\times0.961}-11.9\times400\times400}{300} = 2980 \text{ mm}^2$$

(3) 选配钢筋

选配纵筋 8⌀22，实配纵筋面积 $A_s'=3014$ mm²。

$$\rho' = \frac{A_s'}{A} = \frac{3014}{160000} = 1.9\% > \rho_{min}' = 0.6\%$$

满足配筋率要求。

根据构造要求，选配箍筋 $\phi8@300$，截面配筋图如图 11-8 所示。

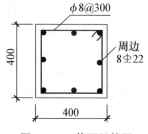

图 11-8 截面配筋图

二、间接钢筋轴心受压柱的受力性能

当轴心受压构件承受的轴向压力较大，而其截面尺寸的增大受到限制，即使提高混凝土强度等级和增加纵筋用量仍不能满足承载力计算要求，可考虑采用配有螺旋式或焊接环式箍筋柱，以提高构件的承载能力。螺旋式或焊接环式箍筋也称为"间接钢筋"，柱的截面形状一般为圆形或正多边形，构造形式如图 11-9 所示。这种柱的施工比较复杂，用钢量大，造价高，不宜普遍采用。

试验研究表明,受压短柱破坏是构件在承受轴向压力时产生横向扩张,至横向拉应变达到混凝土极限拉应变所致。如能在构件四周设置横向约束,以阻止受压构件的这种横向扩张,使核心混凝土处于三向受压状态,就能显著地提高构件抗压承载能力和变形能力。间接钢筋柱能够起到这种作用,它比一般矩形箍筋柱有更大的承载力和变形能力(或延性)。间接钢筋的强度、直径以及间距是影响柱的承载能力和变形能力的主要因素。间接钢筋强度越高、直径越粗、间距越小,约束作用越明显,其中间接钢筋的间距的影响最为显著。

间接钢筋所包围的核心截面混凝土处于三向受压状态,其实际抗压强度因套箍作用而高于混凝土轴心抗压强度。这类配筋柱在进行承载力计算时,与普通箍筋不同的是要考虑横向箍筋的作用。

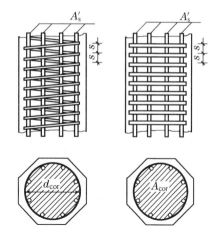

(a) 螺旋箍筋柱　　(b) 焊接环式箍筋柱

图 11 - 9　间接钢筋柱的配筋构造

任务三　偏心受压构件的正截面承载力

一、偏心受压构件的破坏形态及其特征

根据钢筋混凝土偏心受压构件正截面的受力特点与破坏特征,偏心受压构件可分为大偏心受压构件和小偏心受压构件两种类型。

1. 大偏心受压(受拉破坏)

当轴向力的偏心距较大且受拉钢筋配置不多时,在偏心轴向力的作用下,远离轴向力一侧的截面受拉,近轴向力一侧的截面受压。随着轴向力的增加,受拉区出现横向裂缝并不断扩展,受拉钢筋首先达到屈服,混凝土压区的高度减少,压区边缘混凝土的应变达到其极限值,受压钢筋受压屈服,在压区出现纵向裂缝,最后混凝土压碎。这种破坏形式称为大偏心受压破坏。如图 11 - 10 所示。

由于大偏心受压破坏时受拉钢筋先屈服,因此又称受拉破坏,其破坏特征与钢筋混凝土双筋截面适筋梁的破坏相似,属于延性破坏。

2. 小偏心受压(受压破坏)

相对大偏心受压,小偏心受压的截面应力分布较为复杂,根据偏心距和纵向钢筋配筋率的不同,截面可能大部分截面受压,也可能全截面受压。

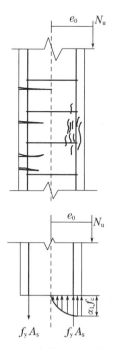

图 11 - 10　大偏心受压破坏形态

(1) 大部分截面受压

当偏心距较小,远离轴向力一侧的钢筋配置较多时,截面的受压区较大,随着荷载的增加,受压区边缘的混凝土首先达到极限压应变值,受压钢筋应力达到屈服强度,远离轴向力一侧的钢筋受拉但应力没有达到屈服强度,截面上的应力状态如图 11 - 11(a)所示。

(2) 全截面受压,远离轴向力一侧钢筋受压

当偏心距很小,截面可能全部受压。远离轴向力一侧的钢筋也处于受压状态,构件不会出现横向裂缝。破坏时一般近轴向力一侧的混凝土应变首先达到极限值,混凝土压碎,钢筋受压屈服;远离轴向力一侧的钢筋可能达到屈服,也可能不屈服,如图 11 - 11(b)所示。

当偏心距很小,且近轴向力一侧的钢筋配置较多时,截面的实际形心轴向配置较多钢筋一侧偏移,有可能使构件的实际偏心反向,出现**反向破坏**,如图 11 - 11(c)所示。破坏时远离轴向力一侧的混凝土首先被压碎,钢筋受压屈服。

对于小偏心受压,无论何种情况,其破坏特征都是构件截面一侧混凝土的应变达到极限压应变,混凝土被压碎,另一侧的钢筋受拉但不屈服或处于受压状态。这种破坏特征与超筋的双筋受弯构件或轴心受压构件相似,无明显的破坏预兆,属脆性破坏。由于构件破坏起因于混凝土压碎,所以也称受压破坏。

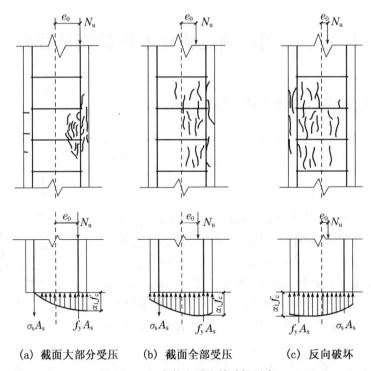

(a) 截面大部分受压   (b) 截面全部受压   (c) 反向破坏

图 11 - 11　小偏心受压的破坏形态

3. 大、小偏心受压的分界

从大、小偏心受压的破坏特征可见,两类构件破坏的相同之处是受压区边缘的混凝土都被压碎,都是"材料破坏";不同之处是大偏心受压构件破坏时受拉钢筋能屈服,而小偏心受压构件的受拉钢筋不屈服或处于受压状态。因此,**大小偏心受压破坏的界限是受拉钢筋应力达到屈服强度,同时受压区混凝土的应变达到极限压应变而被压碎**,此时相对受压区高度

为 ξ_b。这与适筋梁与超筋梁的界限是一致的。当 $\xi \leqslant \xi_b$ 或 $x \leqslant \xi_b h_0$ 时，为大偏心受压；当 $\xi >$ ξ_b 或 $x > \xi_b h_0$ 时，为小偏心受压。

二、纵向弯曲对其承载能力的影响

1. 柱的纵向弯曲

偏心受压构件在偏心轴向力的作用下将产生弯曲变形，使截面的轴向力偏心距增大。如图 11-12 所示为一个两端铰支柱，在其两端作用偏心轴向力，在此偏心轴向力的作用下，柱将产生弯曲变形，最大侧向挠度为 f，截面的偏心距由 e_i 增大到 $e_i + f$，弯矩由 Ne_i 增大到 $N(e_i + f)$，这种现象称偏心受压构件的纵向弯曲，也称**二阶效应**。纵向弯曲引起的弯矩称**二阶弯矩**。二阶弯矩的大小与构件两端的弯矩情况和构件的长细比有关。对于长细比小的柱，即所谓"短柱"，由于纵向弯曲很小，一般可以忽略不计；对于长细比大的柱，即所谓"长柱"，纵向弯曲的影响则不能忽略。长细比小于 5 的钢筋混凝土柱可认为是短柱，不考虑纵向弯曲对正截面受压承载能力的影响。

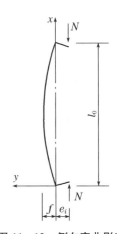

图 11-12　侧向弯曲影响

钢筋混凝土长柱在纵向弯曲的作用下，可能发生两种形式的破坏：一是"失稳破坏"，二是"材料破坏"。所谓"失稳破坏"是指长细比较大的柱，其纵向弯曲效应随轴向力呈非线性增长，构件发生侧向失稳破坏；"材料破坏"是指破坏时材料达到极限强度。考虑纵向弯曲作用的影响，在同等条件下长柱的承载能力低于短柱的承载能力。

2. 偏心距增大系数

为考虑二阶弯矩对偏心受压构件的影响，引入偏心距增大系数 η：

$$e_i + f = \left(1 + \frac{f}{e_i}\right)e_i = \eta e_i$$

$$e_i = e_0 + e_a \tag{11-2}$$

式中，f——偏心受压长柱纵向弯曲后产生的最大侧向挠度值；

η——考虑二阶弯矩影响的偏心距增大系数；

e_i——初始偏心距；

e_0——轴向力对截面重心的偏心距；

e_a——附加偏心矩。综合考虑荷载位置的不定性、混凝土质量的不均匀性和施工误差等因素的影响，其值取偏心方向截面尺寸的 1/30 和 20 mm 中的较大者。

偏心距增大系数的计算公式为

$$\eta = 1 + \frac{1}{1400 \frac{e_i}{h_0}} \left(\frac{l_0}{h}\right)^2 \zeta_1 \zeta_2 \tag{11-3}$$

$$\zeta_1 = \frac{0.5 f_c A}{N}$$

$$\zeta_2 = 1.15 - 0.01 \frac{l_0}{h}$$

式中，l_0——构件的计算长度；

h——截面高度;

h_0——截面有效高度;

ζ_1——小偏心受压构件的截面曲率修正系数,当 $\zeta_1>1.0$ 时,$\zeta_1=1.0$;

ζ_2——偏心受压构件长细比对截面曲率的修正系数,当 $l_0/h<15$ 时,$\zeta_2=1.0$;

A——受压构件的截面面积,对于矩形截面,取 $A=bh$。

当偏心受压构件的长细比 $l_0/h\leqslant5$ 或 $l_0/d\leqslant5$ 或 $l_0/i\leqslant17.5$ 时,可不考虑纵向弯曲对偏心距的影响,取 $\eta=1.0$。

3. 弹性分析方法分析二阶效应

当采用考虑二阶效应的弹性分析方法时,在结构分析中对构件的弹性抗弯刚度 E_cI 乘以折减系数。用考虑二阶效应弹性分析算得的各杆件控制截面最不利内力可直接用于截面设计,而不需要通过偏心距增大系数增大截面的初始偏心距,但仍应考虑附加偏心距。

三、基本公式与适用条件

1. 大偏心受压构件

(1) 基本公式

偏心受压构件正截面承载力计算中,用等效矩形应力图形代替混凝土压区的实际应力图形。

大偏心受压构件破坏时,受拉和受压钢筋应力都能达到屈服强度,混凝土压碎,根据截面力和力矩的平衡条件,如图 11-13(a)所示,其基本公式为:

$$N\leqslant\alpha_1 f_c bx+f_y'A_s'-f_yA_s \tag{11-4}$$

$$Ne\leqslant\alpha_1 f_c bx\left(h_0-\frac{x}{2}\right)+f_y'A_s'(h_0-a_s') \tag{11-5}$$

式中,e 为轴向力至受拉钢筋合力点的距离。

$$e=\eta e_i+\frac{h}{2}-a_s$$

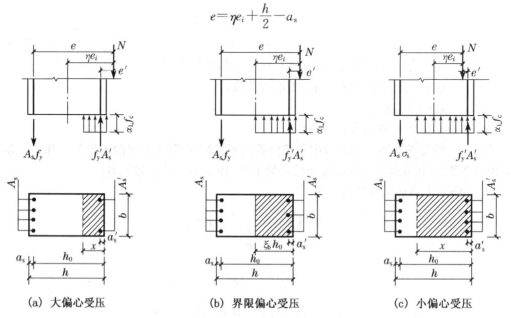

(a) 大偏心受压 (b) 界限偏心受压 (c) 小偏心受压

图 11-13 矩形截面偏心受压构件正截面承载能力计算图式

（2）适用条件

① 为了保证发生大偏心受压破坏

$$\xi \leqslant \xi_b \text{ 或 } x \leqslant \xi_b h_0$$

② 为了保证受压钢筋 A_s' 应力到达其抗压强度设计值

$$x \geqslant 2a_s'$$

当 $x < 2a_s'$ 时，可取 $x = 2a_s'$ 并对受压钢筋 A_s' 合力点取矩，得

$$Ne' = f_y A_s (h_0 - a_s')$$

式中，e' 为轴力到受压钢筋合力点之间的距离，即

$$e' = \eta e_i - \frac{h}{2} + a_s'$$

2. 小偏心受压构件

（1）基本公式

对矩形截面小偏心受压构件，根据截面力和力矩的平衡条件[图 11-13(c)]，可得基本公式为：

$$N \leqslant \alpha_1 f_c bx + f_y' A_s' - \sigma_s A_s \qquad (11-6)$$

$$Ne \leqslant \alpha_1 f_c bx\left(h_0 - \frac{x}{2}\right) + f_y' A_s'(h_0 - a_s') \qquad (11-7)$$

式中，$e = \eta e_i + \dfrac{h}{2} - a_s$。

σ_s 为远离轴向力一侧钢筋的应力。可按式(11-8)近似计算

$$\sigma_s = f_y \frac{\xi - \beta_1}{\xi_b - \beta_1} \qquad (11-8)$$

按式(11-8)算得的钢筋应力应符合条件：$-f_y' \leqslant \sigma_s \leqslant f_y$。

（2）适用条件

① 为了保证发生小偏心受压破坏

$$\xi > \xi_b \text{ 或 } x > \xi_b h_0$$

② 为了保证受压钢筋 A_s' 应力到达其抗压强度设计值

$$\xi > h/h_0 \text{ 或 } x \leqslant h$$

如不满足条件②，取 $x = h$。

（3）反向破坏验算

当相对偏心距很小且 A_s' 比 A_s 大很多时，也可能在离轴向力较远的一侧的混凝土先被压坏，称为反向破坏。为了避免发生反向压坏，对于小偏心受压构件除按式(11-6)和式(11-7)计算外，还应满足下述条件

$$N\left[\frac{h}{2} - a_s' - (e_0 - e_a)\right] \leqslant f_c bh\left(h_0' - \frac{h}{2}\right) + f_y' A_s(h_0' - a_s) \qquad (11-9)$$

对于小偏心受压构件除了应计算弯矩作用平面的承载力，还应按轴心受压构件验算垂直弯矩作用平面的受压承载力。

四、对称配筋矩形截面的承载能力计算与复核

在实际工程中,偏心受压构件常常要承受变号弯矩的作用,此外,为了构造简单便于施工,避免施工错误,一般采用对称配筋截面,即 $A_s = A'_s$,$f_y = f'_y$,且 $a_s = a'_s$。

1. 截面受压类型的判别

对称配筋时,由于 $f_y A_s = f'_y A'_s$,在大偏心受压基本公式中两者相互抵消,由公式(11-4)可求出受压区高度

$$x = \frac{N}{\alpha_1 f_c b} \tag{11-10a}$$

$$或 \quad \xi = \frac{N}{\alpha_1 f_c b h_0} \tag{11-10b}$$

若 $x \leqslant \xi_b h_0$,为大偏心受压;若 $x > \xi_b h_0$ 时,则小偏心受压。

2. 大偏心受压构件截面设计

已知截面内力设计值 N、M,截面尺寸 $b \times h$,材料强度等级 f_c、f_y、f'_y、α_1、β_1,构件计算长度 l_0,求截面所需钢筋数量 A_s 和 A'_s。

由式(11-10)求 x,若 $2a'_s \leqslant x \leqslant \xi_b h_0$,代入式(11-5)可得

$$A'_s = A_s = \frac{Ne - \alpha_1 f_c b x (h_0 - x/2)}{f'_y (h_0 - a'_s)} \tag{11-11}$$

若 $x < 2a'_s$,对受压钢筋合力点取矩,按式(11-12)求 A_s 和 A'_s 可得

$$A'_s = A_s = \frac{N(\eta e_i - h/2 + a'_s)}{f'_y (h_0 - a'_s)} \tag{11-12}$$

若 $x > \xi_b h_0$,则按小偏心受压构件计算。

3. 小偏心受压构件截面设计

在小偏心的情况下,远离纵向力一侧的钢筋不屈服,且 $A_s = A'_s$,$f_y = f'_y$,由式(11-6)和式(11-8)可得

$$N = \alpha_1 f_c b \xi h_0 + f'_y A'_s \frac{\xi_b - \xi}{\xi_b - \beta_1}$$

或

$$f'_y A'_s = (N - \alpha_1 f_c b h_0) \frac{\xi_b - \beta_1}{\xi_b - \xi}$$

将上式代入式(11-7)可得

$$Ne \frac{\xi_b - \xi}{\xi_b - \beta_1} = \alpha_1 f_c b h_0^2 \xi (1 - 0.5\xi) \frac{\xi_b - \xi}{\xi_b - \beta_1} + (N - \alpha_1 f_c b h_0)(h_0 - a'_s)$$

这是一个 ξ 的三次方程,用于设计是非常不便的。可采用以下近似公式计算:

$$\xi = \frac{N - \xi_b \alpha_1 f_c b h_0}{\dfrac{Ne - 0.43 \alpha_1 f_c b h_0^2}{(\beta_1 - \xi_b)(h_0 - a'_s)} + \alpha_1 f_c b h_0} + \xi_b \tag{11-13}$$

将算得的 ξ 代入式(11-7),则计算矩形截面对称配筋小偏心受压构件钢筋截面积的公式为

$$A'_s = A_s = \frac{Ne - \xi(1 - 0.5\xi)\alpha_1 f_c b h_0^2}{f'_y (h_0 - a'_s)} \tag{11-14}$$

计算时,大小偏心受压构件均需满足最小配筋率条件。

此外,对小偏心受压,还需验算垂直弯矩作用平面的承载力。

4. 截面承载能力的复核

对称配筋矩形截面承载力的复核与非对称矩形截面相同,只是引入对称配筋条件 $A_s = A'_s, f_y = f'_y$。与非对称配筋一样,也应同时考虑弯矩作用平面的承载力及垂直于弯矩作用的承载力。

【例 11-2】 已知一偏心受压构件,处于一类环境,截面尺寸为 $300 \text{ mm} \times 500 \text{ mm}$,其计算长度为 4 m,选用 C35 混凝土和 HRB400 级钢筋,轴力设计值为 $N = 500 \text{ kN}$,弯矩设计值为 $M = 200 \text{ kN}$,求对称配筋面积。

解:本例题属于截面设计类

(1) 基本参数

C35 混凝土: $f_c = 16.7 \text{ N/mm}^2$;

HRB400 级钢筋: $f_y = f'_y = 360 \text{ N/mm}^2$; $\alpha_1 = 1.0$, $\xi_b = 0.52$;

一类环境: $c = 30 \text{ mm}$。可得

$$a_s = a'_s = c + d/2 = 40 \text{ mm}, h_0 = h - a_s = 500 - 40 = 460 \text{ mm}$$

(2) 判断截面类型

$$x = \frac{N}{\alpha_1 f_c b} = \frac{500 \times 10^3}{1.0 \times 16.7 \times 300} = 99.8 \text{ mm} < \xi_b h_0 = 0.52 \times 460 \text{ mm}$$

截面为大偏心受压。

(3) 计算 $\eta e i$

$$e_0 = \frac{M}{N} = \frac{200}{500} = 400 \text{ mm}, \frac{l_0}{h} = \frac{4}{0.5} = 8$$

$$e_a = \max\{h/30, 20\} = 20 \text{ mm}, e_i = e_0 + e_a = 400 + 20 = 420 \text{ mm}$$

$$\zeta_1 = \frac{0.5 f_c b h}{N} = \frac{0.5 \times 16.7 \times 300 \times 500}{500 \times 10^3} = 2.51 > 1.0, \text{取} \zeta_1 = 1.0; \zeta_2 = 1.0$$

$$\eta = 1 + \frac{1}{1400 \frac{e_i}{h_0}} \left(\frac{l_0}{h}\right)^2 \zeta_1 \zeta_2 = 1 + \frac{1}{1400 \times \frac{420}{460}} \times 8^2 \times 1.0 \times 1.0 = 1.05$$

所以

$$\eta e_i = 1.05 \times 420 = 441 \text{ mm}$$

(4) 计算 A_s 和 A'_s

$x = 99.8 \text{ mm} > 2a'_s = 80 \text{ mm}$,满足

$$e = \eta e_i + \frac{h}{2} - a_s = 441 + 250 - 40 = 651 \text{ mm}$$

将上述参数代入式(11-11)得

$$A'_s = \frac{Ne - \alpha_1 f_c b x (h_0 - 0.5x)}{f'_y (h_0 - a'_s)}$$

$$= \frac{500 \times 10^3 \times 651 - 1.0 \times 16.7 \times 300 \times 99.8 \times (460 - 0.5 \times 99.8)}{360 \times (460 - 40)}$$

$$= 796.60 \text{ mm}^2 > \rho'_{\min} bh。$$

受拉和受压钢筋选用 $3 \oplus 18 (A_s = A'_s = 762 \text{ mm}^2)$,满足构造要求。

任务四 偏心受压构件的斜截面受剪承载力

实际结构中的偏心受力构件,在承受轴力与弯矩共同作用的同时,还可能受到较大的剪力作用(特别是在地震作用下)。为防止发生斜截面受剪破坏,对于钢筋混凝土偏心受力构件,需进行斜截面的受剪承载力计算。

一、轴向压力的影响

轴向力对偏心受力构件的斜截面承载力会产生一定的影响。轴向压力能够阻滞构件斜裂缝的出现和发展,使混凝土的剪压区高度增大,提高了混凝土承担剪力的能力,从而构件的受剪承载力会有所提高。试验研究表明,当 $N<0.3f_cbh$ 时,抗剪承载力随 N 的增大而几乎成比例地增大;当 $N>0.3f_cbh$ 时,受剪承载力不再随 N 的增大而增大(图 11-14)。因此,轴向压力对偏心受力构件的受剪承载力具有有利的作用,但其作用效果有限。

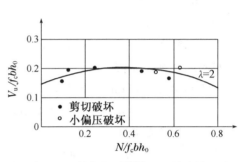

图 11-14 轴向力对斜截面承载力的影响

二、计算公式

对于钢筋混凝土偏心受力构件斜截面受剪承载力的计算,规范(GB 50010)给出矩形、T 形和工字形截面斜截面承载力的计算公式

$$V \leqslant \frac{1.75}{\lambda+1.0}f_tbh_0 + f_{yv}\frac{A_{sv}}{s}h_0 + 0.07N \tag{11-15}$$

式中,V——构件控制截面的剪力设计值;

N——与 V 相应的轴向压力设计值,当 $N>0.3f_cA$ 时,取 $N=0.3f_cA$;

A——构件横截面面积;

λ——偏心受压构件计算截面的剪跨比,取 $\lambda=M/Vh_0$;

M——与 V 相对应的弯矩设计值;

H_n——柱净高;

a——集中荷载至支座或节点边缘的距离。

当符合以下条件时,可不进行斜截面受剪承载力计算,仅按构造要求配置必要的箍筋:

$$V \leqslant \frac{1.75}{\lambda+1.0}f_tbh_0 + 0.07N \tag{11-16}$$

小 结

配有普通箍筋的轴心受压构件承载力由混凝土和纵向受力钢筋两部分抗压能力组成，同时，对长细比较大的柱子还要考虑纵向弯曲的影响。配有螺旋式和焊接环式间接钢筋的轴心受压构件承载力，除了应考虑混凝土和纵向钢筋影响外，还应考虑间接钢筋对承载力提高的影响。

偏心受压构件按其破坏特征不同，分大偏心受压和小偏心受压，大偏心受压破坏时，受拉钢筋先达到屈服强度，最后另一侧受压区混凝土被压碎，受压钢筋也达到屈服强度，小偏心受压破坏时，距轴力近侧混凝土先被压碎，受压钢筋也达到屈服强度，而距轴力远侧的钢筋则无论受拉还是受压均未达到屈服强度。此外，对非对称配筋的小偏心受压构件，还可能发生距轴力远侧混凝土先被压碎的反向破坏。

大小偏心受压构件，应利用相对受压区高度 ξ 或受压区高度 x 来判断，当 $\xi \leqslant \xi_b$ 或 $x \leqslant \xi_b h_0$ 时，为大偏心受压；当 $\xi > \xi_b$ 或 $x > \xi_b h_0$ 时，为小偏心受压。

偏心受压构件承载力计算分为截面设计和截面复核，计算偏心受压构件时，无论何种情况，都必须先计算 ηe_i，然后判别偏心破坏类型，再根据计算公式求解。

偏心受压构件斜截面受剪承载力计算公式是在受弯构件受剪承载力公式基础上，加上一项由于轴向压力存在对构件受剪承载力产生的有利影响。

思 考 题

11-1 钢筋混凝土柱中配置纵向钢筋的作用是什么？对纵向受力钢筋的直径、根数和间距有什么要求？为什么要有这些要求？

11-2 钢筋混凝土柱中配置箍筋的目的是什么？对箍筋的直径、间距有什么要求？在什么情况下要设置附加箍筋、附加纵筋？为什么不能采用内折角钢筋？

11-3 偏心受压构件的长细比对构件的破坏有什么影响？

11-4 钢筋混凝土柱大、小偏心受压破坏有何本质区别？大小偏心受压的界限是什么？截面设计时如何初步判断？截面校核时如何判断？

11-5 在偏心受压构件承载力计算中，为什么要考虑偏心距增大系数 η 的影响？

11-6 为什么要考虑附加偏心距？附加偏心距的取值与什么因素有关？

11-7 小偏心受压构件中远离轴向力一侧的钢筋可能有几种受力状态？

11-8 对称配筋的偏心受压构件如何判别大小偏心？

11-9 轴向压力对钢筋混凝土偏心受力构件受剪承载力有何影响？在计算公式中是如何反映的？

习　题

11-1　某多层房屋现浇钢筋混凝土框架的底层中柱,处于一类环境,计算长度 $l_0 = 5$ m,截面尺寸 350 mm×350 mm,轴向力设计值 $N = 1600$ kN,混凝土采用 C30,纵向钢筋采用 HRB400 级钢筋,试进行截面配筋设计。

11-2　某多层房屋现浇钢筋混凝土框架的底层中柱,处于一类环境,截面尺寸为 400 mm×400 mm,配有 8 Φ 20 的 HRB335 级钢筋。混凝土采用 C20,计算长度 $l_0 = 7$ m,试确定该柱能承受的轴向力为多少?

11-3　已知某矩形截面柱,处于一类环境,截面尺寸为 300 mm×600 mm,轴力设计值为 600 kN,弯矩设计值为 $M = 260$ kN·m,计算长度为 6.0 m,选用 C30 混凝土和 HRB335 级钢筋,对称配筋,求纵向配筋。

11-4　已知矩形截面柱,处于一类环境,截面尺寸为 400 mm×600 mm,轴力设计值为 $N = 350$ kN,荷载作用偏心距 $e_0 = 150$ mm,计算长度为 4 m,选用 C25 混凝土和 HRB400 级钢筋,对称配筋,求截面纵向配筋。

项目十二 钢筋混凝土楼盖

【学习目标】

1. 了解楼盖的结构布置与选型;

2. 掌握整体现浇肋梁楼盖按弹性理论和按塑性理论计算内力的方法;

3. 熟悉楼盖结构的构造要求。

【学习重点】

1. 单向板和双向板的受力特点;

2. 单向板肋梁楼盖设计步骤;

3. 楼盖结构的构造要求。

钢筋混凝土梁板结构是由钢筋混凝土受弯构件(梁、板)组成,是土木工程中常用的结构,其中屋盖、楼盖是最典型的梁板结构。按施工方法可将楼盖分成现浇式、装配式和装配整体式三种。

(1) 现浇式楼盖

现浇式楼盖的整体性好、刚度大、抗震性能好、适应性强,尤其适用于平面形状不规则或板上开洞较多的情况。但现浇式楼盖现场工程量大、模板需求量大、工期较长。

(2)装配式楼盖

装配式楼盖是用预制构件在现场安装连接而成,具有施工进度快、机械化、工厂化程度高、工人劳动强度小等优点,但结构的整体性、刚度均较差,在抗震区应用受限。

(3) 装配整体式楼盖

此类楼盖是在预制板或预制板和预制梁上现浇一个叠合层,形成整体,兼有现浇式和装配式两种楼盖的优点,刚度和抗震性能也介于上述两种楼盖之间。

任务一 装配式钢筋混凝土楼盖

装配式楼盖的形式很多,最常见的是铺板式楼盖,即由预制的楼板放在支承梁或砖墙上。

一、装配式楼盖的构件形式

1. 板

(1)实心板

实心板上下平整,制作方便,但自重大、刚度小,宜用于小跨度结构。跨度一般为 1.2～2.4 m,板厚一般为 50～100 mm,板宽一般为 500～1 000 mm。实心板常用作走廊板、楼梯平台板、地沟盖板等。

（2）空心板

空心板刚度大，自重较实心板轻、节省材料，隔音隔热效果好，而且施工简便，因此在预制楼盖中使用较为普遍。空心板孔洞的形状有圆形、方形、矩形及椭圆形等，为便于抽芯，一般采用圆形孔。

空心板常用板宽有 600 mm、900 mm 和 1 200 mm；板厚有 120 mm、180 mm 和 240 mm。普通钢筋混凝土空心板常用跨度为 2.4～4.8 m；预应力混凝土空心板常用跨度为 2.4～7.5 m。

（3）槽形板

槽形板(如图 12-1)由面板、纵肋和横肋组成，如图 12-1(a)和(b)所示。横肋除在板的两端必须设置外，在板的中部也可设置数道，以提高板的整体刚度。槽形板分为正槽形板和倒槽形板。

槽形板面板厚度一般为 25～30 mm；纵肋高(板厚)一般有 120 mm 和 180 mm；肋宽为 50～80 mm；常用跨度为 1.5～5.6 m；常用板宽有 500 mm、600 mm、900 mm 和 1 200 mm。

（4）T 形板

T 形板有单 T 形板和双 T 形板，如图 12-1(c)和(d)所示，受力性能好，能用于较大跨度，常用于工业建筑。T 形板常用跨度 6～12 mm；面板厚度一般为 40～50 mm，肋高 300～500 mm，板宽 1 500～2 100 mm。

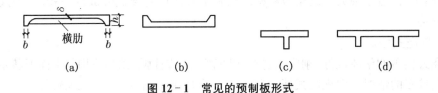

(a)　　　　(b)　　　　(c)　　　　(d)

图 12-1　常见的预制板形式

2. 梁

矩形截面梁外形简单，施工方便，广泛应用于装配式楼盖；当梁较高时，可采用 T 形、倒 T 形、工字形、十字形或花篮形梁。

二、装配式楼盖的平面布置

按墙体的支承情况，装配式楼盖的平面布置一般有以下三种方案。

1. 横墙承重方案

当房间开间不大，横墙间距小，可将楼板直接搁置在横墙上，由横墙承重，如图 12-2 所示。当横墙间距较大时，也可在纵墙上架设横梁，将预制板沿纵向搁置在横墙或横梁上。横墙承重方案整体性好，空间刚度大，多用于住宅和集体宿舍类的建筑。

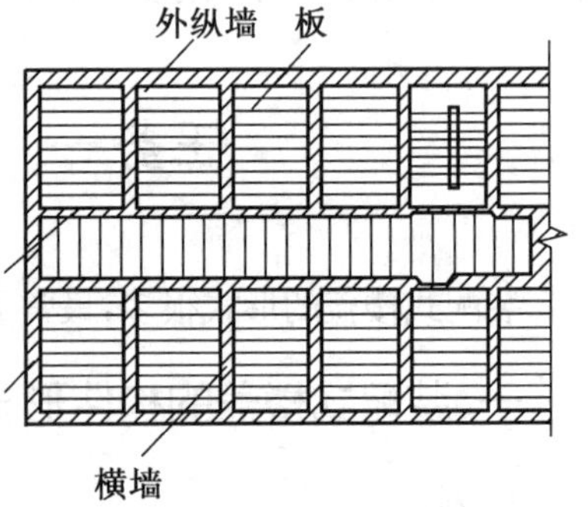

2. 纵墙承重方案

当横墙间距大且层高又受到限制时，可将预制板沿横向搁置在纵墙上，如图 12-3 所

图 12-2　横墙承重方案

示。纵墙承重方案开间大,房间布置灵活,但刚度差。多用于教学楼、办公楼、实验楼、食堂等建筑。

　　3. 纵横墙承重方案

　　当楼板一部分搁置在横墙上,一部分搁置在大梁上,而大梁搁置在纵墙上,此为纵横墙承重方案,如图 12－4 所示。

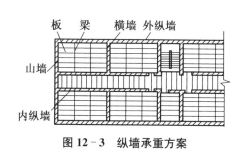

图 12－3　纵墙承重方案

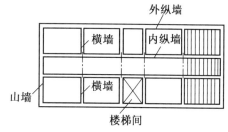

图 12－4　纵横墙承重方案

三、装配式楼盖构件的计算要点

装配式预制构件的计算包括使用阶段的计算、施工阶段的验算及吊环计算。

　　1. 使用阶段的计算

　　装配式预制构件无论是板还是梁,其使用阶段的承载力、变形和裂缝的验算与现浇整体式结构完全相同。

　　2. 施工阶段的验算

　　装配式预制构件在运输和吊装阶段的受力状态与使用阶段不同,故须进行施工阶段验算,验算的要点如下:

　　(1) 按构件实际堆放情况和吊点位置确定计算简图。

　　(2) 考虑运输、吊装时的动力作用,构件自重应乘以 1.5 的动力系数。

　　(3) 对于屋面板、檩条、挑檐板、预制小梁等构件,应考虑在其最不利位置作用有 0.8 kN 的施工或检修集中荷载;对雨篷应取 1.0 kN 进行验算。

　　(4) 在进行施工阶段强度验算时,结构重要性系数应较使用阶段的计算降低一个安全等级,但不得低于三级,即不得低于 0.9。

　　3. 吊环计算

　　吊环应采用 HPB300 级钢筋制作,严禁使用冷拉钢筋,以保持吊环具有良好的塑性,防止起吊时发生脆断。吊环锚入构件的深度应不小于 $30d$。并应焊接或绑扎在钢筋骨架上。计算时每个吊环可考虑两个截面受力,在构件自重标准值作用下,吊环的拉应力不应大于 65 N/mm²。此外,若在一个构件上设有 4 个吊环时,设计时最多只考虑 3 个同时发挥作用。

　　(1) 采用调缝板:调缝板是一种专供调整缝隙宽度的特型板;

　　(2) 采用不同宽度的板搭配;

　　(3) 调整板缝:适当调整板缝宽度使板间空隙匀开,但最宽不得超过 30 mm;

　　(4) 采用挑砖:当所余空隙小于半砖(120 mm)时,可由墙面挑砖填补空隙;

　　(5) 采用局部现浇:在空隙处吊底模,浇注混凝土现浇板带。

4. 构件的连接

装配式楼盖中板与板、板与梁、板与墙的连接要比现浇整体式楼盖差得多,因而整体性差,为了改善楼面整体性,需要加强构件间的连接,具体方法如下:

(1) 在预制板间的缝隙中用强度不低于 C15 的细石混凝土或 M15 的砂浆灌缝,而且灌缝要密实,如图 12-5(a)所示;当板缝宽度≥50 mm 时,应按板缝上有楼板荷载计算配筋,如图 12-5(b)所示;当楼面上有振动荷载或房屋有抗震设防要求时,可在板缝内加拉结钢筋(如图 12-6 所示)。当有更高要求时,可设置厚度为 40～50 mm 的现浇层,现浇层可采用 C20 的细石混凝土,内配 $\phi4@150$ 或 $\phi6@250$ 双向钢筋网。

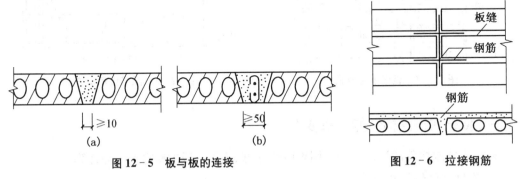

图 12-5　板与板的连接　　　　图 12-6　拉接钢筋

(2) 预制板支承在梁上,以及预制板、预制梁支承在墙上都应以 10～20 mm 厚 1∶3 水泥砂浆坐浆、找平。

(3) 预制板在墙上的支承长度应不小于 100 mm;在预制梁上的支承长度应不小于 80 mm。预制梁在墙上的支承长度一般应不小于 180 mm。

(4) 板与非支承墙的连接,一般可采用细石混凝土灌缝,如图 12-7(a)所示;当板跨≥4.8 m 时,靠外墙的预制板侧边应与墙或圈梁拉结,如图 12-7(b)和(c)所示。

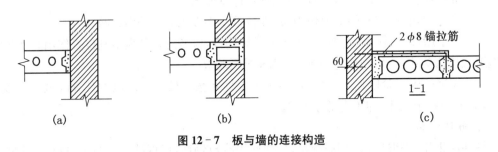

图 12-7　板与墙的连接构造

任务二　现浇钢筋混凝土楼盖的结构形式

在现浇式楼盖中,按梁、板的布置情况不同,还可将楼盖分为肋梁楼盖、无梁楼盖、密肋楼盖和井式楼盖等。

1. 肋梁楼盖

肋梁楼盖由板和梁组成,是楼盖中应用最为广泛的一种。梁将板分成多个区格,根据区格尺寸,可将肋梁楼盖分为单向板肋梁楼盖和双向板肋梁楼盖,如图 12-8(a)、(b)所示。肋梁楼盖中若板为四边支承,受荷时,将在两个方向产生挠曲。但当板的长边 l_2 与短边 l_1 之比较大时,按力的传递规律,板的荷载主要沿短方向传递。为计算方便,当 $l_2/l_1 \geqslant 2$ 时,忽略沿长方向传递的荷载,按单向板计算,否则按双向板计算。判断单、双向板,还应考虑支承条件,若 $l_2/l_1 < 2$,但只有一对边支承时,该板还是单向板。

2. 无梁楼盖

如图 12-8(c)所示,建筑物柱网接近正方形,柱距小于 6 m,且楼面荷载不大的情况下,可完全不设梁,楼板与柱直接整浇,若采用升板施工,可将柱与板焊接,楼面荷载直接由板传给柱(省去梁),形成无梁楼盖。无梁楼盖柱顶处的板承受较大的集中力,可设置柱帽来扩大柱板接触面积,改善受力。

由于楼盖中无梁,可增加房屋的净高,而且模板简单,施工可以采用先进的升板法,使用中可提供平整天棚,建筑物具有良好的自然通风、采光条件,所以在厂房、仓库、商场、冷藏库等结构中应用广泛。

3. 密肋楼盖

如图 12-8(d)所示,密肋楼盖是由排列紧密,肋高较小的梁单向或双向布置形成。由于肋距小,板可做得很薄,甚至不设钢筋混凝土板,用充填物充填肋间空间,形成平整天棚,板或充填物承受板面荷载。密肋楼盖由于肋间的空气隔层或填充物的存在,其隔热隔音效果良好。

4. 井式楼盖

如图 12-8(e)所示,井式楼盖通常是由于建筑上的需要,用梁把楼板划分成若干个正方形或接近正方形的小区格,两个方向的梁截面相同,不分主次,都直接承受板传来的荷载,整个楼盖支承在周边的柱、墙或更大的边梁上,类似一块大双向板。

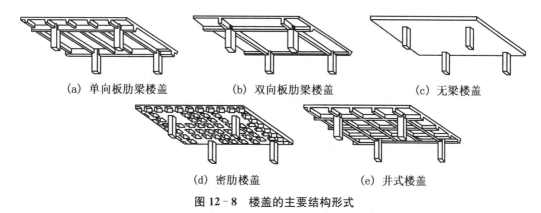

(a) 单向板肋梁楼盖 (b) 双向板肋梁楼盖 (c) 无梁楼盖

(d) 密肋楼盖 (e) 井式楼盖

图 12-8 楼盖的主要结构形式

任务三 单向板肋梁楼盖

整体式单向板肋梁(形)楼盖在工程中应用广泛,其设计步骤如下:

(1) 选择结构平面布置方案,并初步拟定板厚和主次梁截面尺寸;

(2) 荷载计算;

(3) 确定计算简图;

(4) 板、次梁、主梁的内力计算;

(5) 板、次梁、主梁的截面配筋计算;

(6) 按计算和构造要求绘制结构施工图。

一、结构平面布置

单向板肋梁楼盖的结构布置主要是主梁和次梁的布置,如图 12-9 所示。一般在建筑设计中已经确定了建筑物的柱网尺寸或承重墙的布置,柱网和承重墙的间距决定了主梁的跨度,主梁的间距决定了次梁的跨度,次梁的间距决定了板跨度。因此进行结构平面布置时,应综合考虑建筑功能、造价及施工条件等因素,合理进行主、次梁的布置。

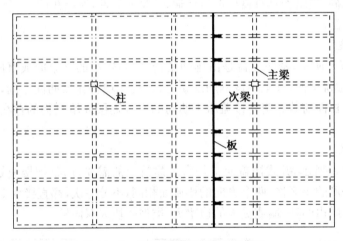

图 12-9 单向板肋梁楼盖平面布置

对单向板肋梁(形)楼盖,主梁的布置方案有以下三种情况:

(1) 当主梁沿横向布置,而次梁沿纵向布置时,主梁与柱形成横向框架受力体系,如图 12-10(a)所示。各榀横向框架通过纵向次梁联系,形成整体,房屋的横向刚度较大。由于主梁与外纵墙垂直,外纵墙的窗洞高度可较大,有利于室内采光。

(2) 当横向柱距大于纵向柱距较多时,或房屋有集中通风的要求时,显然沿纵向布置主比较有利,如图 12-10(b)所示,由于主梁截面高度减小,可使房屋层高得以降低。但房屋横向刚度较差,而且由于次梁支承在窗过梁上,限制了窗洞高度。

(3) 对于中间为走道,两侧为房间的建筑物,可利用内外纵墙承重,仅布置次梁而不设主梁,例如招待所、集体宿舍等建筑物楼盖可采用此种布置。

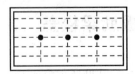
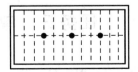

(a) 主梁沿房屋横向布置   (b) 主梁沿房屋纵向布置

图 12-10 主梁的布置方式

注意事项：

① 梁格布置时，应注意尽量避免将梁搁置在门窗洞上，对于楼盖上有承重墙、隔断墙时应在楼盖相应位置设梁。在楼板上开设较大洞口时，在洞口周边应设置小梁。

② 梁格布置应尽可能布置得规整、统一，荷载传递直接。减少梁板跨度的变化，尽量统一梁、板截面尺寸，以简化设计、方便施工、获得好的经济效果和建筑效果。

③ 楼盖中板的混凝土用量一般占整个楼盖混凝土用量的 50% 以上，因此板厚宜取较小值，据工程实践，板的跨度一般为 1.7~2.7 m，不宜超过 3.0 m，荷载较大时宜取较小值；次梁跨度一般为 4.0~6.0 m；主梁的跨度一般为 5.0~8.0 m。

二、计算简图

单向板肋梁（形）楼盖中，荷载的传递路线为板→次梁→主梁→支承（墙或柱）→基础→地基。

1. 板的计算简图

取 1 m 宽板带作为计算单元，如图 12-11(a) 所示。板带可以用轴线代替，板支承在次梁或墙上，其支座按不动铰支座考虑，板按多跨连续板计算。

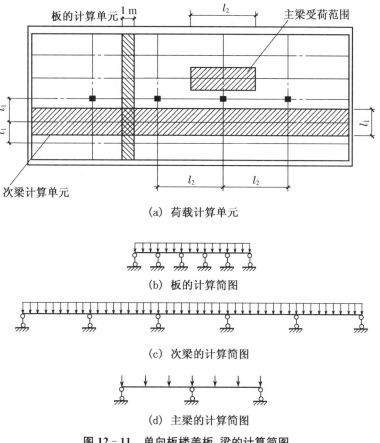

(a) 荷载计算单元

(b) 板的计算简图

(c) 次梁的计算简图

(d) 主梁的计算简图

图 12-11 单向板楼盖板、梁的计算简图

支座之间的距离取计算跨度（见表 12-1），作用在板面上的荷载包括恒载和活载两种，

其值可查《建筑结构荷载规范》(GB 50009—2001)。

对于跨数多于五跨的等截面连续板、梁,当其各跨度上的荷载相同、且跨度差不超过10%时,可按五跨等跨连续梁计算,小于五跨的按实际跨数计算。板的计算简图如图12-11(b)所示。

2. 次梁的计算简图

次梁支承在主梁或墙上,其支座按不动铰支座考虑,次梁按多跨连续梁计算。次梁所受荷载为板传来的荷载和自重,也是均布荷载。计算板传来的荷载时,取次梁相连跨度一半作为次梁的受荷宽度 l。计算简图如图12-11(c)所示。

3. 主梁的计算简图

当主梁支承在砖柱(墙)上时,其支座按铰支座考虑;当主梁与钢筋混凝土柱整体现浇时,若梁柱的线刚度比大于5,则主梁支座也可视为不动铰支座(否则简化为框架),主梁按连续梁计算。

主梁承受次梁传下的荷载以及主梁自重。次梁传下的荷载是集中荷载,取主梁相邻跨度一半 l/2 作为主梁的受荷宽度,主梁的自重可简化为集中荷载计算。主梁的计算简图如图12-11(d)所示。

表 12-1　梁、板的计算跨度

按弹性理论计算	单跨	两端搁置	$l_0 = l_n + a$ 且 $l_0 \leqslant l_n + h$　　　(板) $l_0 \leqslant 1.05 l_n$　　　(梁)
		一端搁置、一端与支承构件整浇	$l_0 = l_n + a/2$ 且 $l_0 \leqslant l_n + h/2$　　(板) $l_0 \leqslant 1.025 l_n$　　(梁)
		两端与支承构件整浇	$l_0 = l_n$
	多跨	边跨	$l_0 = l_n + a/2 + b/2$ 且 $l_0 \leqslant l_n + h/2 + b/2$　(板) $l_0 \leqslant 1.025 l_n + b/2$　(梁)
		中间跨	$l_0 = l_c$ 且 $l_0 \leqslant 1.1 l_n$　　　(板) $l_0 \leqslant 1.05 l_n$　　　(梁)
按塑性理论计算		两端搁置	$l_0 = l_n + a$ 且 $l_0 \leqslant l_n + h$　　　(板) $l_0 \leqslant 1.05 l_n$　　　(梁)
		一端搁置、一端与支承构件整浇	$l_0 = l_n + a/2$ 且 $l_0 \leqslant l_n + h/2$　　(板) $l_0 \leqslant 1.025 l_n$　　(梁)
		两端与支承构件整浇	$l_0 = l_n$

注:l_0—板、梁的计算跨度;l_c—支座中心线间距离;l_n—板、梁的净跨;h—板厚;a—板、梁端支承长度;b—中间支座宽度。

三、内力计算

梁、板的内力计算有弹性计算法和塑性计算法(弯矩调幅法)两种。

1. 弹性计算法

弹性计算法是将钢筋混凝土梁、板视为理想弹性体,以结构力学的一般方法(如力矩分配法)来进行结构的内力计算。对于等跨连续梁、板且荷载规则的情况,其内力可通过查表计算;对于不等跨连续梁,可选用结构计算软件由计算机计算。

2. 塑性计算法

塑性计算法是在弹性理论计算方法的基础上,考虑混凝土的开裂、受拉钢筋屈服、内力重分布的影响,进行内力调幅,降低和调整按弹性理论计算的某些截面的最大弯矩。考虑塑性内力重分布的方法与弹性理论计算结果相比,节约材料,方便施工,但在结构正常使用时,变形及裂缝偏大。

在设计混凝土连续次梁、板时,尽量采用塑性计算法。对下列情况不适合采用塑性内力重分布的计算方法:① 承受动力荷载的结构构件;② 使用阶段不允许开裂的结构构件;③ 轻质混凝土及其他特种混凝土结构;④ 受侵蚀气体或液体作用的结构;⑤ 预应力结构和二次受力迭合结构;⑥ 主梁等重要构件。

四、截面设计及构造要求

确定了连续梁板的内力后,可根据内力进行构件的截面设计。一般情况下,强度计算后再满足一定的构造要求,可不进行变形及裂缝宽度的验算。

1. 板的计算

一般只需按钢筋混凝土正截面强度计算,不需进行斜截面受剪承载力计算。

2. 次梁的计算

次梁应根据所求的内力进行正截面和斜截面承载力的配筋计算。正截面承载力计算中,跨中截面按 T 形截面考虑,支座截面按矩形截面考虑;在斜截面承载力计算中,当荷载、跨度较小时,一般仅配置箍筋。否则,还需设置弯起钢筋。

3. 主梁的计算

主梁应根据所求的内力进行正截面和斜截面承载力的配筋计算。正截面承载力计算中,跨中截面按 T 形截面考虑,支座截面按矩形截面考虑。

五、构造要求

1. 板的构造要求

(1) 钢筋的级别、直径、间距

受力钢筋宜采用 HPB300 级钢筋,常用直径 6~12 mm。为了施工方便,宜选用较粗钢筋作负弯矩钢筋。受力钢筋的间距一般不小于 70 mm,也不大于 200 mm。当板厚 $h >$ 150 mm时,间距不大于 $1.5h$,且不大于 250 mm。

(2) 配置形式

连续板中受力钢筋的配置可采用弯起式和分离式两种,如图 12-12 所示。

弯起式配筋是将跨中的一部分正弯矩钢筋在支座附近适当位置向上弯起,作为支座负弯矩筋,若数量不足则再另加直筋。一般采用隔一弯一或隔一弯二。弯起式配筋具有锚固和整体性好,节约钢筋等优点,但施工复杂,实际工程中应用较少,一般用于板 $h \geqslant 120$ mm 厚及经常承受分离式配筋。

分离式配筋是指板支座和跨中截面的钢筋全部各自独立配置。分离式配筋具有设计施工简便的优点,但钢筋锚固差且用钢量大。适用于不受振动和较薄的板中,实际工程中应用较多。

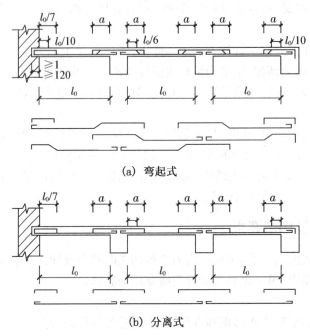

(a) 弯起式

(b) 分离式

图 12-12 连续板中受力钢筋的布置方式

(3) 板中分布钢筋

分布钢筋置于受力钢筋内侧,与受力钢筋垂直放置并互相绑扎(或焊接)。分布钢筋的间距不宜大于 250 mm,直径不宜小于 6 mm,单位长度上分布钢筋的截面面积不宜小于单位宽度上受力钢筋截面面积的 15%,且不宜小于该方向板截面面积的 15%。

(4) 板中垂直于主梁的构造钢筋

在主梁附近的板,由于受主梁的约束,将产生一定的负弯矩,所以,应在跨越主梁板上部配置与主梁垂直的构造钢筋,其数量应不少于板中受力钢筋截面面积的 1/3。且直径不应小于 8 mm,间距不应大于 200 mm,伸出主梁边缘的长度不应小于板计算跨度 l_0 的 1/4,如图 12-13 所示。

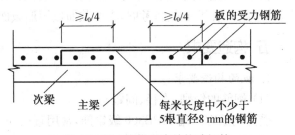

图 12-13 主梁垂直的构造钢筋

（5）嵌固在墙内板上部的构造钢筋

嵌固在承重砖墙内的现浇板,在板的上部应配置构造钢筋,其直径不应小于 8 mm,钢筋间距不应大于 200 mm,其截面面积不宜小于该方向跨中受力钢筋截面面积的 1/3,伸出墙边的长度不应小于 $l_1/7$。对两边均嵌固在墙内的板角部分,应双向配置上部构造钢筋,伸出墙边的长度不应小于 $l_1/4$（l_1 为单向板的跨度或双向板的短边跨度）,如图 12-14 所示。

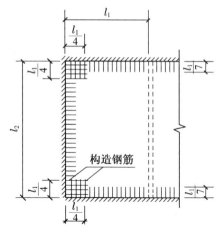

图 12-14　嵌固在墙内板顶的构造钢筋

2. 次梁的构造要求

次梁在砖墙上的支承长度不应小于 240 mm,并应满足墙体局部受压承载力的要求。次梁的钢筋直径、净距、混凝土保护层、钢筋锚固、弯起及纵向钢筋的搭接、截断等,均按受弯构件的有关规定。次梁的剪力一般较小,斜截面强度计算中一般仅需设置箍筋即可,弯筋可按构造设置。

次梁的纵筋配置形式分为无弯起钢筋和设置弯起钢筋两种。当不设弯起钢筋时,支座负弯矩钢筋全部另设。对于承受均布荷载的次梁,当 $q/g \leqslant 3$ 且跨度差不大于 20% 时,支座负弯矩钢筋切断位置于一次切断数量按如图 12-15(a)所示的构造要求确定。当设置弯起钢筋时,弯筋的位置及支座负弯矩钢筋的切断按如图 12-15(b)所示的构造要求确定。

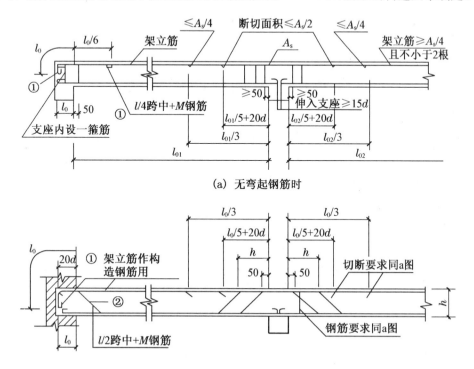

（a）无弯起钢筋时

（b）设弯起钢筋时

图 12-15　次梁的配筋方式

3. 主梁的构造要求

主梁纵向受力钢筋的弯起和截断应根据弯矩包络图进行布置。主梁支承在砌体上的长度不应小于 370 mm,并应满足砌体局部受压承载力的要求。

在次梁和主梁相交处,次梁的集中荷载传至主梁的腹部,有可能引起斜裂缝,如图 12-16(a)所示。为防止斜裂缝的发生引起局部破坏,应在梁支承处的主梁内设置附加横向钢筋,形式有箍筋和和吊筋两种,如图 12-16(b)所示,一般宜优先采用箍筋。

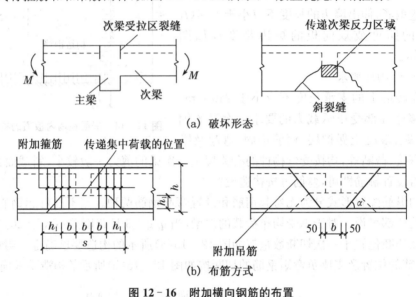

(a) 破坏形态

(b) 布筋方式

图 12-16 附加横向钢筋的布置

任务四 双向板肋梁楼盖

双向板肋梁楼盖的梁格可以布置成正方形或接近正方形,外观整齐美观,常用于民用房屋的较大房间及门厅处;当楼盖为 5 m 左右方形区格且使用荷载较大时,双向板楼盖比单向板楼盖经济,所以也常用于工业房屋的楼盖。

一、双向板的受力特点

双向板的受力特点是两个方向传递荷载,如图 12-17 所示。板中因有扭矩存在,使板的四角有翘起的趋势,受到墙的约束后,使板的跨中弯矩减少,刚度增大,双向板的跨度可达 5 m,而单向板的常用跨度一般在 2.5 m 以内。因此,双向板的受力性能比单向板优越。双向板的工作特点是两个方向共同受力,所以两个方向均须配置受力钢筋。

二、结构平面布置

整体式双向板肋梁楼盖的结构平面布置,如图 12-18 所

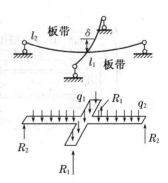

图 12-17 双向板带的受力

示。当面积不大且接近正方形时(如门厅),可不设中柱,双向板的支承梁支承在边墙(或柱)上,形成井式梁,如图 12‐18(a)所示;当空间较大时,宜设中柱,双向板的纵、横梁分别为支承在中柱和边墙(或柱)上的连续梁,如图 12‐18(b)所示;当柱距较大时,还可在柱网格中再设井式梁,如图 12‐18(c)所示。

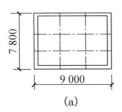 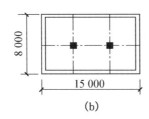 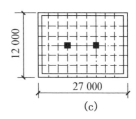

(a) (b) (c)

图 12‐18　双向板肋梁(形)楼盖结构布置

三、结构内力计算

整体式双向板肋梁楼盖的内力计算的顺序是先板后梁,内力计算一般采用弹性计算方法。

1. 单跨双向板的计算

双向板按弹性理论计算属弹性力学中的薄板弯曲问题。对于常用的荷载分布及支承条件的单跨双向板,设计手册中已给出了弹性理论的计算结果,并制成图表,可方便地查用。

2. 连续双向板的计算

连续双向板的弹性计算更为复杂,在实用计算中,是在对板上最不利活荷载布置进行调整的基础上,将多跨连续板化为单跨板,然后利用上述单跨板的计算方法进行计算。

3. 双向板支承梁的计算

双向板上承受的荷载按最近的路径传给支座,因而可向板角做 45°线,将其分为四个区域分别将荷载传递给梁。长边梁承受梯形荷载,短边梁承受三角形荷载,如图 12‐19 所示。三角形或梯形荷载可根据固端弯矩等效的条件,化为均布荷载 q(图 12‐20),在 q 作用下,支座弯矩可用结构力学方法求得,再取隔离体求梁跨中弯矩。

4. 梁的内力计算

中间有柱时,纵、横梁一般可按连续梁计算;当梁柱线刚度比不大于 5 时,宜按框架计算;中间无柱的井式梁,可查设计手册。

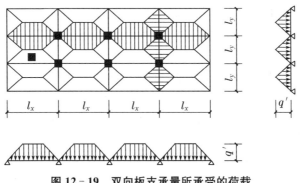

图 12‐19　双向板支承量所承受的荷载

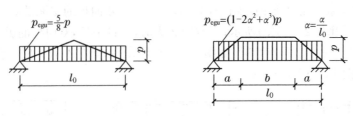

图 12－20　双向板的等效均布荷载

四、截面设计及构造要求

1. 截面弯矩设计值

对于周边与梁整体连接的双向板,在正常使用时,支座上部开裂,跨中下部开裂,板有效截面实际为拱形,板中存在穹顶作用,无论按弹性方法还是塑性方法计算,与单向板类似,板中弯矩值可以减少。

2. 截面的有效高度

双向板跨中钢筋纵横叠置,沿短跨方向的钢筋应争取较大的有效高度,即短跨方向的底筋放在板的外侧,纵横两个方向应分别取各自的有效高度:

短跨方向:$h_0 = h - 20$(mm);

长跨方向:$h_0 = h - 30$(mm)。

3. 板厚

双向板的厚度一般为 $80 \sim 160$ mm。同时,为满足刚度要求,简支板还应不小于 $l/45$,连续板不小于 $l/50$,l 为双向板的短向计算跨度。

4. 受力钢筋

沿短跨方向的跨中钢筋放在外层,沿长跨方向的跨中钢筋置于其上。配筋形式有弯起式与分离式两种,常用分离式。

5. 构造钢筋

双向板的板边若置于砖墙上时,其板边、板角应设置构造钢筋,其数量、长度等同单向板。

小　结

钢筋混凝土楼盖按施工方法分为现浇楼盖和装配式楼盖等。

1. 装配式楼盖由预制板、梁组成,不仅应按使用阶段计算,还应进行施工阶段的验算和吊环计算,从而保证构件在运输、堆放、吊装中的安全。

2. 现浇楼盖结构按受力和支承条件不同又分为单向板肋形楼盖和双向板肋形楼盖。四边支承的板,当长边与短边的比例大于 2 时为单向板,否则为双向板。单向板主要沿短边方向受力,则沿短向布置受力钢筋;双向板须沿两个方向布置受力钢筋。单向板肋形楼盖构造简单,施工方便,应用较多。

3. 连续板、梁设计计算前,首先要明确计算简图。当连续板、梁各跨计算跨度相差不超过10％时,可按等跨计算;五跨以上可按五跨计算。对于多跨连续板、梁要考虑活载的不利位置。

4. 连续板的配筋方式有弯起式和分离式两种。板和次梁可按构造规定确定钢筋的弯起和截断。主梁纵向受力钢筋的弯起和截断,则应按弯矩包络图和抵抗弯矩图确定。次梁与主梁的交接处,应设主梁的附加横向钢筋。

5. 双向板配置受力筋时,应把短向受力钢筋放在长向受力钢筋外侧。多跨连续双向板的配筋也有弯起式和分离式。双向板传给四边支承梁上的荷载按自每一个区格四角做45°线分布,因此四边支承板传到短边支承梁上的荷载为三角形荷载,传给长边支承梁的荷载为梯形荷载。

思考题

12-1　简述钢筋混凝土楼盖的分类。

12-2　装配式楼盖中梁、板的截面形式有哪些? 装配式楼盖有几种平面布置形式?

12-3　什么叫单向板? 什么叫双向板?

12-4　简述钢筋混凝土梁板设计的一般步骤。

12-5　对单向板肋梁楼盖中的板、次梁和主梁,内力如何计算?

12-6　单向板肋梁楼盖中的板、次梁和主梁中有哪些构造钢筋? 各起什么作用?

12-7　按弹性理论进行连续双向板的跨中弯矩计算时,荷载如何布置?

习　题

12-1　如题12-1图所示为某单向板肋梁楼盖的次梁配筋图,请分析图中梁内钢筋的类型、作用及配置要求。

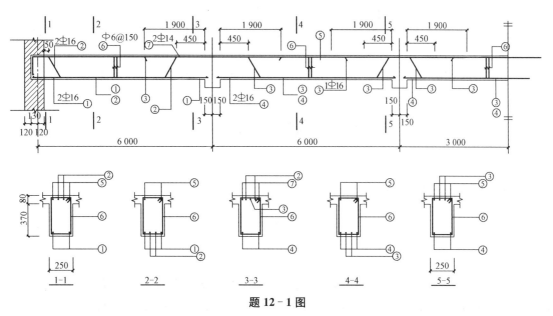

题 12-1 图

项目十三　砌体结构

【学习目标】
  1. 掌握砌体材料类型、规格；
  2. 掌握砌体的种类和力学性能；
  3. 能计算砌体受压构件的承载力；
  4. 能进行砌体结构高厚比验算。

【学习重点】
  1. 砌体受压构件的承载力计算；
  2. 砌体结构高厚比验算。

  砌体结构由块体和砂浆砌筑而成的墙、柱作为建筑物主要受力构件的结构，是砖砌体、砌块砌体和石砌体的统称，它是工程建设中的重要结构形式之一，具有悠久的历史，广泛应用于住宅、普通办公楼等民用建筑以及中小型工业建筑。其主要优点是：

  (1) 就地取材：砖主要用黏土烧制，石材的原料是天然石，砌块可以用工业废料——矿渣制作，来源方便，价格低廉。

  (2) 技术性能好：砌体具有良好的耐火性和耐久性；隔热和保温性能良好，既是较好的承重结构，也是较好的围护结构。

  (3) 施工简便：砌体砌筑时不需要模板和特殊的施工设备，工种少易于配合，工艺操作简单，可连续施工。

  砌体结构的缺点是：自重大、体积大，砌筑工作繁重。由于砖、石、砌块和砂浆间黏结力较弱，因此无筋砌体的抗拉、抗弯及抗剪强度都很低，抗震性能很差。此外，黏土砖需用黏土制造，占用农田土地。

  本章的内容是按照《砌体结构设计规范》(GB 50003—2001)(以下称规范)编写而成。

任务一　砌体的力学性能

一、砌体结构的材料

砌体结构材料包括块体材料(砖类块材、砌块和石材)、砂浆等。

1. 块体材料

(1) 砖类块材

工程结构中的砖包括烧结普通砖、烧结多孔砖、蒸压灰砂砖、蒸压粉煤灰砖等。目前我国生产的标准实心黏土砖的规格为 240 mm×115 mm×53 mm，如图 13-1(a)所示。

① 烧结普通砖

烧结普通砖是指由黏土、页岩、煤矸石或粉煤灰为主要原料,经过焙烧而成的实心或孔洞率不大于15%且外形尺寸符合规定的砖。分烧结黏土砖、烧结页岩砖、烧结煤矸石砖、烧结粉煤灰砖等。

② 烧结多孔砖

黏土、页岩、煤矸石或粉煤灰为主要原料,经焙烧而成、孔洞率不小于25%,孔的尺寸小而数量多,主要用于承重部位的砖,如图13-1(b)所示。目前多孔砖分为P型砖和M型砖。此处P、M分别表示"普通"和"模数"。

③ 蒸压灰砂砖

以石灰和砂为主要原料,经坯料制备、压制成型、蒸压养护而成的实心砖,简称灰砂砖。

④ 蒸压粉煤灰砖

以粉煤灰、石灰为主要原料,掺加适量石膏和集料,经坯料制备、压制成型、高压蒸汽养护而成的实心砖,简称粉煤灰砖。

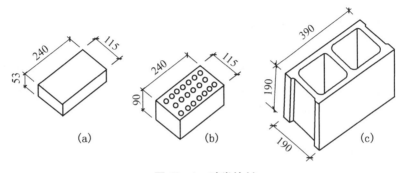

图 13-1　砖类块材

(2) 混凝土砌块

砌块按外观形状可以分为实心砌块和空心砌块。目前工程中使用得较多的是混凝土小型空心砌块,如图13-1(c)所示,它是由普通混凝土或轻骨料混凝土制成,主规格尺寸为390 mm×190 mm×190 mm、空心率为25%～50%的空心砌块,简称混凝土砌块或砌块。

(3) 石材

石材按其加工后的外形规则程度可分为料石和毛石。其中,料石又分为细料石、半细料石、粗料石和毛料石。

2. 砂浆

砂浆是由胶凝材料、细骨料和水等材料按适当比例配制而成的。砂浆在砌体中的作用是将块材黏结成整体,并因抹平块体表面而使应力分布较为均匀。同时,砂浆填满块材间的缝隙而减少了砌体的透气性,从而提高了砌体隔热性和抗冻性能。砂浆按所用胶结材料不同分为水泥砂浆、石灰砂浆、混合砂浆(常用的是水泥石灰混合砂浆)。

除普通砂浆外,还有一种混凝土砌块专用砂浆,它由水泥、砂、水以及根据需要掺入的掺和料和外加剂等组分,按一定比例,采用机械拌和制成,专门用于砌筑混凝土砌块的砌筑砂浆。

3. 混凝土砌块灌孔混凝土

由水泥、集料、水以及根据需要掺入的掺和料和外加剂等组分,按一定比例用机械搅拌后,用于浇注混凝土砌块砌体芯柱或其他需要填实部位孔洞的混凝土。

4. 材料的强度等级

砌体材料的强度等级根据标准试验方法所得材料抗压强度的 MPa 数划分。根据《规范》,块体和砂浆强度等级按下列规定采用:

(1) 烧结普通砖、烧结多孔砖等的强度等级:MU30、MU25、MU20、MU15 和 MU10。

(2) 蒸压灰砂砖、蒸压粉煤灰砖的强度等级:MU25、MU20、MU15 和 MU10。

(3) 砌块的强度等级:MU20、MU15、MU10、MU7.5 和 MU5。

(4) 石料的强度等级:MU100、MU80、MU60、MU50、MU40、MU30 和 MU20。

(5) 砂浆的强度等级:M15、M10、M7.5、M5 和 M2.5。

二、砌体结构的种类

砌体分为无筋砌体和配筋砌体两大类。根据块体的不同,无筋砌体有砖砌体、砌块砌体和石砌体。在砌体中配有钢筋或钢筋混凝土的称为配筋砌体。

1. 砖砌体

砖砌体是由普通砖和空心砖用砂浆砌筑而成。通常用作墙、柱及基础等承重结构,围护及隔断等非承重结构。承重墙一般多做成实心的。实心砖砌体按照砖的搭砌方式,有一顺一丁、三顺一丁或梅花丁等砌筑方法。

2. 砌块砌体

砌块代替黏土砖做砌筑材料,有利于建筑工业化、减轻体力劳动强度及加快施工进度。由于砌块单块自重大,故必须使用吊装机具。

在选择砌块的规格尺寸和型号时,应考虑吊装设备的能力和房屋墙体的分块情况,并应尽量减少砌块的类型。常用的砌块是混凝土小型砌块。

3. 石砌体

石砌体分为料石砌体、毛石砌体和毛石混凝土。

料石砌体和毛石砌体用砂浆砌筑,毛石混凝土用混凝土和砂浆交替铺砌而成。料石砌体一般用于建筑房屋、石拱桥、石坝等构筑物。由于料石加工困难,故一般多采用毛石砌体。毛石混凝土砌体通常用作一般房屋和构筑物的基础。

4. 配筋砌体

配筋砌体是由配置钢筋的砌体作为建筑物主要受力构件的结构,是网状配筋砌体柱、水平配筋砌体墙、砖砌体和钢筋混凝土面层或钢筋砂浆面层组合砌体柱(墙)、砖砌体和钢筋混凝土构造柱组合墙和配筋砌块砌体剪力墙结构的统称。在灰缝中或者在水泥粉刷中配置钢筋的目的是增加砌体的抗拉、抗压、抗剪、抗弯强度。

(1) 网状配筋砖砌体

当砖砌体构件截面尺寸较大,需要减小其截面尺寸,提高砌体的强度时,可在砌体的水平灰缝中每隔几层砖放置一层钢筋网,称为网状配筋(或横向配筋)砖砌体,如图 13-2 所示。

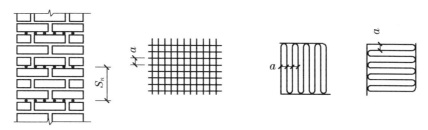

图 13-2　网状配筋砖砌体

（2）组合砖砌体

当构件的偏心较大时，可在竖向灰缝内或在垂直于弯矩方向的两个侧面预留的竖向凹槽内，放置纵向钢筋和浇注混凝土，这种配筋称为组合砖砌体，如图 13-3 所示。

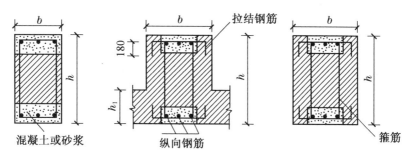

图 13-3　组合砖砌体构件截面

三、砌体的力学性能

1. 砌体的抗压强度

（1）砖砌体在轴心受压下的破坏特征

根据试验表明，砖砌体的破坏大致经历以下三个阶段：

第一阶段，从开始加荷到个别砖出现第一条（或第一批）裂缝，如图 13-4（a）所示。这个阶段的特点是如不再增加荷载，裂缝也不扩展。

第二阶段，随着荷载的增加，单块砖内个别裂缝不断开展并扩大，并沿竖向通过若干层砖形成连续裂缝，如图 13-4（b）所示。

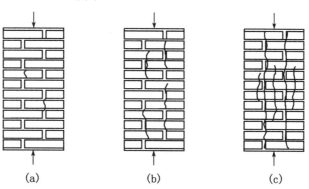

图 13-4　砌体轴心受压的破坏特征

第三阶段,继续增加荷载,裂缝将迅速开展,砌体被几条贯通的裂缝分割成互不相连的若干小柱,如图 13-4(c)所示,小柱朝侧向突出,其中某些小柱可能被压碎,以致最终丧失承载力而破坏。

(2) 砖砌体受压应力状态的分析

当砌体受压时,砖承受的压力是不均匀的,处于受弯、受剪和局部受压状态下。由于砖的厚度小,又是脆性材料,其抗剪、抗弯强度远低于抗压强度,砌体的第一批裂缝就是由于单块砖的受弯、受剪破坏引起的。

(3) 影响砌体抗压强度的因素

① 块体的强度、尺寸和形状的影响。砌体的强度主要取决于块体的强度。增加块体的厚度,其抗弯、抗剪能力亦会增加,同样会提高砌体的抗压强度。此外,块体的表面愈平整,灰缝的厚度将愈均匀,从而减少块体的受弯受剪作用,砌体的抗压强度就会提高。

② 砂浆的强度及和易性的影响。砂浆强度过低将加大块体与砂浆横向变形的差异,对砌体抗压强度不利。和易性好的砂浆具有很好的流动性和保水性。在砌筑时易于铺成均匀、密实的灰缝,减少了单个块体在砌体中弯、剪应力,因而提高了砌体的抗压强度。

③ 砌筑质量的影响。砌筑质量对砌体抗压强度的影响,主要表现在水平灰缝砂浆的饱满程度。灰缝的厚度也将影响砌体强度。水平灰缝厚些容易铺得均匀,但增加了砖的横向拉应力;灰缝过薄,使砂浆难以均匀铺砌。实践证明,水平灰缝厚度宜为 8～12 mm。

(4) 各类砌体的抗压强度设计值

当施工质量控制等级为 B 级时,龄期为 28 d 的以毛截面计算的各类砌体抗压强度设计值,应根据块体和砂浆的强度等级分别按下列规定采用:

① 烧结普通砖和烧结多孔砖砌体的抗压强度设计值,按表 13-1 采用。

表 13-1 烧结普通砖和烧结多孔砖砌体的抗压强度设计值(MPa)

砖强度等级	砂浆强度等级					砂浆强度
	M15	M10	M7.5	M5	M2.5	0
MU30	3.94	3.27	2.93	2.59	2.26	1.15
MU25	3.60	2.98	2.68	2.37	2.06	1.05
MU20	3.22	2.67	2.39	2.12	1.84	0.94
MU15	2.79	2.31	2.07	1.83	1.60	0.82
MU10	—	1.89	1.69	1.50	1.30	0.67

注:当烧结多孔砖的孔洞率大于 30% 时,表中数值应乘以 0.9。

② 蒸压灰砂砖和蒸压粉煤灰砖砌体的抗压强度设计值,按表 13-2 采用。

表 13 - 2　蒸压灰砂砖和蒸压粉煤灰砖砌体的抗压强度设计值(MPa)

砖强度等级	砂浆强度等级				砂浆强度
	M15	M10	M7.5	M5	0
MU25	3.60	2.98	2.68	2.37	1.05
MU20	3.22	2.67	2.39	2.12	0.94
MU15	2.79	2.31	2.07	1.83	0.82
MU10	—	1.89	1.69	1.50	0.67

③ 单排孔混凝土和轻骨料混凝土砌块砌体的抗压强度设计值(MPa),按表 13 - 3 采用。

表 13 - 3　单排孔混凝土和轻骨料混凝土砌块砌体的抗压强度设计值(MPa)

砌块强度等级	砂浆强度等级				砂浆强度
	Mb 15	Mb 10	Mb 7.5	Mb 5	0
MU20	5.68	4.95	4.44	3.94	2.33
MU15	4.61	4.02	3.61	3.20	1.89
MU10	—	2.79	2.50	2.22	1.31
MU7.5	—	—	1.93	1.71	1.01
MU5	—	—	—	1.19	0.70

注:① 对错孔砌筑的砌体,应按表中数值乘以 0.8;② 对独立柱或厚度为双排组砌的砌块砌体,应按表中数值乘以 0.7;③ 对 T 形截面砌体,应按表中数值乘以 0.85;④ 表中轻骨料混凝土砌块为煤矸石和水泥煤渣混凝土砌块。

④ 单排孔混凝土砌块对孔砌筑时,灌孔砌体的抗压强度设计值 f_g 应按下式计算:

$$f_g = f + 0.6\alpha f_c$$

$$\alpha = \delta\rho$$

式中,f_g——灌孔砌体抗压强度设计值,并不应大于未灌孔砌体抗压强度设计值的 2 倍;

f——未灌孔砌体的抗压强度设计值,应按表 13 - 3 采用;

f_c——灌孔混凝土的轴心抗压强度设计值;

α——砌块砌体中灌孔混凝土面积和砌体毛面积的比值;

δ——混凝土砌块的孔洞率;

ρ——混凝土砌块砌体的灌孔率,系截面灌孔混凝土面积和截面孔洞面积的比值,ρ 不应小于 33%。

砌块砌体的灌孔混凝土强度等级不应低于 Cb20,也不宜低于两倍的块体强度等级。此处,灌孔混凝土的强度等级 Cb×× 等同于对应的混凝土强度等级 C×× 的强度指标。

⑤ 孔洞率不大于 35% 的双排孔或多排孔轻骨料混凝土砌块砌体的抗压强度设计值,应按表 13 - 4 采用。

表 13-4 轻骨料混凝土砌块砌体的抗压强度设计值(MPa)

砌块强度等级	砂浆强度等级			砂浆强度
	Mb 10	Mb 7.5	Mb 5	0
MU10	3.08	2.76	2.45	1.44
MU7.5	—	2.13	1.88	1.12
MU5	—	—	1.31	0.78

注:① 表中的砌块为火山渣、浮石和陶粒轻骨料混凝土砌块;② 对厚度方向为双排组砌的轻骨料混凝土砌块砌体的抗压强度设计值,应按表中数值乘以 0.8。

⑥ 块体高度为 180~350 mm 的毛料石砌体的抗压强度设计值,按表 13-5 采用。

表 13-5 毛料石砌体的抗压强度设计值(MPa)

毛料石强度等级	砂浆强度等级			砂浆强度
	M7.5	M5	M2.5	0
MU100	5.42	4.80	4.18	2.13
MU80	4.85	4.29	3.73	1.91
MU60	4.20	3.71	3.23	1.65
MU50	3.83	3.39	2.95	1.51
MU40	3.43	3.04	2.64	1.35
MU30	2.97	2.63	2.29	1.17
MU20	2.42	2.15	1.87	0.95

注:对下列各类料石砌体,应按表中数值分别乘以相应系数:细料石砌体 1.5;半细料石砌体 1.3;粗料石砌体 1.2;干砌勾缝石砌体 0.8。

⑦ 毛石砌体的抗压强度设计值按表 13-6 采用。

表 13-6 毛石砌体的抗压强度设计值(MPa)

毛石强度等级	砂浆强度等级			砂浆强度
	M7.5	M5	M2.5	0
MU100	1.27	1.12	0.98	0.34
MU80	1.13	1.00	0.87	0.30
MU60	0.98	0.87	0.76	0.26
MU50	0.90	0.80	0.69	0.23
MU40	0.80	0.71	0.62	0.21
MU30	0.69	0.61	0.53	0.18
MU20	0.56	0.51	0.44	0.15

2. 砌体的轴心抗拉、弯曲抗拉和抗剪强度设计值

(1) 砌体的轴心抗拉

在圆形水池设计中,由于内部液体的压力在池壁中产生环向水平拉力,而使砌体垂直截

面处于轴心受拉状态,如图 13-5 所示。砌体的轴心受拉破坏有两种基本形式:

① 当块体强度等级较高,砂浆强度等级较低时,砌体将沿齿缝破坏。如图 13-5(a)中的 I-I、I'-I'所示。

② 当块体强度等级较低,砂浆强度等级较高时,砌体的破坏可能沿竖直灰缝和块体截面连成的直缝破坏,如图 13-5(a)中的 II-II 所示。

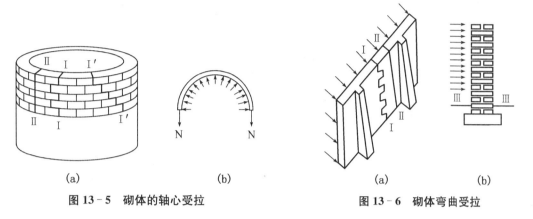

| 图 13-5　砌体的轴心受拉 | 图 13-6　砌体弯曲受拉 |

（2）弯曲抗拉

带支墩的挡土墙和风荷载作用下的围墙均属受弯构件,如图 13-6 所示。砌体的弯曲受拉破坏有三种基本形式:

① 当块体强度等级较高时,砌体沿齿缝破坏,如图 13-6(a)中的 I-I 所示。

② 当块体强度等级较低,而砂浆强度等级较高时,砌体可能沿竖直灰缝和块体截面连成的直缝破坏,如图 13-6(a)中的 II-II 所示。

③ 当弯矩较大时,砌体将沿弯矩最大截面的水平灰缝产生沿通缝的弯曲破坏,如图 13-6(b)中 III-III 所示。

（3）抗剪强度

砌体结构中的门窗砖过梁、拱过梁支座均属受剪构件,它们可能沿阶梯形截面受剪破坏,如图 13-7(a)所示;或者沿通缝截面受剪破坏,如图 13-7(b)所示。

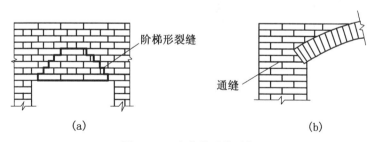

图 13-7　砌体的受剪破坏

龄期为 28 d 的以毛截面计算的各类砌体的轴心抗拉强度设计值、弯曲抗拉强度设计值和抗剪强度设计值,当施工质量控制等级为 B 级时,应按表 13-7 采用。

单排孔混凝土砌块对孔砌筑时,灌孔砌体的抗剪强度设计值 f_{vg},应按下列公式计算:

$$f_{vg} = 0.2 f_g^{0.55}$$

式中,f_g 为灌孔砌体的抗压强度设计值(MPa)。

3. 砌体强度设计值的调整系数

砌体结构设计中,遇到下列情况的各类砌体,其强度设计值应乘以调整系数 γ_a:

(1) 有吊车房屋砌体、跨度≥9 m 的梁下烧结普通砖砌体、跨度≥7.5 m 的梁下烧结多孔砖、蒸压灰砂砖和蒸压粉煤灰砖砌体,混凝土和轻骨料混凝土砌块砌体,γ_a 为 0.9;

(2) 对无筋砌体构件,其截面面积<0.3 m² 时,$\gamma_a=A+0.7$;对配筋砌体构件,其截面面积<0.2 m² 时,$\gamma_a=A+0.8$。A 为构件截面面积(m²);

(3) 当砌体用水泥砂浆砌筑时,对表 13-1~表 13-5 各表中数值,$\gamma_a=0.9$;对表 13-6 中数值,$\gamma_a=0.8$;对配筋砌体构件,当其中的砌体采用水泥砂浆砌筑时,仅对砌体强度设计值乘以调整系数 γ_a;

(4) 当施工质量控制等级为 C 级时,$\gamma_a=0.89$(注:配筋砌体不允许采用 C 级);

(5) 当验算施工中房屋的构件时,$\gamma_a=1.1$。

施工阶段砂浆尚未硬化的新砌砌体的强度和稳定性,可按砂浆强度为零进行验算。

对于冬期施工采用掺盐砂浆法施工的砌体,砂浆强度等级按常温施工的强度等级提高一级时,砌体强度和稳定性可不验算。

表 13-7 沿砌体灰缝截面破坏时砌体的轴心抗拉强度设计值、
弯曲抗拉强度设计值和抗剪强度设计值(MPa)

强度类别	破坏特征及砌体种类		砂浆强度等级			
			≥M10	M7.5	M5	M2.5
轴心抗拉	沿齿缝	烧结普通砖、烧结多孔砖	0.19	0.16	0.13	0.09
		蒸压灰砂砖、蒸压粉煤灰砖	0.12	0.10	0.08	0.06
		混凝土砌块	0.09	0.08	0.07	
		毛石	0.08	0.07	0.06	0.04
弯曲抗拉	沿齿缝	烧结普通砖、烧结多孔砖	0.33	0.29	0.23	0.17
		蒸压灰砂砖、蒸压粉煤灰砖	0.24	0.20	0.16	0.12
		混凝土砌块	0.11	0.09	0.08	
		毛石	0.13	0.11	0.09	0.07
	沿通缝	烧结普通砖、烧结多孔砖	0.17	0.14	0.11	0.08
		蒸压灰砂砖、蒸压粉煤灰砖	0.12	0.10	0.08	0.06
		混凝土砌块	0.08	0.06	0.05	
		毛石				

强度类别	破坏特征及砌体种类	砂浆强度等级			
		≥M10	M7.5	M5	M2.5
抗剪	烧结普通砖、烧结多孔砖	0.17	0.14	0.11	0.08
	蒸压灰砂砖,蒸压粉煤灰砖	0.12	0.10	0.08	0.06
	混凝土和轻骨料混凝土砌块	0.09	0.08	0.06	
	毛石	0.21	0.19	0.16	0.11

注:① 对于用形状规则的块体砌筑的砌体,当搭接长度与块体高度的比值小于1,其轴心抗拉强度设计值 f 和弯曲抗拉强度设计值 f 应按表中数值乘以搭接长度与块体高度比值后采用;② 对孔洞率不大于35%的双排孔或多排孔轻骨料混凝土砌块砌体的抗剪强度设计值,可按表中混凝土砌块砌体抗剪强度设计值乘以1.1;③ 对蒸压灰砂砖、蒸压粉煤灰砖、烧结页岩砖、烧结煤矸石砖、烧结粉煤灰砖砌体,当有可靠的试验数据时,表中强度设计值,允许做适当调整。

4. 砌体的弹性模量、剪变模量

砌体的弹性模量 E,可按表13-8采用。

砌体的剪变模量 G,一般可取 $G=0.4E$。

单排孔且对孔砌筑的混凝土砌块灌孔砌体的弹性模量,应按下式计算:

$$E=1700f_g$$

表 13-8　砌体的弹性模量(MPa)

砌体种类	砂浆强度等级			
	≥M10	M7.5	M5	M2.5
烧结普通砖、烧结多孔砖砌体	1 600f	1 600f	1 600f	1 390f
蒸压灰砂砖,蒸压粉煤灰砖砌体	1 060f	1 060f	1 060f	960f
混凝土砌块砌体	1 700f	1 600f	1 500f	—
粗料石、毛料石、毛石砌体	7 300	5 650	4 000	2 250
细料石、半细料石砌体	22 000	17 000	12 000	6 750

任务二　砌体受压构件的承载力

砌体结构设计方法和混凝土结构设计方法相同,也采用以概率理论为基础的极限状态设计方法,以可靠指标度量结构构件的可靠度,采用分项系数的设计表达式进行计算。

受压是砌体结构最普遍的受力形式,砌体承载能力的特点就是其抗压承载力远大于抗拉、抗弯、抗剪的承载力。下面介绍无筋砌体构件受压承载力计算。

一、影响无筋砌体受压构件承载力的主要因素

大量砌体受压试验表明,影响无筋砌体受压构件承载力的主要因素有构件的截面面积、

砌体的抗压强度、轴向力的偏心矩 e 和构件的高厚比 β 等。

1. 高厚比 β

墙、柱的高度和厚度的比值称为高厚比。计算影响系数 φ 时,构件高厚比 β 应按下列公式确定:

$$对矩形截面 \qquad\qquad \beta = \gamma_\beta \frac{H_0}{h} \qquad\qquad (13-1a)$$

$$对 T 形截面 \qquad\qquad \beta = \gamma_\beta \frac{H_0}{h_T} \qquad\qquad (13-1b)$$

式中,γ_β——不同砌体材料的高厚比修正系数,按表 13-9 采用;

$\qquad$ H_0——受压构件的计算高度,按表 13-11 确定;

$\qquad$ h——矩形截面轴向力偏心方向的边长,当轴心受压时为截面较小边长;

$\qquad$ h_T——T 形截面的折算厚度,可近似按 $3.5i$ 计算(i 为截面回转半径)。

表 13-9　高厚比修正系数 $\gamma\beta$ 轴向力的偏心距 e

砌体材料类别	γ_β	砌体材料类别	γ_β
烧结普通砖、烧结多孔砖	1.0	蒸压灰砂砖,蒸压粉煤灰砖、细料石、半细料石	1.2
混凝土及轻骨料混凝土砌块	1.1	粗料石、毛石	1.5

注:对灌孔混凝土砌块,取 1.0。

2. 轴向力的偏心距 e

当轴向力的偏心距 e 较大时,构件在使用阶段容易产生较宽的水平裂缝,使构件的侧向变形增大,承载力显著下降,既不安全也不经济。因此,《规范》规定,按内力设计值计算的轴向力的偏心距 e 应满足:

$$e \leqslant 0.6y$$

式中,y 为截面重心到轴向力所在偏心方向截面边缘的距离。当 $e > 0.6y$ 时,宜采用组合砖砌体。

二、砌体受压构件的承载力计算公式

1. 影响系数 φ

影响系数反映高厚比 β 和轴向力的偏心距 e 对受压构件承载力的影响。无筋砌体矩形截面单向偏心受压构件承载力影响系数按下列公式计算:

$$当 \beta \leqslant 3 时, \qquad\qquad \varphi = \frac{1}{1+12\left(\dfrac{e}{h}\right)^2} \qquad\qquad (13-2a)$$

$$当 \beta > 3 时, \qquad \varphi = \frac{1}{1+12\left[\dfrac{e}{h}+\sqrt{\dfrac{1}{12}\left(\dfrac{1}{\varphi_o}-1\right)}\,\right]^2} \qquad (13-2b)$$

式中,e——轴向力的偏心距;

$\qquad$ h——矩形截面的轴向力偏心方向的边长;

$\qquad$ φ_o——轴心受压构件稳定系数,$\varphi_o = \dfrac{1}{1+\alpha\beta^2}$,其中,$\alpha$ 为与砂浆强度等级有关的系数,当

砂浆强度≥M5 时，$\alpha=0.0015$；当砂浆强度＝M2.5 时，$\alpha=0.002$；当砂浆强度＝0 时，$\alpha=0.009$；β 为结构构件高厚比，当 $\beta\leqslant3$ 时，$\varphi_o=1.0$。

计算 T 形截面的影响系数 φ 时，应以折算厚度 h_T 代替式中的 h。

2. 计算公式

《规范》规定，对无筋砌体，不论轴心受压还是偏心受压，也不论是长柱还是短柱，采用如下统一的承载力计算公式：

$$N\leqslant\varphi f A \tag{13-3}$$

式中，N——轴向力设计值；

φ——高厚比 β 和轴向力的偏心距 e 对受压构件承载力的影响系数；

f——砌体的抗压强度设计值，注意强度设计值应乘以调整系数 γ_a；

A——截面面积，对各类砌体均应按毛截面计算。

对矩形截面构件，当轴向力偏心方向的截面边长大于另一方向的边长时，除按偏心受压计算外，还应对较小边长方向，按轴心受压进行验算。

【例 13-1】 某截面为 370 mm×490 mm 的砖柱，柱计算高度为 3.3 m，采用强度等级为 MU10 的烧结普通砖及 M5 的混合砂浆砌筑，柱底承受轴向压力设计值为 $N=180$ kN，结构安全等级为二级，施工质量控制等级为 B 级。试验算该柱的受压承载力。

解：查表得 MU10 的烧结普通砖与 M5 的混合砂浆砌筑的砖砌体的抗压强度设计值 $f=1.5$ MPa，$\gamma_\beta=1.0$。

截面面积：$A=0.37\times0.49=0.18$ m$^2<0.3$ m^2

砌体强度设计值应乘以调整系数：$\gamma_a=A+0.7=0.18+0.7=0.88$

柱的高厚比：$\beta=\gamma_\beta\dfrac{H_0}{h}=1.0\times\dfrac{3300}{370}=8.92$

轴心受压柱影响系数：$\varphi=\varphi_o=\dfrac{1}{1+\alpha\beta^2}=\dfrac{1}{1+0.0015\times8.92^2}=0.89$

柱底承载力：$\varphi\gamma_a f A=0.89\times0.88\times1.5\times0.18\times10^6=211.46$ kN$>N=180$ kN

满足要求。

【例 13-2】 一偏心受压柱，截面尺寸为 490 mm×620 mm，柱计算高度 $H_0=5$ m，采用强度等级为 MU10 蒸压灰砂砖及 M5 水泥砂浆砌筑，柱底承受轴向压力设计值为 $N=160$ kN，弯矩设计值 $M=20$ kN·m（沿长边方向），结构的安全等级为二级，施工质量控制等极为 B 级。试验算该柱底截面是否安全。

解：（1）弯矩作用平面内承载力验算

MU10 蒸压灰砂砖与 M5 水泥砂浆砌筑的砖砌体抗压强度设计值 $f=1.5$ MPa

蒸压灰砂砖砌筑，查得 $\gamma_\beta=1.2$；水泥砂浆砌筑，调整系数 $\gamma_a=0.9$

截面面积：$A=490\times620\times10^{-6}=0.303$ m$^2>0.3$ m^2

偏心矩：

$$e=\frac{M}{N}=\frac{20}{160}=0.125 \text{ m}=125 \text{ mm}<0.6y=0.6\times\frac{490}{2}=147 \text{ mm}$$

$$\frac{e}{h}=\frac{125}{620}=0.202$$

高厚比：
$$\beta = \gamma_\beta \frac{H_o}{h} = 1.2 \times \frac{5}{0.62} = 9.68$$

影响系数：
$$\varphi_o = \frac{1}{1+\alpha\beta^2} = \frac{1}{1+0.0015 \times 9.68^2} = 0.877$$

$$\varphi = \frac{1}{1+12\left[\frac{e}{h} + \sqrt{\frac{1}{12}\left(\frac{1}{\varphi_o}-1\right)}\right]^2} = \frac{1}{1+12\times\left[0.202 + \sqrt{\frac{1}{12}\left(\frac{1}{0.877}-1\right)}\right]^2} = 0.465$$

柱底承载力：
$$\varphi\gamma_a fA = 0.465 \times 0.9 \times 1.5 \times 490 \times 620 \times 10^{-3} = 191 \text{ KN} > N = 150 \text{ kN}$$

(2) 弯矩作用平面外承载力验算

短边方向，按轴压验算：
$$\beta = \gamma_\beta \frac{H_o}{h} = 1.2 \times \frac{5}{0.49} = 12.24$$

$$\varphi = \varphi_o = \frac{1}{1+\alpha\beta^2} = \frac{1}{1+0.0015 \times 12.24^2} = 0.816$$

$$\varphi\gamma_a fA = 0.816 \times 0.9 \times 1.5 \times 490 \times 620 \times 10^{-3} = 335 \text{ KN} > 150 \text{ KN}$$

所以，柱底截面安全。

任务三　砌体高厚比验算

高厚比验算是保证砌体结构施工阶段和使用阶段稳定性与刚度的一项重要构造措施。

一、房屋的静力计算方案

根据房屋的空间工作性能，房屋的静力计算方案分为刚性方案、刚弹性方案和弹性方案。设计时，可按表 13 - 10 确定静力计算方案。

表 13 - 10　房屋的静力计算方案

	屋盖或楼盖类别	刚性方案	刚弹性方案	弹性方案
1	整体式、装配整体式和装配式无檩体系钢筋混凝土屋盖或楼盖	$S < 32$	$32 \leqslant S \leqslant 72$	$S > 72$
2	装配式有檩体系钢筋混凝土屋盖、轻钢屋盖和有密铺望板的木屋盖或木楼盖	$S < 20$	$20 \leqslant S \leqslant 48$	$S > 48$
3	瓦材屋面的木屋盖和轻钢屋盖	$S < 16$	$16 \leqslant S \leqslant 36$	$S > 36$

注：S 为房屋横墙间距(m)。

二、受压构件的计算高度 H_0

《规范》规定，受压构件的计算高度 H_0，应根据房屋类别和构件支承条件等按表 13 - 11 采用。

表 13 - 11　受压构件的计算高度

房屋类别			柱		带壁柱墙或周边拉结的墙		
			排架方向	垂直排架方向	$S>2H$	$2H \geqslant S>H$	$S \leqslant H$
有吊车的单层房屋	变截面柱上段	弹性方案	$2.5H_u$	$1.25H_u$	$2.5H_u$		
		刚性、刚弹性方案	$2.0H_u$	$1.25H_u$	$2.0H_u$		
	变截面柱下段		$1.0H_l$	$0.8H_l$	$1.0H_l$		
无吊车的单层房屋	单跨	弹性方案	$1.5H$	$1.0H$	$1.5H$		
		刚弹性方案	$1.2H$	$1.0H$	$1.2H$		
	多跨	弹性方案	$1.25H$	$1.0H$	$1.25H$		
		刚弹性方案	$1.1H$	$1.0H$	$1.1H$		
	刚性方案		$1.0H$	$1.0H$	$1.0H$	$0.4S+0.2H$	$0.6S$

注：① 表中 H_u 为变截面柱的上段高度；H_l 为变截面柱的下段高度；② 对于上端为自由端的构件，$H_0=2H$；③ 独立砖柱，当无柱间支撑时，柱在垂直排架方向的 H_0 应按表中数值乘以 1.25 后采用；④ S 为房屋横墙间距；⑤ 自承重墙的计算高度应根据周边支承或拉接条件确定。

表 13 - 11 中的构件高度 H 应按下列规定采用：

（1）在房屋底层，为楼板顶面到构件下端支点的距离。下端支点的位置，可取在基础顶面。当埋置较深且有刚性地坪时，可取室外地面下 500 mm 处；

（2）在房屋其他层次，为楼板或其他水平支点间的距离；

（3）对于无壁柱的山墙，可取层高加山墙尖高度的 1/2；对于带壁柱的山墙可取壁柱处的山墙高度。

对无吊车房屋或荷载组合不考虑吊车作用的有吊车房屋，变截面柱上段的计算高度可按表 13 - 11 规定采用；变截面柱下段的计算高度按有关规定采用。

三、允许高厚比[β]

墙、柱的允许高厚比[β]与承载力无关，是从构造要求上规定的。

1. 墙、柱的允许高厚比

表 13 - 12　墙、柱的允许高厚比[β]值

砂浆强度等级	墙	柱	砂浆强度等级	墙	柱
M2.5	22	15	$\geqslant$M7.5	26	17
M5.0	24	16			

注：① 毛石墙、柱允许高厚比应按表中数值降低 20%；② 组合砖砌体构件的允许高厚比，可按表中数值提高 20%，但不得大于 28；③ 验算施工阶段砂浆尚未硬化的新砌砌体高厚比时，允许高厚比对墙取 14，对柱取 11。

2. 自承重墙允许高厚比的修正系数 μ_1

厚度 $h \leqslant 240$ mm 的自承重墙，允许高厚比修正系数 μ_1 应按下列规定采用：

当 $h=240$ mm，$\mu_1=1.2$；

当 $h=90$ mm, $\mu_1=1.5$;

当 90 mm$<h<$240 mm, μ 可按插入法取值。

对无洞口的墙, $\mu_1=1$。

上端为自由端墙的允许高厚比,除按上述规定提高外,尚可提高 30%。

对厚度小于 90 mm 的墙,当双面用不低于 M10 的水泥砂浆抹面,包括抹面层的墙厚不小于 90 mm 时,可按墙厚等于 90 mm 验算高厚比。

3. 有门窗洞口的墙允许高厚比修正系数 μ_2

对有门窗洞口的墙,允许高厚比修正系数 μ_2 应按式(13-3)计算:

$$\mu_2=1-0.4\frac{b_s}{s} \tag{13-3}$$

式中, s——相邻窗间墙或壁柱之间的距离;

$\quad b_s$—— s 范围内的门窗洞口总宽度。

当按公式(13-3)算得 μ 的值小于 0.7 时,应采用 0.7;当洞口高度等于或小于墙高的 1/5 时,可取 μ_2 等于 1.0。

四、高厚比验算

墙、柱的高厚比验算公式:

$$\beta=\frac{H_0}{h}\leqslant\mu_1\mu_2[\beta] \tag{13-4}$$

式中, H_0——墙、柱的计算高度;

$\quad h$——墙厚或矩形柱与 H_0 相对应的边长;

$\quad \mu_1$——自承重墙允许高厚比的修正系数;

$\quad \mu_2$——有门窗洞口墙允许高厚比的修正系数;

$\quad [\beta]$——墙、柱的允许高厚比,应按表 13-12 采用。

在应用式(13-4)时,当与墙连接的相邻两横墙间的距离 $s\leqslant\mu_1\mu_2[\beta]h$,墙的高度可不受本条限制。

变截面柱的高厚比可按上、下截面分别验算。

【例 13-3】 某单层房屋,层高为 4.5 m,砖柱截面为 490 mm×370 mm,采用 M5 混合砂浆砌筑,房屋的静力计算方案为刚性方案。试验算此砖柱的高厚比。

解:查表得 $H_0=1.0H=4500+500=5000$ mm

(其中,500 为单层砖柱从室内地坪到基础顶面的距离)

M5 混合砂浆,查表 13-12 得允许高厚比 $[\beta]=16$,则

$$\beta=\frac{H_0}{h}=\frac{5000}{370}=13.5<[\beta]=16$$

满足要求。

小　结

砌体结构材料包括块体材料(砖类块材、砌块和石材)、砂浆等。

砌体分为无筋砌体和配筋砌体两大类。根据块体的不同，无筋砌体有砖砌体、砌块砌体和石砌体。在砌体中配有钢筋或钢筋混凝土的称为配筋砌体。

砌体的力学性能包括砌体的抗压强度、轴心抗拉、弯曲抗拉和抗剪强度。

砌体结构构件的设计采用极限状态设计法。其中，受压构件承载力设计值 $N \leqslant \varphi f A$ 是砌体抗压强度设计值与截面面积的乘积，并通过系数 φ 考虑高厚比 $[\beta]$ 和轴向力的偏心距 e 的影响。

墙体除了要满足强度要求外，还要满足稳定性要求，即要满足高厚比的要求。

思考题

13-1　砌体材料中的块材和砂浆都有哪些种类？你所在地区常用哪几种？

13-2　砌体抗压强度平均值、标准值和设计值有何关系？

13-3　试述影响砌体抗压强度的主要因素。

13-4　无筋砌体受压构件，为什么要控制轴向力偏心矩 e 不大于限值 $0.6y$？设计中当 $e > 0.6y$ 时，一般采取什么措施进行调整？

13-5　为什么要验算高厚比？写出验算公式。

13-6　如何计算砌体受压构件的承载力？

习　题

13-1　某截面为 490 mm×490 mm 的砖柱，柱计算高度 5 m，采用强度等级为 MU10 的烧结普通砖及 M5 的水泥砂浆砌筑，柱底承受轴向压力设计值为 $N=180$ kN，结构安全等级为二级，施工质量控制等级为 B 级。试验算该柱底截面是否安全。

13-2　一偏心受压柱，截面尺寸为 490 mm×620 mm，柱计算高度 4.8 m，采用强度等级为 MU10 蒸压灰砂砖及 M2.5 混合砂浆砌筑，柱底承受轴向压力设计值为 $N=200$ kN，弯矩设计值 $M=24$ kN·m（沿长边方向），结构的安全等级为二级，施工质量控制等极为 B 级。试验算该柱底截面是否安全。

13-3　某单层房屋层高为 4.5 m，砖柱截面为 490 mm×370 mm，采用 M5.0 混合砂浆砌筑，房屋的静力计算方案为刚性方案。试验算此砖柱的高厚比。

项目十四 钢结构

【学习目标】
1. 掌握钢材的基本性能、影响钢材性能的因素、结构用钢的种类、钢号及选材；
2. 了解钢结构的连接：对接焊缝和角焊缝的构造和计算；普通螺栓和高强螺栓的构造和计算；构件间连接的构造和计算；
3. 钢结构的基本构件：轴心受拉构件、轴心受压构件、受弯构件、拉弯构件、压弯构件的计算和构造。

【学习重点】
1. 钢结构的材料和连接；
2. 钢结构识图。

任务一 钢结构材料

一、钢材的种类

钢是含碳量为 0.04%～2.3% 的铁碳合金。为了保证其韧性和塑性，含碳量一般不超过 1.7%。钢的主要元素除铁、碳外，还有硅、锰、硫、磷等。

1. 钢的分类

钢的分类方法多种多样。按品质分为普通钢、优质钢和高级优质钢；按化学成分分为碳素钢和合金钢；按成形方法分为锻钢、铸钢、热轧钢、冷拉钢；按用途分为建筑及工程用钢、结构钢、工具钢、特殊性能钢和专业用钢；按冶炼方法分为平炉钢、转炉钢和电炉钢；按脱氧程度和浇注制度分沸腾钢、半镇静钢、镇静钢和特殊镇静钢；按外形可分为型材、板材、管材和金属制品。

2. 建筑钢材的分类

钢结构的原材料是钢，钢的种类繁多，性能差别很大。我国常用的建筑钢材是碳素结构钢、低合金高强度结构钢和优质碳素结构钢。

（1）碳素结构钢

碳素结构钢按质量等级将钢分为 A、B、C、D 四级。A 级钢只保证抗拉强度、屈服点、伸长率，必要时尚可附加冷弯试验的要求，化学成分对碳、锰可以不作为交货条件。B、C、D 级钢均保证抗拉强度、屈服点、伸长率、冷弯和冲击韧性（分别为 +20 ℃，0 ℃，−20 ℃）等力学性能。化学成分对碳、硫、磷的极限含量比旧标准要求更加严格。

钢的牌号由代表屈服点的字母 Q、屈服点数值、质量等级符号(A、B、C、D)、脱氧方法符号等四个部分按顺序组成。根据钢材厚度(直径)≤16 mm 时的屈服点数值,有 Q195、Q215、Q235、Q255、Q275 五个牌号,其中 Q235 是一种具有较好强度、延性、冲击韧性与可焊性等综合性能的最常用碳素结构钢种。

钢结构一般仅用 Q235,因此钢的牌号根据需要可为 Q235－A;Q235－B;Q235－C;Q235－D 等。

(2) 低合金高强度结构钢

根据钢材厚度(直径)≤16 mm 时的屈服点大小,分为 Q295、Q345、Q390、Q420、Q460 五个牌号,其中 Q345、Q390 和 Q420 较为常用。

钢的牌号仍有质量等级符号,除与碳素结构钢 A、B、C、D 四个等级相同外增加一个等级 E,主要是要求－40 ℃的冲击韧性。钢的牌号如:Q345—B、Q390—C 等。低合金高强度结构钢一般为镇静钢。

A 级钢应进行冷弯试验,其他质量级别钢如供方能保证弯曲试验结果符合规定要求,可不作检验。Q460 和各牌号 D、E 级钢一般不供应型钢、钢棒。

(3) 优质碳素结构钢

以不热处理或热处理(退火、正火或高温回火)状态交货,要求热处理状态交货的应在合同中注明,未注明者,按不热处理交货,如用于高强度螺栓的 45 号优质碳素结构钢需经热处理,强度较高,对塑性和韧性又无显著影响。

二、钢材的规格

钢结构采用的型材有热轧成型的钢板和型钢以及冷弯(或冷压)成型的薄壁型钢。

1. 热轧钢板

钢板有厚钢板、薄钢板、扁钢(或带钢)之分。钢板截面的表示方法为在符号"－"后加"宽度×厚度",如－200×20 等。钢板的供应规格如下:

厚钢板:厚度 4.5~60 mm,宽度 600~3 000 mm,长度 4~12 m;

薄钢板:厚度 0.35~4 mm,宽度 500~1 500 mm,长度 0.5~4 m;

扁钢:厚度 4~60 mm,宽度 12~200 mm,长度 3~9 m。

2. 热轧型钢

有角钢、工字钢、槽钢和钢管。

角钢分等边和不等边两种。不等边角钢的表示方法为,在符号"L"后加"长边宽×短边宽×厚度",如 L100×80×8,对于等边角钢则以边宽和厚度表示,如 L100×8,单位皆为 mm。

工字钢有普通工字钢、轻型工字钢和 H 型钢。

普通工字钢和轻型工字钢用号数表示,即"I"后加截面高度的厘米数来表示。20 号以上的工字钢,同一号数有三种腹板厚度分别为 a、b、c 三类。如 I30a、I30b、I30c,由于 a 类腹板较薄用作受弯构件较为经济。

轻型工字钢的腹板和翼缘均较普通工字钢薄,因而在相同重量下其截面模量和回转半径均较大。

H 型钢是世界各国使用很广泛的热轧型钢,与普通工字钢相比,其翼缘内外两侧平行,便于与其他构件相连。H 型钢可分为宽翼缘 H 型钢(代号 HW,翼缘宽度 B 与截面高度 H 相等)、中翼缘 H 型钢[代号 HM,$B=(1/2\sim2/3)H$]、窄翼缘 H 型钢[代号 HN,$B=(1/3\sim1/2)H$]。各种 H 型钢均可剖分为 T 型钢供应,代号分别为 TW、TM 和 TN。H 型钢和剖分 T 型钢的规格标记均采用:代号后加"高度 $H\times$宽度 $B\times$腹板厚度 $t_1\times$翼缘厚度 t_2"表示。例如 HM340$\times$250$\times$9$\times$14,其剖分 T 型钢为 TM170$\times$250$\times$9$\times$14,单位均为 mm。

槽钢有普通槽钢和轻型槽钢两种,也以"[" 后加截面高度的厘米数来表示,如[30a。号码相同的轻型槽钢,其翼缘较普通槽钢宽而薄,腹板也较薄,回转半径较大,重量较轻。

钢管有无缝钢管和焊接钢管两种,用符号"ϕ"后面加"外径$\times$厚度"表示,如 ϕ400$\times$6,单位为 mm。

3. 薄壁型钢

薄壁型钢由薄钢板(一般采用 Q235 或 Q345 钢)经模压或弯曲而制成,其壁厚一般为 1.5 mm、5 mm。有防锈涂层的彩色压型钢板,所用钢板厚度为 0.4～1.6 mm,常用作轻型屋面及墙面等构件,如图 14-1 所示。

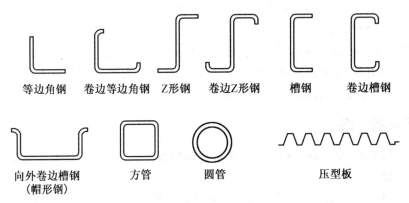

图 14-1 薄壁型钢

三、钢材的选用

1. 钢材选用原则

钢材的选用既要使结构安全可靠地满足使用要求,又要尽最大可能节约钢材、降低造价。不同的使用条件,应当有不同的质量要求,在一般结构中当然不宜轻易地选用优质钢材,而在重要的结构中更不能盲目地选用质量很差的钢材。就钢结构的力学性能指标来说,屈服点、抗拉强度、伸长率、冷弯性能、冲击韧性和低温冲击韧性等各项指标,是从各个不同的方面来衡量钢材质量的指标,当然,没有必要在各种不同的使用条件下,都要完全符合这些质量指标。所以在设计钢结构时,应该根据结构的特点,选用适宜的钢材。钢材选择是否合适,不仅是一个经济问题,而且关系到结构的安全和使用寿命。选择钢材时应考虑以下因素:

(1)结构的重要性

对重型工业建筑结构、大跨度结构、高层或超高层的民用建筑结构或构筑物等重要结构,应考虑选用质量好的钢材,对一般工业与民用建筑结构,可按工作性质分别选用普通质量的钢材。另外,按《建筑结构可靠度设计统一标准》规定的安全等级,把建筑物分为一级

（重要的）、二级（一般的）和三级（次要的）。安全等级不同,要求的钢材质量也应不同。

（2）荷载情况

荷载可分为静态荷载和动态荷载两种。直接承受动态荷载的结构和强烈地震区的结构,应选用综合性能好的钢材;一般承受静态荷载的结构则可选用价格较低的 Q235 钢。

（3）连接方法

钢结构的连接方法有焊接和非焊接两种。由于在焊接过程中,会产生焊接变形、焊接应力以及其他焊接缺陷,如咬肉、气孔、裂纹、夹渣等,有导致结构产生裂缝或脆性断裂的危险。因此,焊接结构对材质的要求应严格一些。例如,在化学成分方面,焊接结构必须严格控制碳、硫、磷的极限含量;而非焊接结构对含碳量可降低要求。

（4）结构所处的温度和环境

钢材处于低温时容易冷脆,因此在低温条件下工作的结构,尤其是焊接结构,应选用具有良好抗低温脆断性能的镇静钢。此外,露天结构的钢材容易产生时效,有害介质作用的钢材容易腐蚀、疲劳和断裂,也应加以区别地选择不同材质。

（5）钢材厚度

薄钢材辊轧次数多,轧制的压缩比大,厚度大的钢材压缩比小;所以厚度大的钢材不但强度较小,而且塑性、冲击韧性和焊接性能也较差。因此,厚度大的焊接结构应采用材质较好的钢材。

2. 钢材选择的建议

对钢材质量的要求,一般地说,承重结构的钢材应保证抗拉强度、屈服点、伸长率和硫、磷的极限含量,对焊接结构尚应保证碳的极限含量（由于 Q235—A 钢的碳含量不作为交货条件,故不允许用于焊接结构）。焊接承重结构以及重要的非焊接承重结构的钢材应具有冷弯试验的合格保证。对于需要验算疲劳的以及主要的受拉或受弯的焊接结构的钢材,应具有常温冲击韧性的合格保证。当结构工作温度等于或低于 0 ℃但高于−20 ℃时,Q235 钢和 Q345 钢应具有 0 ℃冲击韧性的合格保证;对 Q390 钢和 Q420 钢应具有−20 ℃冲击韧性的合格保证。当结构工作温度等于或低于−20 ℃时,对 Q235 钢和 Q345 钢应具有−20 ℃冲击韧性的合格保证;对 Q390 钢和 Q420 钢应具有−40 ℃冲击韧性的合格保证。

四、钢材的设计指标

钢材的设计指标主要有钢材的强度设计值、焊缝的强度设计值、螺栓的强度设计值以及强度设计值的折减系数,应按《钢结构设计规范》（GB 50017—2003）选用。

任务二　钢结构的连接

钢结构的构件是由型钢、钢板等通过连接构成的,各构件再通过安装连接架构成整个结构。因此,连接在钢结构中处于重要的地位。在进行连接的设计时,必须遵循安全可靠、传力明确、构造简单、制造方便和节约钢材的原则。钢结构的连接方法可分为焊缝连接、铆钉连接、螺栓连接,如图 14-2 所示。

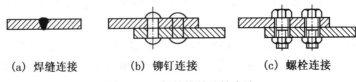

(a) 焊缝连接　　　(b) 铆钉连接　　　(c) 螺栓连接

图 14‒2　钢结构的连接方法

一、焊缝连接

1. 焊缝连接的特点

焊缝连接是现代钢结构最主要的连接方法。其优点是构造简单,任何形式的构件都可直接相连;用料经济,不削弱截面;制作加工方便,可实现自动化操作;连接的密闭性好,结构刚度大。其缺点是在焊缝附近的热影响区内,钢材的金相组织发生改变,导致局部材质变脆;焊接残余应力和残余变形使受压构件承载力降低;焊接结构对裂纹很敏感,局部裂纹一旦发生,就容易扩展到整体,低温冷脆问题较为突出。

2. 钢结构常用的焊接方法

(1) 手工电弧焊

手工电弧焊是最常用的一种焊接方法。通电后,在涂有药皮的焊条和焊件间产生电弧。电弧提供热源,使焊条中的焊丝熔化,滴落在焊件上被电弧所吹成的小凹槽熔池中。由电焊条药皮形成的熔渣和气体覆盖着熔池,防止空气中的氧、氮等气体与熔化的液体金属接触,避免形成脆性易裂的化合物。焊缝金属冷却后把被连接件连成一体。

手工电弧焊设备简单,操作灵活方便,适用于任意空间位置的焊接,特别适用于焊接短焊缝。但生产效率低,劳动强度大,焊接质量与焊工的技术水平和精神状态有很大的关系。

(2) 埋弧焊

(自动或半自动)埋弧焊是电弧在焊剂层下燃烧的一种电弧焊方法。焊丝送进和焊接方向的移动有专门机构控制的称为埋弧自动电弧焊;焊丝送进有专门机构控制,而焊接方向的移动靠工人操作的称为埋弧半自动电弧焊。电弧焊的焊丝不涂药皮,但施焊端靠由焊剂漏头自动流下的颗粒状焊剂所覆盖,电弧完全被埋在焊剂之内,电弧热量集中,熔深大,适于厚板的焊接,具有很高的生产率。

由于采用了自动或半自动化操作,焊接时的工艺条件稳定,焊缝的化学成分均匀,故焊成的焊缝质量好,焊件变形小。同时,高焊速成也减小了热影响区的范围。但埋弧焊对焊件边缘的装配精度(如间隙)要求比手工焊高。

(3) 气体保护焊

气体保护焊是利用二氧化碳气体或其他惰性气体作为保护介质的一种电弧熔焊方法。它直接依靠保护气体在电弧周围造成局部的保护层,以防止有害气体的侵入并保证了焊接过程的稳定性。

气体保护焊的焊缝熔化区没有熔渣,焊工能够清楚地看到焊缝成型的过程;由于保护气体是喷射的,有助于熔滴的过渡;又由于热量集中,焊接速度快,焊件熔深大,故所形成的焊缝强度比手工电弧焊高,塑性和抗腐蚀性好,适用于全位置的焊接。但不适用于在风较大的地方施焊。

（4）电阻焊

电阻焊是利用电流通过焊件接触点表面电阻所产生的热来熔化金属，再通过加压使其焊合。电阻焊只适用于板叠厚度不大于 12 mm 的焊接。对冷弯薄壁型钢构件，电阻焊可用来缀合壁厚不超过 3.5 mm 的构件，如将两个冷弯槽钢或 C 型钢组合成 I 型截面构件等。

3. 焊接连接形式及焊缝形式

（1）焊缝连接形式

焊缝连接形式按被连接钢材的相互位置可分为对接、搭接、T 型连接和角部连部四种，如图 14-3 所示。这些连接所采用的焊缝主要有对接焊缝和角焊缝。

对接连接主要用于厚度相同或接近相同的两构件的相互连接。图 14-3(a) 所示为采用对接焊缝的对接连接，由于相互连接的两构件在同一平面内，因而传力均匀平缓，没有明显的应力集中，且用料经济，但是焊件边缘需要加工，被连接两板的间隙和坡口尺寸有严格的要求。

图 14-3(b) 所示为用双层盖板和角焊缝的对接连接，这种连接传力不均匀、费料，但施工简便，所连接两板的间隙大小无须严格控制。

图 14-3(c) 所示为用角焊缝的搭接连接，特别适用于不同厚度构件的连接。传力不均匀，材料较费，但构造简单、施工方便，目前得到广泛应用。

T 型连接省工省料，常用于制作组合截面。当采用角焊缝连接时，如图 14-3(d) 所示，焊件间存在缝隙，截面突变，应力集中现象严重，疲劳强度较低，可用于不直接承受动力荷载结构的连接中。对于直接承受动荷载的结构，如重级工作制吊车梁，其上翼缘与腹板的连接，应采用如图 14-3(e) 所示的焊透的 T 形对接与角接组合焊缝进行连接。

角部连接主要用于制作箱形截面，如图 14-3(f) 和 (g) 所示。

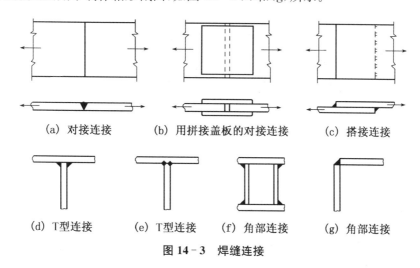

(a) 对接连接　　(b) 用拼接盖板的对接连接　　(c) 搭接连接

(d) T型连接　　(e) T型连接　　(f) 角部连接　　(g) 角部连接

图 14-3　焊缝连接

（2）焊缝形式

对接焊缝按所受力的方向分为正对接焊缝[图 14-4(a)]和斜对接焊缝[图 14-4(b)]。角焊缝[图 14-4(c)]可分为正面角焊缝、侧面角焊缝和斜焊缝。

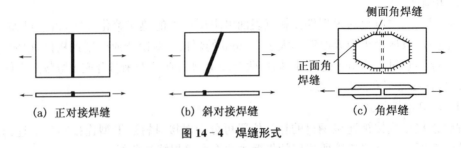

(a) 正对接焊缝　　　(b) 斜对接焊缝　　　(c) 角焊缝

图 14-4　焊缝形式

焊缝沿长度方向的布置分为连续角焊缝和间断角焊缝两种,如图 14-5 所示。连续角焊缝的受力性能较好,为主要的角焊缝形式。间断角焊缝的起、灭弧处容易引起应力集中,重要结构应避免采用,只能用于一些次要构件的连接或受力很小的连接中。间断角焊缝的间断距离 l 不宜过长,以免连接不紧密,潮气侵入引起构件锈蚀。一般在受压构件中应满足 $l \leqslant 15t$;在受拉构件中 $l \leqslant 30t$,t 为较薄焊件的厚度。

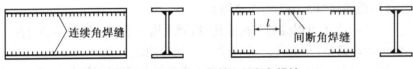

图 14-5　连续角焊缝和间断角焊缝

焊缝按施焊位置分为平焊、横焊、立焊及仰焊,如图 14-6 所示。平焊(又称俯焊)施焊方便。立焊和横焊要求焊工的操作水平比平较高。仰焊的操作条件最差,焊缝质量不易保证,因此应尽量避免采用仰焊。

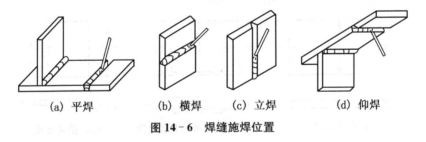

(a) 平焊　　　(b) 横焊　　　(c) 立焊　　　(d) 仰焊

图 14-6　焊缝施焊位置

4. 焊缝缺陷及焊缝质量检验

(1) 焊缝缺陷

焊缝缺陷指焊接过程中产生于焊缝金属或附近热影响区钢材表面或内部的缺陷。常见的缺陷有裂纹、焊瘤、烧穿、弧坑、气孔、夹渣、咬边、未熔合、未焊透等,如图 14-7 所示;以及焊缝尺寸不符合要求、焊缝成形不良等。裂纹是焊缝连接中最危险的缺陷。产生裂纹的原因很多,如钢材的化学成分不当;焊接工艺条件(如电流、电压、焊速、施焊次序等)选择不合适;焊件表面油污未清除干净等。

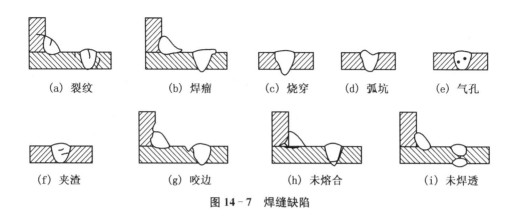

(a) 裂纹　　(b) 焊瘤　　(c) 烧穿　　(d) 弧坑　　(e) 气孔

(f) 夹渣　　　　(g) 咬边　　　　(h) 未熔合　　　　(i) 未焊透

图 14-7　焊缝缺陷

（2）焊缝质量检验

焊缝缺陷的存在将削弱焊缝的受力面积,在缺陷处引起应力集中,故对连接的强度、冲击韧性及冷弯性能等均有不利影响。因此,焊缝质量检验极为重要。

焊缝质量检验一般可用外观检查及内部无损检验,前者检查外观缺陷和几何尺寸,后者检查内部缺陷。内部无损检验目前广泛采用超声波检验。该方法使用灵活、经济,对内部缺陷反应灵敏,但不易识别缺陷性质;有时还用磁粉检验。该方法使用荧光检验等较简单的方法作为辅助。此外还可采用 X 射线或 γ 射线透照或拍片。

《钢结构工程施工质量验收规范》(GB 50205—2001)规定焊缝按其检验方法和质量要求分为一级、二级和三级。三级焊缝只要求对全部焊缝作外观检查且符合三级质量标准;设计要求全焊透的一级、二级焊缝则除外观检查外,还要求用超声波探伤进行内部缺陷的检验,超声波探伤不能对缺陷作出判断时,应采用射线探伤检验,并应符合国家相应质量标准的要求。

（3）焊缝质量等级的规定

《钢结构设计规范》(GB 50017)规定,焊缝应根据结构的重要性、荷载特性、焊缝形式、工作环境以及应力状态等情况,按下述原则分别选用不同的质量等级:

（1）在需要进行疲劳计算的构件中,凡对接焊缝均应焊透,其质量等级为:

① 作用力垂直于焊缝长度方向的横向对接焊缝或 T 型对接与角接组合焊缝,受拉时应为一级,受压时应为二级;

② 作用力平行于焊缝长度方向的纵向对接焊缝应为二级。

（2）不需要计算疲劳的构件中,凡要求与母材等强的对接焊缝应予焊透,当受拉时其质量等级应不低于二级,受压时宜为二级。

（3）重级工作制和起重量 $Q \geqslant 50t$ 的中级工作制吊车梁的腹板与上翼缘之间以及吊车桁架上弦杆与节点板之间的 T 形接头焊缝均要求焊透。焊缝形式一般为对接与角接的组合焊缝,其质量等级不应低于二级。

（4）不要求焊透的 T 形接头采用的角焊缝或部分焊透的对接与角接组合焊缝,以及搭接连接采用的角焊缝,其质量等级为:

① 对直接承受动力荷载且需要验算疲劳的结构和吊车起重量等于或大于 $50t$ 的中级工作制吊车梁,焊缝的外观质量标准应符合二级;

② 对其他结构,焊缝的外观质量标准可为三级。

5. 焊缝代号

在钢结构施工图纸上,焊缝的形式、尺寸、辅助要求等一律用焊缝符号表示。焊缝代号由指引线和表示焊缝截面形状的基本符号组成,必要时还可加上辅助符号、补充符号和焊缝尺寸符号。

(1) 指引线一般由带有箭头的指引线(简称箭头线)和一条基准线组成,均为细线,如图14-8所示。为引线的方便,允许箭头线弯折一次。图14-8中(b)和(c)图的表示方法是相同的,都代表(a)图所示 V 形对接焊缝。

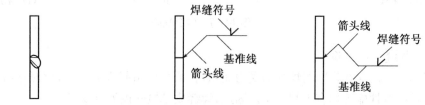

(a) 焊件上的V形对接焊缝　　(b) 指引线及焊缝的基本符号　　(c) 同(b),但箭头线弯折一次

图 14-8　指引线的画法

(2) 基本符号用以表示焊缝的形状,常用的一些基本符号见表14-1。

表 14-1　常用焊缝基本符号

名称	封底焊缝	对接焊缝					角焊缝	塞焊缝与槽焊缝	点焊缝
		I形焊缝	V形焊缝	单边V形焊缝	带钝边的V形焊缝	带钝边的U形焊缝			
符号	▽	‖	∨	⋁	Ⅴ	Ⅴ	⊿	⊓	○

注:① 符号的线条宜粗于指引线;② 单边 V 形焊缝与角焊缝符号的竖向边永远画在符号的左边。

基本符号与基准线的相对位置是:

① 如果焊缝在接头的箭头侧,基本符号应标在基准线的上方,如图14-9(a)所示。

② 如果焊缝在接头的非箭头侧,基本符号应标在基准线的下方,如图14-9(b)所示。

③ 当为单面的对接焊缝如 V 形焊缝、U 形焊缝,则箭头线应指向有坡口一侧,如图14-8所示。

(a) 焊缝在箭头侧　　　　　　　　(b) 焊缝在非箭头侧

图 14-9　焊缝基本符号与基准线的相对位置

(3) 辅助符号是表示焊缝表面形状特征的符号,补充符号是为了补充说明焊缝的某些特征而采用的符号,见《建筑结构制图标准》(GB/T 50105—2001)。

（4）焊缝尺寸在基准线上的注法

焊缝代号表示方法见表 14-2。

表 14-2　焊缝代号

形式	角焊缝				对接焊缝	塞焊缝	三面围焊
	单面焊缝	双面焊缝	安装焊缝	椎圆焊缝			
形式					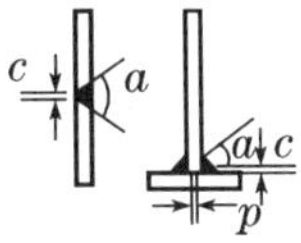		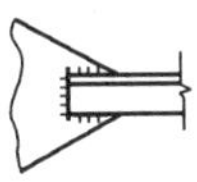
标注方法	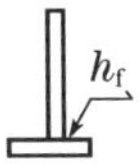	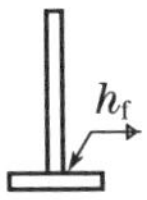	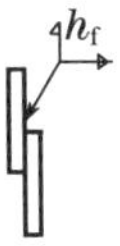	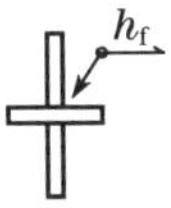	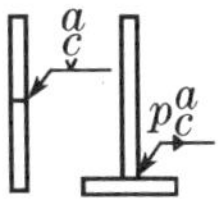		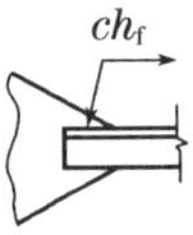

① 有关焊缝横截面的尺寸(如角焊缝的焊脚尺寸)一律标在焊缝基本符号的左侧。

② 有关焊缝长度方向的尺寸如焊缝长度等一律标在焊缝基本符号的右侧。

当箭头线的方向改变时,上述原则不变。

③ 对接焊缝的坡口角度、根部间隙等尺寸标在焊缝基本符号的上侧或下侧。

当焊缝分布比较复杂或用上述标注方法不能表达清楚时,在标注焊缝代号的同时,可在图形上加栅线表示,如图 14-10 所示。

(a)　正面焊缝　　　　(b)　背面焊缝　　　　(c)　安装焊缝

图 14-10　用栅线表示焊缝

二、铆钉连接

铆钉连接的制造有热铆和冷铆两种方法。热铆是由烧红的钉坯插入构件的钉孔中,用铆钉枪或压铆机铆合而成。冷铆是在常温下铆合而成。在建筑结构中一般都采用热铆。

铆钉的材料应有良好的塑性,通常采用专用钢材 BL2 和 BL3 号钢制成。

铆钉连接的质量和受力性能与钉孔的制法有很大关系。钉孔的制法分为 Ⅰ、Ⅱ 两类。Ⅰ类孔是用钻模钻成,或先冲成较小的孔,装配时再扩钻而成,质量较好。Ⅱ类孔是冲成或不用钻模钻成,虽然制法简单,但构件拼装时钉孔不易对齐,故质量较差。重要的结构应该采用 B 类孔。

铆钉打好后,钉杆由高温逐渐冷却而发生收缩,但被钉头之间的钢板阻止住,所以钉杆中产生了收缩拉应力,对钢板则产生压缩系紧力。这种系紧力使连接十分紧密。当构件受剪力作用时,钢板接触面上产生很大的摩擦力,因而能大大提高连接的工作性能。

铆钉连接由于构造复杂,费钢费工,现已很少采用。但是铆钉连接的塑性和韧性较好,传力可靠,质量易于检查,在一些重型和直接承受动力荷载的结构中,有时仍然采用。

三、螺栓连接

螺栓连接分普通螺栓连接和高强度螺栓连接两种。

1. 普通螺栓连接

普通螺栓又分 A 级、B 级(精制螺栓)和 C 级(粗制螺栓)。高强度螺栓按连接方式分为摩擦型连接和承压型连接两种。此外,还有用于钢屋架和钢筋混凝土柱或钢筋混凝土基础处的锚固螺栓(简称锚栓)。

A、B 级螺栓采用 5.6 级和 8.8 级钢材,C 级螺栓采用 4.6 级和 4.8 级钢材。高强度螺栓采用 8.8 级和 10.9 级钢材。10.9 级中 10 表示钢材抗拉极限强度为 $f_u=1000 \text{ N/mm}^2$,0.9 表示钢材屈服强度 $f_y=0.9f_u$,其他型号以此类推。锚栓采用 Q235 或 Q345 钢材。

A 级、B 级螺栓(精制螺栓)由毛坯经轧制而成,螺栓杆表面光滑,尺寸较准确,螺孔需用钻模钻成,或在单个零件上先冲成较小的孔,然后在装配好的构件上再扩钻至设计孔径(称Ⅰ类孔)。螺杆的直径与孔径间的空隙甚小,只容许 0.3 mm 左右的空隙,安装时需轻轻击入孔,既可受剪又可受拉。但 A 级、B 级螺栓(精制螺栓)制造和安装都较费工,价格昂贵,在钢结构中只用于重要的安装节点处,或承受动力荷载的既受剪又受拉的螺栓连接中。

C 级螺栓(粗制螺栓)用圆钢辊压而成,表面较粗糙,尺寸不很精确,其螺孔制作是一次冲成或不用钻模钻成(称Ⅱ类孔),孔径比螺杆直径大 1~2 mm,故在剪力作用下剪切变形很大,并有可能个别螺栓先与孔壁接触,承受超额内力而先遭破坏。由于 C 级螺栓(粗制螺栓)制造简单,价格便宜,安装方便,常用于各种钢结构工程中,特别适宜于承受沿螺杆轴线方向受拉的连接、可拆卸的连接和临时固定构件的安装连接中。如在连接中有较大的剪力作用时,考虑到这种螺栓的缺点而改用支托等构造措施以承受剪力,让它只受拉力以发扬它的优点。

C 级螺栓亦可用于承受静力荷载或间接动力荷载的次要连接中作为受剪连接。

对直接承受动力荷载的螺栓连接应使用双螺帽或其他能防止螺栓松动的有效措施。

2. 高强度螺栓连接

高强度螺栓一般采用 45 号钢、40 硼钢、20 锰钛硼钢等加工制作,经热处理后,螺栓抗拉强度应分别不低于 800 N/mm² 和 1 000 N/mm²,常用性能等级为 8.8 级和 10.9 级。

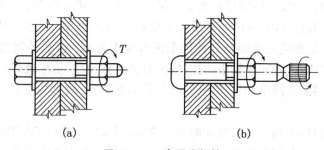

(a)　　　　　(b)

图 14-11　高强度螺栓

高强度螺栓有摩擦型连接和承压型连接两种,在外力作用下,螺栓承受剪力(称剪力螺栓)和拉力(称拉力螺栓)。

高强度螺栓分大六角头型[图 14-11(a)]和扭剪型[图 14-11(b)]两种。安装时通过特别的扳手,以较大的扭矩上紧螺帽,使螺杆产生很大的预拉力。高强螺栓的预拉力把被连接的部件夹紧,在部件的接触面间产生很大的摩擦力,使外力通过摩擦力来传递。这种连接称为高强度螺栓**摩擦型**连接。它的优点是施工方便,对构件的削弱较小,可拆换,能承受动力荷载,耐疲劳,韧性和塑性好,包含了普通螺栓和铆钉连接的各自优点,目前已成为代替铆接的优良连接形式。另外,高强度螺钉也可同普通螺栓一样,允许接触面滑移,依靠螺栓杆和螺栓孔之间的承压来传力。这种连接称为高强度螺栓承压型连接。

摩擦型连接的栓孔直径比螺杆的公称直径 d 大 $1.5 \sim 2.0$ mm;承压型连接的栓孔直径比螺杆的公称直径 d 大 $1.0 \sim 1.5$ mm。摩擦型连接的剪切变形小,弹性性能好,特别适用于随动荷载的结构。承压型连接的承载力高于摩擦型,连接紧凑,但剪切变形大,不得用于承受动力荷载的结构中。

3. 螺栓图例

螺栓及其孔眼图例见表 14-3,在钢结构施工图上需要将螺栓及其孔眼的施工要求用图形表示清楚,以免引起混淆。

表 14-3 螺栓及其孔眼图例

名称	永久螺栓	高强度螺栓	安装螺栓	圆形螺栓孔	长圆形螺栓孔
图例	◇	◆	◇	$+\phi$	$\overline{b}\ \phi$

任务三 钢结构构件

一、轴心受力构件

1. 轴心受力构件的截面形式

轴心受力构件包括轴心受拉构件和轴心受压构件。轴心受力构件广泛地用于主要承重钢结构,如桁架和网架以及操作平台和其他结构的支柱等;一些非主要承重构件如支撑,也常由许多轴心受力构件组成。

轴心受力构件的截面形式,如图 14-12 所示。

(1) 热轧型钢截面,如圆钢、圆管、方管、角钢、工字钢、T 型钢和槽钢等;如图 14-12(a) 所示。

(2) 冷轧或冷弯成型截面,如图 14-12(b) 所示。

(3) 用型钢或钢板连接而成的组合截面,包括实腹式组合截面和格构式组合截面,如图 14-12(c) 和 (d) 所示。

2. 轴心受力构件的强度和稳定性计算

轴心受拉构件需要计算强度、刚度和稳定性,其中刚度按允许长细比控制,而最主要的是要计算稳定性。

轴心受压构件的承载能力一般由稳定条件决定,它应该满足整体稳定和局部稳定计算的要求。轴心受压柱的受力性能和许多因素有关,理想的挺直的轴心受压柱发生弹性弯曲

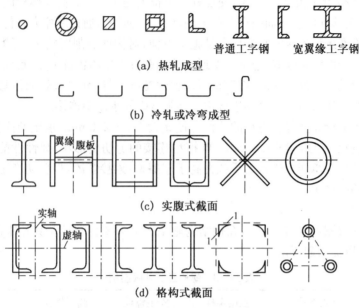

普通工字钢　宽翼缘工字钢

(a) 热轧成型

(b) 冷轧或冷弯成型

翼缘　腹板

(c) 实腹式截面

实轴

虚轴

1

1

(d) 格构式截面

图 14 - 12　轴心受力构件的截面形式

时,所受的力为欧拉临界力。但是实际的轴心受压柱不可避免地都存在几何缺陷和承受荷载前就存在的残余应力,同时柱的材料还可能不均匀。所以,实际的轴心受压柱一经压力作用就产生挠度。规范中采用**稳定系数**反映轴心受压构件对上述诸多不利因素的综合考虑。

实腹式轴心受压构件截面设计的控制条件一般是整体稳定性。

格构式轴心受压构件根据所用缀材不同,可分为缀板式和缀条式两种。格构式构件与实腹式构件在设计计算上的主要区别在于格构式构件绕虚轴的整体稳定性必须考虑剪切变形的影响;除整体稳定性外,对格构式构件尚须验算分肢稳定性;格构式构件的缀材应进行计算。

二、受弯构件(梁)

1. 钢梁的类型

受弯构件(梁)分型钢梁和组合梁。主要用于工业建筑的工作平台梁、楼盖梁、吊车梁、檩条等结构中,施工工地也常用型钢梁作为临时性结构。

型钢梁可分为热轧型钢梁和冷弯薄壁型钢梁两种,热轧型钢梁常用普通工字钢、槽钢或H型钢制作,应用最为广泛;对受荷较小、跨度不大的梁,用带有卷边的冷弯薄壁槽钢制作,可以更有效地节省钢材。由于型钢梁具有加工方便和成本较为低廉的优点,应优先使用。

当荷载和跨度较大时,型钢梁受到尺寸和规格的限制,常不能满足承载能力和刚度的要求,此时要采用组合梁。组合梁按其连接方法和使用材料的不同,可分为焊接组合梁、铆接组合梁、异种钢组合梁和钢与混凝土组合梁等,如图 14 - 13 所示。组合梁截面的组成比较灵活,可使材料在截面上的分布更为合理。

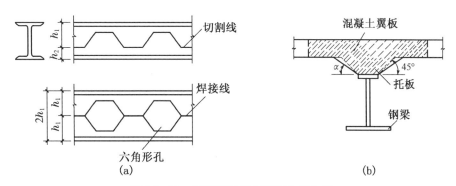

图 14-13 蜂窝梁和钢与混凝土组合梁

2. 钢梁的设计要点

梁应满足安全适用、用料节约、制造省工、安装方便的要求,梁的设计应满足强度、刚度、整体稳定和局部稳定四方面的要求。

型钢梁的计算包括抗弯强度计算、抗剪强度计算、刚度计算、整体稳定计算等,型钢梁不会发生局部失稳,不必采取措施。

组合梁截面应满足强度、整体稳定、局部稳定和刚度的要求。设计组合梁时,首先需要初步估计梁的截面高度、腹板厚度和翼缘尺寸。根据初选的截面尺寸,求出截面的几何特性,然后进行验算。梁的截面验算包括强度、刚度、整体稳定和局部稳定四个方面。

一般梁的设计步骤为:

(1)确定结构方案

根据使用要求,确定结构的平面图形状、尺寸、使用荷载、层高和净空要求等。选择几种不同的梁格布置形式,进行初步设计和技术经济比较。选定最佳或较好的梁格结构布置形式,确定各梁(主梁和次梁)的荷载、跨度、间距、最大容许高度等。

(2)确定梁的高度

根据经济条件求得梁的经济高度,再根据梁的刚度条件求得梁的最小高度,并考虑生产工艺和使用上的最大容许高度,经综合考虑,初步决定梁的设计高度。

(3)梁的截面选择

在梁的设计高度(截面高度)确定后,根据梁的荷载和跨度,求得梁的最大弯矩。根据梁的正应力强度能够充分发挥的条件(应力接近而不超过强度设计值),选定梁的腹板厚度、翼缘宽度、翼缘厚度。

(4)验算梁的强度

必须验算梁中下列各个部位:有最大弯矩处、截面有削弱处(净截面)、截面改变处、有集中荷载而又无横向加劲肋处、剪力最大处、剪力和弯矩都较大处。各处的正应力、剪应力、折算应力都不能超过强度设计值。此外还要验算翼缘和腹板间焊缝的强度,以及接头处的连接焊缝或高强度螺栓等的强度。

(5)验算梁的整体稳定性

有些梁在荷载作用下,虽然截面最大的正应力、剪应力、折算应力等都低于钢材的强度设计值,但梁的变形会突然偏离原来的弯曲变形平面,同时发生侧向弯曲和扭转,这就称为梁的整体失稳。必须充分重视梁的整体失稳的严重性。突然失稳破坏,与钢材脆性破坏具有同样的后果。它事先是没有预兆的,在确定结构方案和选择梁的截面时要防止梁可能出现整体失稳问题。等到验算时才发现有问题而加大梁的截面则已较迟了,也很不经济。

(6) 验算梁的刚度

梁的挠度过大常会使人感到不舒适,甚至感到不安全,或者影响设备的正常使用。吊车梁的挠度过大会使吊车运行时就像一会儿上坡,一会儿下坡,运行困难,吊车耗能增加。根据工艺条件或使用要求,梁的挠度与其跨度的比值应有一定的限制。规范(GB 50017)对各种用途的梁都规定了最大的容许比值。

(7) 验算梁的局部稳定

如果梁受压翼缘的宽度与厚度之比太大,或腹板的高度与厚度之比太大,则在受力过程中它们都会出现波状的局部屈曲。这种现象就叫局部失稳。为了保证受压翼缘不会局部失稳,应使翼缘的宽度与厚度的比值符合规定的要求。在选择截面时就应满足这一规定。对于腹板则常用加劲肋将它分隔成较小的区格来保证腹板不会失去局部稳定。此外还应设计和验算加劲肋的截面尺寸和刚度。

(8) 构造设计

梁的截面改变,拼接接头和安装接头的设置,梁与梁的连接,梁的支座构造和锚固连接等,也应经过周密考虑、仔细设计和逐项验算。

三、偏心受力构件

偏心受力构件包括拉弯构件和压弯构件。

弯矩较小时,拉(压)弯构件的截面形式与轴心拉(压)构件相同;当弯矩很大,则与梁的截面形式接近。拉弯(压弯)构件的截面主要根据经验和以往设计资料来选择。

拉弯构件应进行强度和刚度计算。拉弯构件的刚度以容许长细比控制。

压弯构件除强度和刚度计算外,主要进行稳定性计算。压弯构件的刚度以容许长细比控制,稳定性计算包括弯矩作用平面内的稳定性计算和弯矩作用平面外稳定性的计算。

任务四　钢结构施工图

在建筑钢结构工程设计中,结构施工图是由设计单位编制完成,根据工艺、建筑和初步设计等要求,经设计和计算编制而成的施工设计图。内容一般包括:设计总说明、结构布置图、构件图、节点图和钢材订货表等。

钢结构是由若干构件连接而成,钢构件又是由若干型钢或零件连接而成。钢结构的连接部位统称为节点。连接设计是否合理,直接影响到结构的使用安全、施工工艺和工程造价,所以钢结构节点设计同构件或结构本身的设计一样重要。本任务以节点连接详图的识读为例,说明如何快速识读施工图。

一、柱拼接连接详图

柱的拼接有多种形式,按连接方法分为螺栓拼接和焊缝拼接,按构件截面分为等截面拼接和变截面拼接,按构件位置分为中心拼接和偏心拼接。

图 14-14 为变截面柱偏心拼接连接
详图。在此详图中,知此柱上段为
HW400×300 热轧宽翼缘 H 型钢,截面
高、宽分别为 400 mm 和 300 mm,下段为
HW450×300 热轧宽翼缘 H 型钢,截面
高、宽分别为 400 mm 和 300 mm,柱的左
翼缘对齐,右翼缘错开,过渡段长 200 mm,
使腹板高度达 1:4 的斜度变化,过渡段翼
缘宽度与上、下段相同,此构造可减轻截面
突变造成的应力集中,过渡段翼缘厚为
26 mm,腹板厚为 14 mm;采用对接焊缝连
接,从焊缝标注可知为带坡口的对接焊缝,
焊缝标注无数字时,表示焊缝按构造要求
开口。

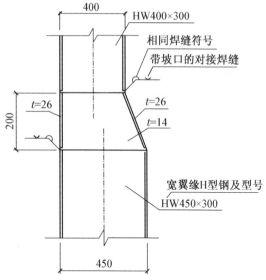

图 14-14　变截面柱偏心拼接连接详图

二、梁拼接连接详图

图 14-15 为梁拼接连接详图。在此详图中,可知此钢梁为等截面拼接,HN500×200
表示梁为热轧窄翼缘 H 型钢,截面高、宽分别为 500 mm 和 200 mm,采用螺栓和焊缝混合
连接,其中梁翼缘为对接焊缝连接,小三角旗表示焊缝为现场施焊,从焊缝标注可知为带坡
口有垫块的对接焊缝,焊缝标注无数字时,表示焊缝按构造要求开口,从螺栓图例可知为高
强度螺栓,个数有 10 个,直径为 20 mm,栓距为 80 mm,边距为 50 mm;腹板上拼接板为双盖
板,长为 420 mm,宽为 250 mm,厚为 6 mm,此连接可使梁在节点处能传递弯矩,为刚性
连接。

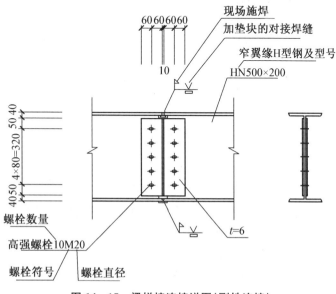

图 14-15　梁拼接连接详图(刚性连接)

三、柱脚节点详图

柱脚根据其构造分为包脚式、埋入式和外露式,根据传递上部结构的弯矩要求又分为铰支和刚性柱脚。

铰接柱脚如图 14－16 所示,钢柱为 HW400×300,表示柱为热轧宽翼缘 H 型钢,截面高、宽分别为 400 mm 和 300 mm,底板长为 500 mm、宽为 400 mm 和厚为 26 mm,采用 2 根直径为 30 mm 的锚栓,其位置从平面图中可确定。安装螺母前加垫厚为 10 mm 的垫片,柱与底板用焊脚为 8 mm 的角焊缝四面围焊连接。此柱脚连接几乎不能传递弯矩,为铰接柱脚。

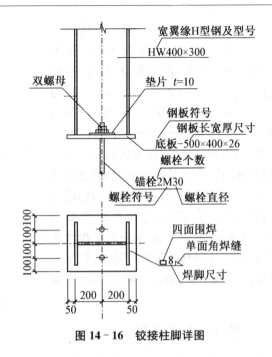

图 14－16　铰接柱脚详图

小　结

我国常用的建筑钢材是碳素结构钢、低合金高强度结构钢和优质碳素结构钢。钢结构采用的型材有热轧成型的钢板和型钢以及冷弯(或冷压)成型的薄壁型钢。

钢结构的构件是由型钢、钢板等通过连接构成的,钢结构的连接方法可分为焊缝连接、铆钉连接、螺栓连接,连接的设计时,必须遵循安全可靠、传力明确、构造简单、制造方便和节约钢材的原则。

钢结构工程中的构件有轴心受力构件、受弯构件、拉弯和压弯构件等,其设计需满足强度、刚度和稳定性要求。

以节点连接详图的识读为例,说明如何快速识读施工图。

思考题

14－1　钢材有几种规格?钢材的选用需注意什么问题?

14－2　钢结构的连接方式有几种?各有何特点?适用何种情况?

14－3　钢结构的焊接方法有几种?

14－4　说明焊缝代号标注方法。

14－5　普通螺栓和高强螺栓有哪些区别?

习　题

14-1　试分析如题 14-1 图所示柱的连接详图。(提示:属双盖板拼接)

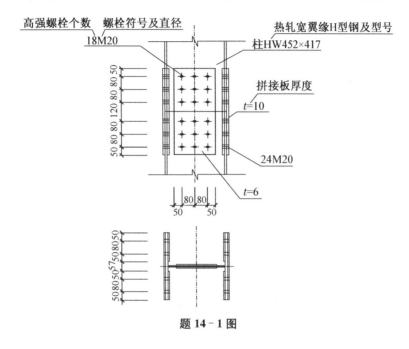

题 **14-1** 图

附　录

附录 A

附表 A-1　混凝土强度标准值和设计值

强度		混凝土强度等级												
		C15	C20	C25	C30	C35	C40	C45	C50	C55	C60	C65	C70	C75	C80
标准值	f_{ck}	10.0	13.4	16.7	20.1	23.4	26.8	29.6	32.4	35.5	38.5	41.5	44.5	47.4	50.2
	f_{tk}	1.27	1.54	1.78	2.01	2.20	2.39	2.51	2.64	2.74	2.85	2.93	2.99	3.05	3.11
设计值	f_c	7.2	9.6	11.9	14.3	16.7	19.1	21.1	23.1	25.3	27.5	29.7	31.8	33.8	35.9
	f_t	0.91	1.10	1.27	1.43	1.57	1.71	1.80	1.89	1.96	2.04	2.09	2.14	2.18	2.22

附表 A-2　混凝土的弹性模量($\times 10^4$ N/mm²)

	混凝土强度等级													
	C15	C20	C25	C30	C35	C40	C45	C50	C55	C60	C65	C70	C75	C80
E_C	2.20	2.55	2.80	3.00	3.15	3.25	3.35	3.45	3.55	3.60	3.65	3.70	3.75	3.80

附表 A-3　普通钢筋强度标准值与设计值(N/mm²)

牌号	符号	公称直径 d (mm)	屈服强度 标准值 f_{yk}	抗拉强度 设计值 f_y	抗压强度 设计值 f_y'
HPB235	ϕ	6~22	235	210	210
HPB300	ϕ	6~22	300	270	270
HRB335 HRBF335	Φ ΦF	6~50	335	300	300
HRB400 HRBF400 RRB400	Φ ΦF ΦR	6~50	400	360	360
HRB500 HRBF500	Φ ΦF	6-50	500	435	410

附表 A‑4　钢筋的弹性模量($\times 10^5$ N/mm^2)

牌号或种类	弹性模量 E_s
HPB235、HPB300 钢筋	2.10
HRB335、HRB400、HRB500 钢筋 HRBF335、HRBF400、HRBF500 钢筋 RRB400 钢筋	2.00

附录 B

附表 B-1 混凝土结构的环境类别

环境类别	条件
一	室内干燥环境； 无侵蚀性静水浸没环境
二 a	室内潮湿环境； 非严寒和非寒冷地区的露天环境； 非严寒和非寒冷地区与无侵蚀性的水或土壤直接接触的环境； 严寒和寒冷地区的冰冻线以下与无侵蚀性的水或土壤直接接触的环境
二 b	干湿交替环境； 水位频繁变动环境； 严寒和寒冷地区的露天环境； 严寒和寒冷地区冰冻线以上与无侵蚀性的水或土壤直接接触的环境
三 a	严寒和寒冷地区冬季水位变动区环境； 受除冰盐影响环境； 海风环境
三 b	盐渍土环境； 受除冰盐作用环境； 海岸环境
四	海水环境
五	受人为或自然的侵蚀性物质影响的环境

附表 B-2 混凝土保护层的最小厚度 c(mm)

环境类别	板、墙、壳	梁、杆、柱
一	15	20
二 a	20	25
二 b	25	35
三 a	30	40
三 b	40	50

注：① 混凝土强度等级不大于 C25 时，表中保护层厚度数值应增加 5 mm；② 钢筋混凝土基础宜设置混凝土垫层，其受力钢筋的混凝土保护层厚度应从垫层顶面算起，且不应小于 40 mm。

附表 B-3 纵向受力钢筋的最小配筋率(%)

受力类型			最小配筋百分率
受压构件	全部纵向钢筋	强度级别 500 MPa	0.50
		强度级别 400 MPa	0.55
		强度级别 300 MPa、335 MPa	0.60
	一侧纵向钢筋		0.20
受弯构件、偏心受拉、轴心受拉构件一侧的受拉钢筋			0.20 和 $45f_t/f_y$ 中的较大值

注:① 受压构件全部纵向钢筋最小配筋百分率,当采用 C60 及以上强度等级的混凝土时,应按表中规定增加 0.10;② 板类受弯构件的受拉钢筋,当采用强度级别 400 MPa、500 MPa 的钢筋时,其最小配筋百分率应允许采用 0.15 和 $45f_t/f_y$ 中的较大值;③ 偏心受拉构件中的受压钢筋,应按受压构件一侧纵向钢筋考虑;④ 受压构件的全部纵向钢筋和一侧纵向钢筋的配筋率以及轴心受拉构件和小偏心受拉构件一侧受拉钢筋的配筋率均应按构件的全截面面积计算;⑤ 受弯构件、大偏心受拉构件一侧受拉钢筋的配筋率应按全截面面积扣除受压翼缘面积 $(b_f'-b)h_f'$ 后的截面面积计算;⑥ 当钢筋沿构件截面周边布置时,"一侧纵向钢筋"是指沿受力方向两个对边中一边布置的纵向钢筋。

附录 C

附表 C-1　不同根数钢筋计算截面面积(mm²)

根数	钢筋直径(mm)											
	6	8	10	12	14	16	18	20	22	25	28	32
1	28.3	50.3	78.5	113.1	153.9	201.1	254.4	314.2	380.1	490.9	615.3	804.3
2	56.5	101	157	226	308	402	509	628	760	982	1 232	1 609
3			3	339	462	603	763	942	1 140	1 473	1 847	2 413
4				4	616	804	1 018	1 257	1 521	1 963	2 463	3 217
5						5	1 272	1 571	1 901	2 454	3 079	4 022
6							6	1 885	2 281	2 945	3 695	4 826
7								7	2 661	3 436	4 310	5 630
8								8	3 041	3 927	4 926	6 434
9									9	4 418	5 538	7 239

附表 C-2　板宽1 000 mm内各种钢筋间距时钢筋截面面积表(mm²)

钢筋间距	钢筋直径(mm)											
	6	8	10	12	14	16	18	20	22	25	28	32
100	283	503	785	1 131	1 539	2 011	2 544	3 142	3 801	4 909	6 153	8 043
110	257	457	714	1 028	1 399	1 828	2 313	2 856	3 456	4 462	5 598	7 311
120	236	419	655	942	1 283	1 676	2 121	2 618	3 168	4 091	5 131	6 702
130	217	387	604	870	1 184	1 547	1 957	2 417	3 924	4 776	4 737	6 187
140	202	359	561	808	1 099	1 436	1 818	2 244	2 715	3 506	4 398	5 745
150	188	335	524	754	1 026	1 340	1 696	2 094	2 534	3 272	4 105	5 362
160	177	314	491	707	962	1 257	1 590	1 963	2 376	3 068	3 848	5 027
170	166	296	462	665	905	1 183	1 496	1 848	2 236	2 888	3 619	4 731
180	157	279	436	628	855	1 117	1 414	1 745	2 112	2 727	3 421	4 468
190	149	265	413	595	810	1 058	1 339	1 653	2 001	2 584	3 241	4 233
200	141	251	393	565	770	1 005	1 272	1 571	1 901	2 454	3 079	4 021

参考文献

［1］中华人民共和国建设部.GB 50068—2001 建筑结构可靠度设计统一标准［S］.北京：建筑工业出版社，2002

［2］中华人民共和国住房和城乡建设部.GB 50153—2008 工程结构可靠性设计统一标准［S］.北京：建筑工业出版社，2009

［3］中国工程建设标准化协会.GB 50009—2001 建筑结构荷载规范［S］.北京：建筑工业出版社，2007

［4］中华人民共和国住房和城乡建设部.GB 50010—2010 混凝土结构设计规范［S］.北京：建筑工业出版社，2011

［5］中国建筑东北设计研究院有限公司.GB 50003—2001 砌体结构设计规范［S］.北京：建筑工业出版社，2001

［6］中国工程建设标准化协会组织.GB 50017—2003 钢结构设计规范［S］.北京：建筑工业出版社，2004

［7］曾燕.钢筋混凝土与砌体结构［M］.北京：中国水利水电出版社，2007

［8］汪霖祥.钢筋混凝土结构及砌体结构［M］.北京：机械工业出版社，2005

［9］尹维新.混凝土结构与砌体结构［M］.北京：中国电力出版社，2004

［10］李永光，白秀英.建筑力学与结构［M］.北京：机械工业出版社，2011

［11］游普元.建筑力学与结构［M］.北京：化学工业出版社，2011

［12］罗向荣.钢筋混凝土结构［M］.北京：高等教育出版社，2006

［13］郭玉敏，蔡东.建筑力学与结构［M］.北京：人民交通出版社，2007

［14］李前程，安学敏.建筑力学［M］.北京：高等教育出版社，2005

［15］李舒瑶，赵云翔.工程力学［M］.郑州：黄河水利出版社，2003

［16］周道君，田海风.建筑力学与结构［M］.北京：中国电力出版社，2008

［17］毕守一，李燕飞.工程力学与建筑结构［M］.郑州：黄河水利出版社，2009

［18］李春亭，张庆霞.建筑力学与结构［M］.北京：人民交通出版社，2011